21 世纪高等院校计算机辅助设计规划教材

UG NX 9.0 中文版基础
与实例教程

李 兵 孙立明 张红松 等编著

U0350356

机械工业出版社

本书是以 UG NX 9.0 中文版为演示平台，介绍运用 UG NX 9.0 进行实体建模、装配建模、工程图绘制等 CAD 技术与方法。本书共分 9 章，包括 UG NX 9.0 基础知识、草图与曲线、特征建模、特征操作、特征编辑与 GC 工具箱、曲面功能、装配建模、工程图绘制和工程图标注。

本书解说翔实，图文并茂，语言简洁，思路清晰。本书可以作为初学者的入门教材，也可作为工程技术人员的参考工具书。

为了方便广大读者更加形象直观地学习 UG NX 9.0，本书配赠多媒体光盘，包含书中所有实例源文件和全程实例操作同步讲解视频文件。

本书配有电子教案，需要的教师可登录 www.cmpedu.com 免费注册，审核通过后下载，或联系编辑索取（QQ：2966938356，电话：010-88379739）。

图书在版编目（CIP）数据

UG NX 9.0 中文版基础与实例教程/李兵等编著 . —北京：机械工业出版社，2014.6

21 世纪高等院校计算机辅助设计规划教材

ISBN 978-7-111-46643-7

Ⅰ.①U… Ⅱ.①李… Ⅲ.①计算机辅助设计—应用软件—高等学校—教材 Ⅳ.①TP391.72

中国版本图书馆 CIP 数据核字（2014）第 092893 号

机械工业出版社（北京市百万庄大街 22 号 邮政编码 100037）
责任编辑：和庆娣 责任校对：张艳霞
责任印制：乔 宇
北京机工印刷厂印刷（三河市南杨庄国丰装订厂装订）
2014 年 8 月第 1 版·第 1 次印刷
184mm×260mm·19.25 印张·477 千字
0001—3000 册
标准书号：ISBN 978-7-111-46643-7
        ISBN 978-7-89405-454-8（光盘）
定价：49.00 元（含 1DVD）

前　言

UG 是目前市场上功能比较全面的产品设计工具，它不但拥有现今 CAD/CAM 软件中功能强大的 Parasolid 实体建模核心技术，更提供高效能的曲面构建能力，能够完成复杂的造型设计。UG 提供工业标准的人机界面，不但易学易用，更有不限次数的"取消"功能，方便好用的弹出窗口，快速图像操作说明及中文操作界面等特色，并且拥有一个强大的转换工具，能在各种不同 CAD 应用软件之间进行格式转换，以多次利用已有资料。

从概念设计到产品生产，UG 广泛地应用在汽车、航天、模具加工及设计等行业。近年来更在工业设计领域有了不俗的表现。运用 UG 功能强大的复合式建模工具，设计者可依据需求选择合适的建模方式；关联性的单一资料库，使大量零件的处理更加稳定。除此之外，组织功能、2D 出图功能、模具加工功能及与 PDM 之间的紧密结合，使得 UG 在工业界成为一套完整的 CAD/CAM 系统。

全书主要内容包括 UG NX 9.0 的工作界面、基本操作、草图设计、特征建模、特征操作、特征编辑与 GC 工具箱、曲面造型、装配建模、工程图绘制和工程图尺寸标注等。

本书在编写过程中，由浅入深、从易到难，各章节既相对独立又前后关联，作者根据自己多年的经验，及时给出总结和相关说明，帮助读者及时快捷地掌握所学知识。本书所有实例操作需要的源文件、结果文件以及"思考与练习"中的源文件和结果文件，都在随书光盘的"yuanwenjian"目录下，读者可以参考和使用。

本书部分图中的符号为 UG NX 9.0 软件自带的固有符号，可能与国家标准不一致，读者可自行查阅相关资料。

本书主要由军械工程学院的李兵、孙立明和河南工程学院的张红松编写。参与编写的还有刘昌丽、康士廷、张日晶、孟培、万金环、闫聪聪、卢园、杨雪静、王玉秋、王敏、王玮、王义发、王培合、王艳池、甘勤涛、胡仁喜。本书的编写和出版得到了很多朋友的大力支持，在此向他们表示衷心的感谢。

由于时间仓促，编者水平有限，书中不足之处在所难免，望广大读者批评指正。

编　者

目　录

前言

第 1 章　UG NX 9.0 基础知识 ·················· 1

1.1　UG NX 9.0 入门 ·························· 1

　　1.1.1　UG NX 9.0 的启动 ·············· 1

　　1.1.2　UG NX 9.0 工作环境 ·········· 1

1.2　文件操作 ······························ 3

　　1.2.1　新建文件 ······················ 3

　　1.2.2　打开文件 ······················ 4

　　1.2.3　保存文件 ······················ 4

　　1.2.4　另存文件 ······················ 4

　　1.2.5　关闭部件文件 ·················· 5

　　1.2.6　导入部件文件 ·················· 6

　　1.2.7　装配加载选项 ·················· 7

　　1.2.8　保存选项 ······················ 8

1.3　选择对象的方法 ···················· 9

　　1.3.1　"类选择" 对话框 ·············· 9

　　1.3.2　其他方法 ······················ 11

1.4　对象操作 ······························ 12

　　1.4.1　观察对象 ······················ 12

　　1.4.2　隐藏对象 ······················ 13

　　1.4.3　编辑对象显示方式 ·············· 14

　　1.4.4　对象变换 ······················ 15

　　1.4.5　移动对象 ······················ 18

1.5　坐标系 ································ 19

1.6　图层操作 ······························ 20

　　1.6.1　图层的分类 ···················· 20

　　1.6.2　图层的设置 ···················· 21

　　1.6.3　图层的其他操作 ················ 22

1.7　常用工具 ······························ 23

　　1.7.1　点工具 ························ 23

　　1.7.2　平面工具 ······················ 25

　　1.7.3　矢量工具 ······················ 26

　　1.7.4　坐标系工具 ···················· 27

1.8　布尔运算 ······························ 27

1.9　思考与练习 ·························· 28

第 2 章　草图与曲线 ···················· 29

2.1　进入草图环境 ······················ 29

2.2　草图的绘制 ·························· 30

　　2.2.1　轮廓 ·························· 30

　　2.2.2　直线 ·························· 30

　　2.2.3　圆 ···························· 31

　　2.2.4　圆弧 ·························· 31

　　2.2.5　圆角 ·························· 32

　　2.2.6　倒斜角 ························ 32

　　2.2.7　矩形 ·························· 33

　　2.2.8　多边形 ························ 34

　　2.2.9　椭圆 ·························· 34

　　2.2.10　艺术样条 ····················· 35

2.3　编辑草图 ······························ 37

　　2.3.1　快速修剪 ······················ 37

　　2.3.2　快速延伸 ······················ 37

　　2.3.3　镜像 ·························· 38

　　2.3.4　偏置 ·························· 38

　　2.3.5　阵列曲线 ······················ 39

　　2.3.6　交点 ·························· 40

　　2.3.7　派生曲线 ······················ 41

2.4　草图约束 ······························ 41

　　2.4.1　建立尺寸约束 ·················· 41

　　2.4.2　建立几何约束 ·················· 43

　　2.4.3　建立自动约束 ·················· 43

　　2.4.4　显示/移除约束 ················· 43

　　2.4.5　动画模拟尺寸 ·················· 45

　　2.4.6　转换至/自参考对象 ············· 46

2.5　综合实例——拨叉草图 ············· 46

2.6　思考与练习 ·························· 51

第 3 章　特征建模 ······················ 53

3.1　通过草图创建特征 ················· 53

3.1.1 拉伸 ···················· 53
3.1.2 旋转 ···················· 56
3.1.3 沿导线扫掠 ·········· 59
3.1.4 管道 ···················· 60
3.2 创建简单特征 ·············· 60
3.2.1 长方体 ················· 60
3.2.2 圆柱体 ················· 62
3.2.3 圆锥体 ················· 64
3.2.4 球体 ···················· 65
3.3 创建设计特征 ·············· 68
3.3.1 孔 ······················ 68
3.3.2 凸台 ···················· 71
3.3.3 腔体 ···················· 75
3.3.4 垫块 ···················· 83
3.3.5 键槽 ···················· 84
3.3.6 槽 ······················ 87
3.3.7 三角形加强筋 ······· 94
3.3.8 螺纹 ···················· 95
3.4 综合实例——压紧螺母 ··· 101
3.5 思考与练习 ·············· 107
第4章 特征操作 ············· 108
4.1 偏置/缩放特征 ·········· 108
4.1.1 抽壳 ··················· 108
4.1.2 偏置面 ················ 109
4.1.3 缩放体 ················ 110
4.2 细节特征 ················· 111
4.2.1 边倒圆 ················ 111
4.2.2 倒斜角 ················ 118
4.2.3 球形拐角 ············· 122
4.2.4 拔模 ··················· 123
4.2.5 面倒圆 ················ 131
4.2.6 软倒圆 ················ 132
4.3 关联复制特征 ············ 134
4.3.1 阵列特征 ············· 134
4.3.2 阵列面 ················ 135
4.3.3 镜像特征 ············· 137
4.3.4 镜像几何体 ·········· 148
4.3.5 抽取几何体 ·········· 149
4.4 修剪 ······················ 150

4.4.1 修剪体 ················ 151
4.4.2 拆分体 ················ 153
4.4.3 分割面 ················ 154
4.5 综合实例——阀体 ······ 155
4.6 思考与练习 ·············· 166
第5章 特征编辑与GC工具箱 ··· 167
5.1 特征编辑 ················· 167
5.1.1 编辑特征参数 ······· 167
5.1.2 特征尺寸 ············· 169
5.1.3 编辑位置 ············· 171
5.1.4 移动特征 ············· 172
5.1.5 特征重排序 ·········· 172
5.1.6 抑制特征 ············· 173
5.1.7 由表达式抑制 ······· 173
5.1.8 移除参数 ············· 174
5.1.9 编辑实体密度 ······· 174
5.1.10 特征回放 ··········· 175
5.2 GC工具箱 ··············· 176
5.2.1 圆柱齿轮建模 ······· 176
5.2.2 圆柱压缩弹簧 ······· 184
5.3 思考与练习 ·············· 186
第6章 曲面功能 ············· 188
6.1 曲面绘制 ················· 188
6.1.1 通过点生成曲面 ···· 188
6.1.2 直纹面 ················ 190
6.1.3 通过曲线组 ·········· 191
6.1.4 通过曲线网格 ······· 192
6.1.5 艺术曲面 ············· 194
6.2 曲面编辑 ················· 203
6.2.1 延伸曲面 ············· 203
6.2.2 轮廓线弯边 ·········· 204
6.2.3 扫掠 ··················· 205
6.2.4 偏置曲面 ············· 206
6.2.5 修剪片体 ············· 207
6.2.6 缝合 ··················· 209
6.2.7 加厚 ··················· 209
6.2.8 X成形 ················· 210
6.3 综合实例——咖啡壶 ··· 211
6.4 思考与练习 ·············· 220

第7章 装配建模 ……………………… 221
　7.1 装配基础 …………………………… 221
　　7.1.1 进入装配环境 ………………… 221
　　7.1.2 装配相关术语和概念 ………… 222
　7.2 装配导航器 ………………………… 222
　7.3 引用集 ……………………………… 224
　7.4 组件 ………………………………… 224
　　7.4.1 添加组件 ……………………… 224
　　7.4.2 新建组件 ……………………… 225
　　7.4.3 替换组件 ……………………… 226
　　7.4.4 阵列组件 ……………………… 227
　7.5 组件装配 …………………………… 227
　　7.5.1 移除组件 ……………………… 227
　　7.5.2 组件的装配约束 ……………… 229
　　7.5.3 显示和隐藏约束 ……………… 233
　7.6 装配爆炸图 ………………………… 233
　　7.6.1 新建爆炸图 …………………… 233
　　7.6.2 自动爆炸视图 ………………… 234
　　7.6.3 编辑爆炸图 …………………… 234
　7.7 对象干涉检查 ……………………… 234
　7.8 部件族 ……………………………… 235
　7.9 装配序列化 ………………………… 236
　7.10 综合实例——手压阀装配 ……… 238
　7.11 思考与练习 ……………………… 248
第8章 工程图绘制 …………………… 249
　8.1 进入工程图环境 …………………… 249
　8.2 图纸管理 …………………………… 251
　　8.2.1 新建工程图 …………………… 251
　　8.2.2 编辑工程图 …………………… 252
　8.3 视图管理 …………………………… 252
　　8.3.1 基本视图 ……………………… 252
　　8.3.2 投影视图 ……………………… 254
　　8.3.3 局部放大图 …………………… 255

　　8.3.4 剖视图 ………………………… 256
　　8.3.5 半剖视图 ……………………… 260
　　8.3.6 旋转剖视图 …………………… 260
　　8.3.7 局部剖视图 …………………… 261
　　8.3.8 断开视图 ……………………… 265
　8.4 视图编辑 …………………………… 266
　　8.4.1 对齐视图 ……………………… 266
　　8.4.2 视图相关编辑 ………………… 268
　　8.4.3 移动/复制视图 ……………… 269
　8.5 综合实例——绘制手压阀装配
　　　 工程图 …………………………… 270
　8.6 思考与练习 ………………………… 273
第9章 工程图标注 …………………… 274
　9.1 中心线 ……………………………… 274
　　9.1.1 2D中心线 …………………… 274
　　9.1.2 3D中心线 …………………… 277
　9.2 尺寸标注 …………………………… 278
　9.3 符号 ………………………………… 286
　　9.3.1 基准特征符号 ………………… 286
　　9.3.2 基准目标 ……………………… 288
　　9.3.3 几何公差符号 ………………… 288
　　9.3.4 表面粗糙度 …………………… 290
　　9.3.5 剖面线 ………………………… 291
　　9.3.6 注释 …………………………… 292
　9.4 表格 ………………………………… 295
　　9.4.1 表格注释 ……………………… 295
　　9.4.2 表格标签 ……………………… 296
　　9.4.3 零件明细表 …………………… 296
　　9.4.4 自动符号标注 ………………… 297
　9.5 综合实例——手压阀装配工程图
　　　 标注 ……………………………… 298
　9.6 思考与练习 ………………………… 300

第1章 UG NX 9.0 基础知识

UG（Unigraphics）是 Unigraphics Solutions 公司推出的集 CAD/CAM/CAE 为一体的三维机械设计平台，也是当今世界广泛应用的计算机辅助设计、分析和制造软件之一，广泛应用于汽车、航空航天、机械、消费产品、医疗器械、造船等行业，它为制造行业产品开发的全过程提供解决方案，功能包括概念设计、工程设计、性能分析和制造。本章主要介绍 UG 的发展历程及 UG 的工作环境和基本操作。

本章重点
● UG NX 9.0 的启动
● UG NX 9.0 的工作环境
● 系统的基本操作和设置

1.1 UG NX 9.0 入门

UG NX 9.0 有其独特的工作环境，本节介绍 UG 的启动方法和工作环境。

1.1.1 UG NX 9.0 的启动

启动 UG NX 9.0 中文版，有 4 种方法。

1）双击桌面上的 UG NX 9.0 的快捷方式图标，即可启动 UG NX 9.0 中文版。

2）单击桌面左下方的"开始"按钮，在弹出的菜单中选择"所有程序"→"Siemens NX 9.0"→"NX 9.0"，启动 UG NX 9.0。

3）将 UG NX 9.0 的快捷方式图标拖到桌面下方的快捷启动栏中，只需单击快捷启动栏中 UG NX 9.0 的快捷方式图标，即可启动 UG NX 9.0。

4）直接在启动 UG NX 9.0 的安装目录的 UGII 子目录下双击 ugraf.exe 图标，就可启动 UG NX 9.0。

UG NX 9.0 中文版的启动界面如图 1-1 所示。

1.1.2 UG NX 9.0 工作环境

UG NX 9.0 的工作窗口如图 1-2 所示，其中包括标题栏、快速访问工具条、菜单、功能区（如图 1-3 所示）、工作区、坐标系、资源工具条、全屏显示、快捷菜单、提示栏和状态栏 11 个部分。

图 1-1　UG NX 9.0 中文版的启动界面

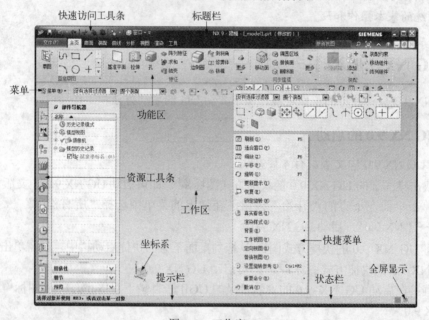

图 1-2　工作窗口

图 1-3　功能区

1.2 文件操作

文件操作包括新建文件、打开和关闭文件、保存文件、导入/导出文件等操作设置。

1.2.1 新建文件

1. 执行方式

- 菜单：选择"菜单"→"文件"→"新建"命令。
- 功能区：单击"主页"选项卡，选择"标准"组，单击"新建"按钮 。
- 快捷键：〈Ctrl+N〉。

执行上述操作后，打开如图 1-4 所示"新建"对话框。在对话框"模型"选项卡的"模板"选项组中选择适当的模板，在"新文件名"选项组中的"文件夹"文本框确定新建文件的保存路径，在"名称"文本框中输入文件名，设置完后单击"确定"按钮。

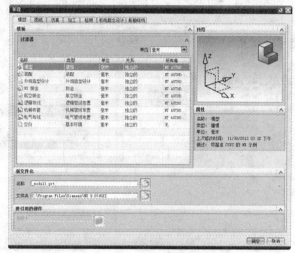

图 1-4 "新建"对话框

2. 特殊选项说明

（1）模板

1）单位：针对某一给定单位类型显示可用的模板。

2）模板列表框：显示选定选项卡的可用模板。

（2）预览

显示模板或图解的预览，有助于了解选定的模板创建哪些部件文件。

（3）属性

显示有关模板的信息。

（4）新文件名

1）名称：指定新文件的名称。默认名称是在用户默认设置中定义的，或者可以输入新名称。

2）文件夹：指定新文件保存的路径。单击"浏览"按钮 ，打开"选择目录"对话框，选择路径。

（5）要引用的部件

用于引用不同部件路径的文件。

名称：指定要引用的文件的名称。

1.2.2　打开文件

执行方式

- 菜单：选择"菜单"→"文件"→"打开"命令。
- 功能区：单击"主页"选项卡，选择"标准"组，单击"打开"按钮 。
- 快捷键：〈Ctrl+O〉。

执行上述操作后，打开如图 1-5 所示"打开"对话框，对话框中会列出当前目录下的所有有效文件以供选择，这里所指的有效文件是根据用户在"文件类型"中的设置来决定的。若勾选"仅加载结构"复选框，则当打开一个装配零件时，不会调用其中的组件。

另外，可以选择"菜单"→"文件"→"最近打开的部件"命令来有选择地打开最近打开过的文件。

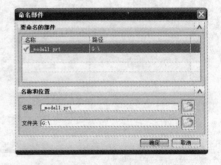

图 1-5　"打开"对话框　　　　　　　　　　　图 1-6　"命名部件"对话框

1.2.3　保存文件

执行方式

- 菜单：选择"菜单"→"文件"→"保存"命令。
- 快速访问工具条：单击"保存"按钮 。
- 快捷键：〈Ctrl+S〉。

执行上述操作后，打开如图 1-6 所示"命名部件"对话框。若在"新建"对话框中输入文件名称和路径，则直接保存文件，不弹出"命名部件"对话框。

1.2.4　另存文件

执行方式

- 菜单：选择"菜单"→"文件"→"另存为"命令。
- 功能区：单击"文件"选项卡，选择"保存"组，单击"另存为"按钮 。

● 快捷键：〈Ctrl+Shift+A〉。

执行上述操作后，打开如图 1-7 所示"另存为"对话框。

图 1-7 "另存为"对话框

1.2.5 关闭部件文件

1. 执行方式

选择"菜单"→"文件"→"关闭"→"选定的部件"命令，打开如图 1-8 所示"关闭部件"对话框，选择要关闭的文件，单击"确定"按钮。

2. 特殊选项说明

1）顶层装配部件：在文件列表中只列出顶层装配文件，而不列出装配中包含的组件。

2）会话中的所有部件：在文件列表中列出当前进程中所有载入的文件。

3）仅部件：仅关闭所选择的文件。

4）部件和组件：如果所选择的文件是装配文件，则会一同关闭所有属于该装配文件的组件文件。

5）关闭所有打开的部件：关闭所有文件，但系统会出现警示对话框，如图 1-9 所示，提示用户已有部分文件进行了修改，给出选项让用户进一步确定。

图 1-8 "关闭部件"对话框

图 1-9 "关闭所有文件"对话框

关闭文件可以通过执行"菜单"→"文件"→"关闭"下的子菜单，如图 1-10 所示。其他命令与"选定的部件"命令的操作相似，只是关闭之前再保存一下，此处不再详述。

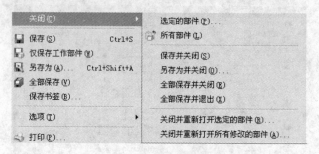

图 1-10 "关闭"子菜单

1.2.6 导入部件文件

UG 可将已存在的零件文件导入到目前打开的零件文件或新文件中，此外还可以导入 CAM 对象。

1. 执行方式

选择"菜单"→"文件"→"导入"→"部件"命令，打开如图 1-11 所示"导入部件"对话框。

2. 特殊选项说明

（1）比例

设置导入零件的大小比例。如果导入的零件含有自由曲面，则系统将限制比例值为 1。

（2）创建命名的组

系统会将导入的零件中的所有对象建立群组，该群组的名称即是该零件文件的原始名称，并且该零件文件的属性将转换为导入的所有对象的属性。

（3）导入视图和摄像机

导入的零件中若包含用户自定义布局和查看方式，则系统会将其相关参数和对象一同导入。

（4）导入 CAM 对象

若零件中含有 CAM 对象则将一同导入。

（5）图层

1）工作的：导入零件的所有对象将属于当前的工作图层。

2）原始的：导入的所有对象还是属于原来的图层。

（6）目标坐标系

1）WCS：在导入对象时以工作坐标系为定位基准。

2）指定：系统将在导入对象后显示坐标子菜单，采用用户自定义的定位基准，定义之后，系统将以该坐标系作为导入对象的定位基准。

3. 导入其他类型文件

另外，可以选择"文件"→"导入"下拉菜单命令来导入其他类型文件。选择"菜单"→"文件"→"导入"命令后，系统会打开如图 1-12 所示"导入"子菜单，提供了 UG 与其他应用程序文件格式的接口，其中常用的有部件、CGM、AutoCAD DXF/DWG 等格式。

图 1-11 "导入部件"对话框   图 1-12 "导入"子菜单

1）Parasolid：系统打开对话框导入（*.x_t）格式文件，允许用户导入含有适当文字格式文件的实体（Parasolid），该文字格式文件含有可用于说明该实体的数据。导入的实体密度保持不变，表面属性（颜色、反射参数等）除透明度外，保持不变。

2）CGM：导入 CGM（Computer Graphics Metafile）文件，即标准的 ANSI 格式的计算机图形中继文件。

3）IGES：导入 IGES 格式文件。IGES（Initial Graphics Exchange Specification）是可在一般 CAD/CAM 应用软件间转换的常用格式，可供各 CAD/CAM 相关应用程序转换点、线、曲面等对象。

4）AutoCAD DFX/DWG：单击该命令可以导入 DFX/DWG 格式文件，可将其他 CAD/CAM 相关应用程序导出的 DFX/DWG 文件导入到 UG 中，操作与 IGES 相同。

1.2.7 装配加载选项

1. 执行方式

选择"菜单"→"文件"→"选项"→"装配加载选项"命令，打开如图 1-13 所示"装配加载选项"对话框。

2. 特殊选项说明

（1）部件版本

加载：设置加载的方式，其下有 3 个选项。

- 按照保存的：指定载入的零件目录与保存零件的目录相同。
- 从文件夹：指定加载零件的文件夹与主要组件相同。
- 从搜索文件夹：利用此对话框下的"显示会话文件夹"按钮进行搜寻。

图 1-13 "装配加载选项"对话框

（2）范围

1）加载：设置零件的载入方式，其下有 5 个选项。

● 所有组件：加载除了仅由空引用集表示的组件之外的每个组件。

● 仅限于结构：只打开装配部件文件，而不加载组件。

● 按照保存的：加载与装配上一次被保存时相同的组件组。

● 重新评估上一个组件组：通过上次保存装配时使用的组件组打开装配。

● 指定组件组：用于从列表中选择组件组。

2）使用部分加载：取消该选项时，系统会将所有组件一并载入，反之系统仅允许用户打开部分组件文件。

（3）加载行为

1）允许替换：当组件文件载入零件时，即使该零件不属于该组件文件，系统也允许用户打开该零件。

2）失败时取消加载：控制当系统载入发生错误时，是否终止载入文件。

1.2.8　保存选项

1. 执行方式

选择"菜单"→"文件"→"选项"→"保存选项"命令，打开如图 1-14 所示"保存选项"对话框，在该对话框中可以进行相关参数设置。

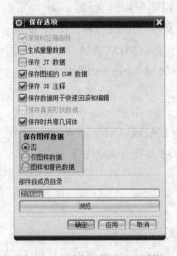

图 1-14　"保存选项"对话框

2. 特殊选项说明

1）保存时压缩部件：选中该复选框后，保存时系统会自动压缩零件文件，文件经过压缩需要花费较长时间，所以一般用于大型组件文件或是复杂文件。

2）生成重量数据：更新并保存元件的重量及质量特性，并将其信息与元件一同保存。

3）保存图样数据：设置保存零件文件时，是否保存图样数据。

● 否：不保存。

● 仅图样数据：仅保存图样数据而不保存着色数据。

● 图样和着色数据：图样和着色数据全部保存。

1.3 选择对象的方法

选择对象是一个使用最普遍的操作，在很多操作特别是在对象编辑操作中都需要选择对象。选择对象操作通常是通过鼠标左键、"类选择"对话框、"上边框条"对话框、"快速拾取"对话框和部件导航器来完成的。

鼠标左键是选择对象的一种最常用的方法，这里不再赘述。

1.3.1 "类选择"对话框

在执行某些操作时，打开如图 1-15 所示的"类选择"对话框。此对话框中提供了多种选择方法及对象类型过滤方法，非常方便。

（1）对象

有"选择对象""全选"和"反向选择"3 种方式。

● 选择对象：选择单个对象。

● 全选：选择所有的对象。

● 反向选择：选择在绘图工作区中未被用户选中的对象。

（2）其他选择方法

有"根据名称选择""选择链""向上一级"3 种方式。

● 根据名称选择：输入预选择对象的名称，可使用通配符"？"或"*"。

● 选择链：选择首尾相接的多个对象。方法是首先单击对象链中的第一个对象，然后再单击最后一个对象，使所选对象呈高亮度显示，最后单击"确定"按钮，结束选择对象的操作。

● 向上一级：选择上一级的对象。当选择了含有群组的对象时，该按钮才被激活，单击该按钮，系统自动选择群组中当前对象的上一级对象。

图 1-15 "类选择"对话框

（3）过滤器

限制要选择对象的范围，有"类型过滤器""图层过滤器""颜色过滤器""属性过滤器"和"重置过滤器"5 种方式。

● 类型过滤器 ：单击此按钮，打开如图 1-16 所示的"按类型选择"对话框，在该对话框中，可设置在对象选择中需要包括或排除的对象类型。当选择"曲线""面""尺寸""符号"等对象类型时，单击"细节过滤"按钮，还可以做进一步限制，如图 1-17 所示。

● 图层过滤器 ：单击此按钮，打开如图 1-18 所示的"根据图层选择"对话框，在该对话框中可以设置在选择对象时，需包括或排除的对象所在的层。

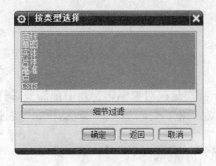

图 1-16 "按类型选择"对话框

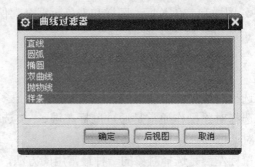

图 1-17 "曲线过滤器"对话框

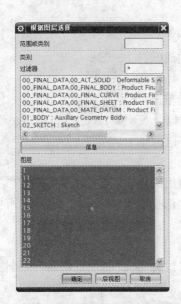

图 1-18 "根据图层选择"对话框

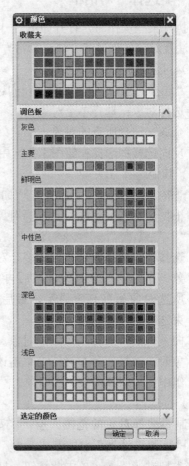

图 1-19 "颜色"对话框

- 颜色过滤器 ▭▭▭▭▭▭：单击此按钮，打开如图 1-19 所示的"颜色"对话框，在该对话框中通过指定的颜色来限制选择对象的范围。
- 属性过滤器 ▤：单击此按钮，打开如图 1-20 所示的"按属性选择"对话框，在该对话框中，可按对象线型、线宽或其他自定义属性过滤。

图 1-20 "按属性选择"对话框

● 重置过滤器 ：单击此按钮，用于恢复成默认的过滤方式。

1.3.2 其他方法

1. 上边框条

在功能区最右边的空白位置右击，在打开的快捷菜单中选择"上边框条"命令，打开如图 1-21 所示的"上边框条"，可利用选择其中的各命令来实现对象的选择。

图 1-21 上边框条

2. "快速拾取"对话框

在零件上任何位置右击，在打开的如图 1-22 所示的快捷菜单中选择"从列表中选择"命令，打开如图 1-23 所示"快速拾取"对话框，在该对话框中用户可以设置要选择对象的限制范围，如实体特征、面、边、组件等。

3. 部件导航器

在图形区左边的"资源工具条"中单击 按钮，打开如图 1-24 所示的"部件导航器"对话框。在该对话框中，可选择需要的对象。

图 1-22 快捷菜单　　　图 1-23 "快速拾取"对话框　　　图 1-24 "部件导航器"对话框

1.4 对象操作

UG 建模过程中的点、线、面、图层、实体等被称为对象，三维实体的创建、编辑操作过程实质上也可以看做是对对象的操作过程。

1.4.1 观察对象

观察对象一般有以下几种途径可以实现。

1. 执行方式

● 菜单：选择"菜单"→"视图"→"操作"命令，如图 1-25 所示。

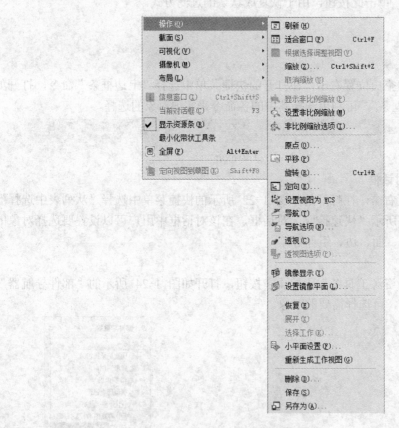

图 1-25 "操作"菜单

● 功能区："视图"选项卡，如图 1-26 所示。

图 1-26 "视图"选项卡

- 快捷菜单：在视图中右击，打开如图 1-27 所示的快捷菜单。

2. 特殊选项说明

- 适合窗口：拟合视图，即调整视图中心和比例，使整合部件拟合在视图的边界内。也可以通过快捷键〈Ctrl+F〉实现。
- 缩放：实时缩放视图。该命令可以通过按下鼠标中键（对于三键鼠标而言）不放来拖动鼠标实现；将光标置于图形界面中，滚动鼠标滚轮就可以对视图进行缩放；或者在按下鼠标滚轮的同时按下〈Ctrl〉键，然后上下移动光标也可以对视图进行缩放。
- 旋转：旋转视图。该命令可以通过按下鼠标中键（对于三键鼠标而言）不放，再拖动鼠标实现。
- 平移：移动视图。该命令可以通过同时按下鼠标右键和中键（对于三键鼠标而言）不放来拖动鼠标实现；或者在按下鼠标滚轮的同时按下〈Shift〉键，然后向各个方向移动鼠标也可以对视图进行移动。

图 1-27　快捷菜单

- 刷新：更新窗口显示，包括更新 WCS 显示、更新由线段逼近的曲线和边缘显示；更新草图和相对定位尺寸/自由度指示符、基准平面和平面显示。
- 渲染样式：更换视图的显示模式，给出的命令中包含线框、着色、局部着色、面分析、艺术外观等对象的显示模式。
- 定向视图：改变对象观察点的位置。子菜单中包括用户自定义视角共有 9 个视图命令。分别是正三轴测图、正等测图、俯视图、前视图、右视图、后视图、仰视图、左视图和定制视图。
- 设置旋转点：利用鼠标在工作区选择合适旋转点，再通过旋转命令观察对象。

1.4.2　隐藏对象

当工作区域内图形太多、不便于操作时，需要将暂时不需要的对象隐藏，如模型中的草图、基准面、曲线、尺寸、坐标、平面等。

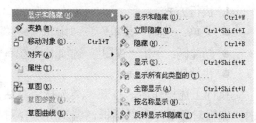

1. 执行方式

菜单：选择"菜单"→"编辑"→"显示和隐藏"命令，如图 1-28 所示。

图 1-28　"显示和隐藏"子菜单

2. 特殊选项说明

- 显示和隐藏：打开如图 1-29 所示的"显示和隐藏"对话框，控制窗口中对象的可见性。可以通过暂时隐藏其他对象来关注选择的对象。
- 立即隐藏：隐藏选择的对象。
- 隐藏：通过按下组合键〈Ctrl+B〉实现，打开"类选择"对话框，通过类型选择需要隐藏的对象或是直接选取。
- 显示：将所选的隐藏对象重新显示出来，执行此命令，打开"类选择"对话框，此时工作区中将显示所有已经隐藏的对象，用户在其中选择需要重新显示的对象即可。

- 显示所有此类型的：将重新显示某类型的所有隐藏对象，打开"选择方法"对话框，如图 1-30 所示。通过"类型""图层""其他""重置"和"颜色"5 个按钮或选项来确定对象类别。

图 1-29 "显示和隐藏"对话框

图 1-30 "选择方法"对话框

- 全部显示：通过按下组合键〈Shift+Ctrl+U〉实现，将重新显示所有在可选层上的隐藏对象。
- 按名称显示：显示在组件属性对话框中命名的隐藏对象。
- 反转显示和隐藏：反转当前所有对象的显示或隐藏状态，即显示的全部对象将会隐藏，而隐藏对象的将会全部显示。

1.4.3 编辑对象显示方式

1. 执行方式
- 菜单：选择"菜单"→"编辑"→"对象显示"命令。
- 功能区：单击"视图"选项卡，选择"可视化"组，单击"编辑对象显示"按钮。
- 快捷键：〈Ctrl+J〉。

执行上述操作后，打开"类选择"对话框，选择要改变的对象后，打开如图 1-31 所示的"编辑对象显示"对话框，编辑所选择对象的图层、颜色、网格数、透明度或者着色状态等参数。单击"确定"按钮即可完成编辑并退出对话框。

2. 特殊选项说明

（1）"常规"选项卡

1）"基本符号"选项组。
- 图层：指定选择对象放置的层。系统规定的为 1~256 层。
- 颜色：改变所选对象的颜色，可以调出"颜色"对话框。
- 线型：修改所选对象的线型（不包括文本）。
- 宽度：修改所选对象的线宽。

2）"着色显示"选项组。
- 透明度：控制穿过所选对象的光线数量。
- 局部着色：给所选择的体或面设置局部着色属性。

a)   b)

图 1-31　"编辑对象显示"对话框

a)"常规"选项卡　b)"分析"选项卡

- 面分析：指定是否将"面分析"属性更改为开或关。

3）"线框显示"选项组。

- 显示极点：显示选定样条或曲面的控制多边形。
- 显示结点：显示选定样条的结点或选定曲面的结点线。

4）"小平面体"选项组。

- 显示：修改选定小平面体的显示，替换小平面体多边形线的符号。
- 显示示例：可以为显示的样例数量输入一个值。

（2）"分析"选项卡

1）"曲面连续性显示"选项组：指定选定的曲面连续性分析对象的可见性、颜色和线型。

2）"截面分析显示"选项组：为选定的截面分析对象指定可见性、颜色和线型。

3）"曲线分析显示"选项组：为选定的曲线分析对象指定可见性、颜色和线型。

4）"偏差度量显示"选项组：为选定的偏差度量分析对象指定可见性、颜色和线型。

5）"高亮线显示"选项组：为选定的高亮线分析对象指定颜色和线型。

（3）"继承"按钮

打开对话框要求选择需要从哪个对象上继承设置，并应用到之后的所选对象上。

（4）"重新高亮显示对象"按钮

重新高亮显示所选对象。

（5）"选择新对象"按钮

打开"类对象"对话框，重新选择对象。

1.4.4　对象变换

1. 执行方式

选择"菜单"→"编辑"→"变换"命令，打开"类选择"对话框，选择要变换的对象，打开如图 1-32 所示的对象"变换"对话框。选择变换方式后，进行相关操作，打开如图 1-33 所示的"变换"结果对话框。

2. 特殊选项说明

图 1-32 所示的对象"变换"对话框各选项说明如下。

（1）比例

"比例"按钮用于将选择的对象，相对于指定参考点成比例的缩放尺寸。选择的对象在参考点处不移动。单击此按钮，在打开"点"对话框，选择一参考点后，打开如图 1-34 所示的"变换"比例对话框。

图 1-32 "变换"对话框

图 1-33 "变换"结果对话框

- 比例：设置均匀缩放。
- 非均匀比例：单击此按钮，打开如图 1-35 所示的"变换"对话框中设置"XC-比例""YC-比例""ZC-比例"方向上的缩放比例。

图 1-34 "变换"比例对话框

图 1-35 非均匀比例

（2）通过一直线镜像

"通过一直线镜像"按钮用于将选择的对象，相对于指定的参考直线进行镜像。即在参考线的相反侧建立源对象的一个镜像。单击此按钮，打开如图 1-36 所示"变换"通过一直线镜像对话框。

- 两点：指定两点，两点的连线即为参考线。
- 现有的直线：选择一条已有的直线（或实体边缘线）作为参考线。
- 点和矢量：用点构造器指定一点，其后在矢量构造器中指定一个矢量，通过指定点的矢量即作为参考直线。

（3）矩形阵列

"矩形阵列"按钮用于将选择的对象，从指定的阵列原点开始，沿坐标系 XC 和 YC 方向（或指定的方位）建立一个等间距的矩形阵列。系统先将源对象从指定的参考点移动或复制到目标点（阵列原点）然后沿 XC、YC 方向建立阵列。单击此按钮，打开如图 1-37 所示"变换"矩形阵列对话框。

图 1-36 "变换"通过一直线镜像对话框　　　图 1-37 "变换"矩形阵列对话框

- DXC：指定 XC 方向间距。
- DYC：指定 YC 方向间距。
- 阵列角度：指定阵列角度。
- 列：指定阵列列数。
- 行：指定阵列行数。

（4）圆形阵列

"圆形阵列"按钮用于将选择的对象，从指定的阵列原点开始，绕目标点（阵列中心）建立一个等角间距的圆形阵列。单击此按钮，系统打开如图 1-38 所示"变换"圆形阵列对话框。

- 半径：设置圆形阵列的半径值，该值也等于目标对象上的参考点到目标点之间的距离。
- 起始角：定位圆形阵列的起始角（于 XC 正向平行为零）。

（5）通过一平面镜像

"通过一平面镜像"按钮用于将选择的对象，相对于指定参考平面作镜像。即在参考平面的相反侧建立源对象的一个镜像。

（6）点拟合

"点拟合"按钮用于将选择的对象，从指定的参考点集缩放、重定位或修剪到目标点集上。单击此按钮，系统打开如图 1-39 所示"变换"点拟合对话框。

图 1-38 "变换"圆形阵列对话框　　　图 1-39 "变换"点拟合对话框

- 3-点拟合：允许用户通过 3 个参考点和 3 个目标点来缩放和重定位对象。
- 4-点拟合：允许用户通过 4 个参考点和 4 个目标点来缩放和重定位对象。

图 1-33 所示的"变换"结果对话框各选项说明如下。

（1）重新选择对象

通过"类选择器"对话框来选择新的变换对象，而保持原变换方法不变。

（2）变换类型–镜像平面

"变换类型–镜像平面"按钮用于修改变换方法。即在不重新选择变换对象的情况下，修改变换方法，当前选择的变换方法以简写的形式显示在"-"符号后面。

（3）目标图层–原始的

"目标图层–原始的"按钮用于指定目标图层。即在变换完成后，指定新建立的对象所在的图层。单击该选项后，会有以下3个选项。

- 工作的：变换后的对象放在当前的工作图层中。
- 原始的：变换后的对象保持在源对象所在的图层中。
- 指定的：变换后的对象被移动到指定的图层中。

（4）跟踪状态–关

用于设置跟踪变换过程，是一个开关选项。

（5）分割–1

等分变换距离。即把变换距离（或角度）分割成几个相等的部分，实际变换距离（或角度）是其等分值。

（6）移动

移动对象。即变换后，将源对象从其原来的位置移动到由变换参数所指定的新位置。

（7）复制

复制对象。即变换后，将源对象从其原来的位置复制到由变换参数所指定的新位置。对于依赖其他父对象而建立的对象，复制后的新对象中数据关联信息将会丢失（即它不再依赖于任何对象而独立存在）。

（8）多重副本–不可用

复制多个对象。按指定的变换参数和复制个数在新位置复制源对象的多个副本。相当于一次执行了多个"复制"命令操作。

（9）撤销上一个–不可用

撤销最近变换。即撤销最近一次的变换操作，但源对象依旧处于选中状态。

1.4.5 移动对象

1. 执行方式

- 菜单：选择"菜单"→"编辑"→"移动对象"命令。
- 快捷键：〈Ctrl+T〉。

执行上述操作后，打开如图1-40所示的"移动对象"对话框。

2. 特殊选项说明

（1）运动

包括距离、角度、点之间的距离、径向距离、点到点、根据三点旋转、将轴与矢量对齐、CSYS到CSYS和动态。

- 距离：将选择对象由原来的位置移动到指定距离的新位置。
- 点到点：用户可以选择参考点和目标点，则这两个点之间

图1-40 "移动对象"对话框

的距离和由参考点指向目标点的方向将决定对象的平移方向和距离。

- 根据三点旋转：提供 3 个位于同一个平面内且垂直于矢量轴的参考点，让对象围绕旋转中心，按照这 3 个点同旋转中心连线形成的角度进行逆时针旋转。
- 将轴与矢量对齐：将对象绕参考点从一个轴向另外一个轴旋转一定的角度。选择起始轴，然后确定终止轴，这两个轴决定了旋转角度的方向。此时用户可以清楚地看到两个矢量的箭头，而且这两个箭头首先出现在选择轴上，单击"确定"按钮后，该箭头就平移到参考点。
- 动态：将选择的对象相对于参考坐标系中的位置和方位移动（或复制）到目标坐标系中，使建立的新对象的位置和方位相对于目标坐标系保持不变。

（2）结果

- 移动原先的：移动对象。即变换后，将源对象从其原来的位置移动到由变换参数所指定的新位置。
- 复制原先的：复制对象。即变换后，将源对象从其原来的位置复制到由变换参数所指定的新位置。对于依赖其他父对象而建立的对象，复制后的新对象中数据关联信息将会丢失，即它不再依赖于任何对象而独立存在。
- 非关联副本数：复制多个对象。按指定的变换参数和复制个数在新位置复制源对象的多个副本。

1.5 坐标系

UG 系统中共包括 3 种坐标系统，分别是绝对坐标系（Absolute Coordinate System，ACS）、工作坐标系（Work Coordinate System，WCS）和机械坐标系（Machine Coordinate System，MCS），它们都符合右手法则。

ACS：是系统默认的坐标系，其原点位置永远不变，在用户新建文件时就产生了。

WCS：是 UG 系统提供给用户的坐标系，用户可以根据需要任意移动它的位置，也可以设置属于自己的 WCS 坐标系。

MCS：该坐标系一般用于模具设计、加工、配线等向导操作中。

1. 执行方式

菜单：选择"菜单"→"格式"→"WCS"命令，
"WCS"子菜单如图 1-41 所示。

2. 特殊选项说明

1）动态：通过步进的方式移动或旋转当前的
WCS，用户可以在绘图工作区中移动坐标系到指定位
置，也可以设置步进参数使坐标系逐步移动到指定的距
离参数。如图 1-42 所示。

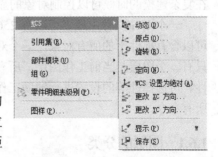

图 1-41 "WCS"子菜单

2）原点：通过定义当前 WCS 的原点来移动坐标系
的位置。但该命令仅仅移动坐标系的位置，而不会改变坐标轴的方向。

3）旋转：打开如图 1-43 所示"旋转 WCS 绕"对话框，通过当前的 WCS 绕其某一坐标轴旋转一定角度，来定义一个新的 WCS。

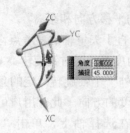

图 1-42 "动态移动"示意图   图 1-43 "旋转 WCS 绕"对话框

用户通过对话框可以选择坐标系绕哪个轴旋转，同时指定从一个轴转向另一个轴，在"角度"文本框中输入需要旋转的角度。角度可以为负值。

🕐 提示

可以直接双击激活坐标系，处于动态移动状态，用鼠标拖动原点处的方块，可以沿 X、Y、Z 方向任意移动，也可以绕任意坐标轴旋转。

4）更改 XC 方向：打开"点"对话框，在该对话框中选择点，系统以原坐标系的原点和该点在 XC-YC 平面上的投影点的连线方向作为新坐标系的 XC 方向，而原坐标系的 ZC 轴方向不变。

5）更改 YC 方向：打开"点"对话框，在该对话框中选择点，系统以原坐标系的原点和该点在 XC-YC 平面上的投影点的连线方向作为新坐标系的 YC 方向，而原坐标系的 ZC 轴方向不变。

6）显示：系统会显示或隐藏以前的工作坐标按钮。

7）保存：系统会保存当前设置的工作坐标系，以便在以后的工作中调用。

1.6 图层操作

图层就是在空间中使用不同的层次来放置几何体。UG 中的图层功能类似于设计工程师在透明覆盖层上建立模型的方法，一个图层类似于一个透明的覆盖层。图层的最主要功能是在复杂建模的时候可以控制对象的显示、编辑、状态等。

一个 UG 文件中最多可以有 256 个图层，每层上可以含任意数量的对象。因此一个图层可以含有部件上的所有对象，一个对象上的部件也可以分布在很多层上。但需要注意的是，只有一个图层是当前工作图层，所有的操作只能在工作图层上进行，其他图层可以通过可见性、可选择性等的设置进行辅助工作。选择"菜单"→"格式"命令，可以调用有关图层的所有命令。

1.6.1 图层的分类

对相应图层进行分类管理，可以很方便地通过图层类来实现对其中各层的操作，提高操作效率。例如可以设置 model、draft、sketch 等图层种类，model 包括 1~10 层，draft 包括 11～20 层，sketch 包括 21～30 层等。用户可以根据自身需要来制定图层的类别。

1. 执行方式

选择"菜单"→"格式"→"图层类别"命令，打开如图 1-44 所示"图层类别"对话框，可以对图层进行分类设置。

2. 特殊选项说明

1）过滤器：输入已存在的图层种类的名称来进行筛选，当输入"*"时则会显示所有的图层种类。用户可以直接在列表框中选择需要编辑的图层种类。

2）图层类列表框：显示满足过滤条件的所有图层类条目。

3）类别：输入图层种类的名称，可新建图层或是对已存在图层种类进行编辑。

4）创建/编辑：创建或编辑图层，若"类别"中输入的名字已存在则进行编辑，若不存在则进行创建。

图 1-44 "图层类别"对话框

5）删除/重命名：对选中的图层种类进行删除或重命名操作。

6）描述：输入某类图层相应的描述文字，即用于解释该图层种类含义的文字，当输入的描述文字超出规定长度时，系统会自动进行长度匹配。

7）加入描述：新建图层类时，若在"描述"下面的文本框中输入了该图层类的描述信息，需再单击该按钮才能使描述信息有效。

1.6.2 图层的设置

用户可以在任何一个或一群图层中设置该图层是否显示、是否变换工作图层等。

1. 执行方式

- 菜单：选择"菜单"→"格式"→"图层设置"命令。
- 功能区：单击"视图"选项卡，选择"可视化"组，单击"图层设置"按钮。
- 快捷键：〈Ctrl+L〉。

执行上述操作后，打开如图 1-45 所示"图层设置"对话框，利用该对话框可以对组件中所有图层或任意一个图层进行工作层、可选取性、可见性等设置，并且可以查询层的信息，同时也可以对图层所属种类进行编辑。

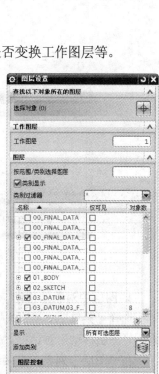

2. 特殊选项说明

1）工作图层：输入需要设置为当前工作层的图层号。当输入图层号后，系统会自动将其设置为工作图层。

2）按范围/类别选择图层：输入范围或图层种类的名称进行筛选操作，在文本框中输入种类名称并确定后，系统会自动将所有属于该种类的图层选取，并改变其状态。

3）类别过滤器：在文本框中输入了"*"，表示接受所有图层种类。

4）名称：图层信息对话框能够显示此零件文件所有图层

图 1-45 "图层设置"对话框

和所属种类的相关信息。如图层编号、状态、图层种类等。显示图层的状态、所属图层的种类、对象数目等。可以利用〈Ctrl+Shift〉组合键进行多项选择。此外，在列表框中双击需要更改状态的图层，系统会自动切换其显示状态。

5）仅可见：将指定的图层设置为仅可见状态。当图层处于仅可见状态时，该图层的所有对象仅可见但不能被选取和编辑。

6）显示：控制在图层状态列表框中图层的显示情况。该下拉列表中含有所有图层、含有对象的图层、所有可选图层和所有可见图层4个选项。

7）显示前全部适合：在更新显示前吻合所有的视图，使对象充满显示区域，或在工作区域利用〈Ctrl+F〉键实现该功能。

1.6.3　图层的其他操作

1. 图层的可见性设置

选择"菜单"→"格式"→"视图中可见图层"命令，系统打开如图1-46a所示"视图中可见图层"对话框。

在图1-46a打开的对话框中选择要操作的视图，打开如图1-46b所示对话框，在列表框中选择可见性图层，然后设置"可见/不可见"选项。

图1-46　"视图中可见图层"对话框

2. 图层中对象的移动

选择"菜单"→"格式"→"移动至图层"命令，选择要移动的对象后，打开如图1-47a所示"图层移动"对话框。

在"图层"列表中直接选中目标层，系统就会将所选对象放置在目的层中。

3. 图层中对象的复制

选择"菜单"→"格式"→"复制至图层"命令，选择要复制的对象后，打开如图1-47b所示对话框，操作过程与图层移动基本相同，在此不再详述了。

a)   b)

图 1-47 "图层移动"和"图层复制"对话框

a) "图层移动"对话框　b) "图层复制"对话框

1.7　常用工具

在建模中，经常需要建立创建点、平面、轴等，下面介绍这些常用工具。

1.7.1　点工具

1. 执行方式

- 菜单：选择"菜单"→"插入"→"基准/点"→"点"命令。
- 功能区：单击"主页"选项卡，选择"特征"组，单击"基准/点"中的"点"按钮十。
- 对话框：在相关对话框中单击"点对话框"按钮。

执行上述方式后，系统打开如图 1-48 所示的"点"对话框。

2. 特殊选项说明

（1）类型

- 自动判断的点：根据指针所指的位置指定各种点之中离光标最近的点。
- 光标位置：直接在单击的位置上建立点。
- 现有点十：根据已经存在的点，在该点位置上再创建一个点。
- 终点：根据指针选择位置。在靠近指针选择位置的端点处建立点。如果选择的特征为完整的圆，那么端点为零象限点。
- 控制点：在曲线的控制点上构造一个点或规定新点的位置。控制点与曲线的类型有关，可以是直线的中点或端点、二次曲线的端点或是样条曲线的定义点或是控制点等。
- 交点：在两段曲线的交点上、曲线和平面或曲面的交点上创建一个点或规定新点的位置。
- 圆弧/椭圆上的角度：在与 X 轴正向成一定角度（沿逆时针方向）的圆弧/椭圆弧上创建一个点或规定新点的位置，在如图 1-49 所示的对话框中输入曲线上的角度。

- 圆弧中心/椭圆中心/球心⊕：在所选圆弧、椭圆或者是球的中心建立点。
- 象限点○：即圆弧的四分点○，在圆弧或椭圆弧的四分点处创建一个点或规定新点的位置。
- 点在曲线/边上╱：在如图 1-50 所示的对话框中设置"曲线上的位置"的值，即可在选择的特征上建立点。

图 1-48 "点"对话框　　　　图 1-49 圆弧/椭圆上的角度　　　　图 1-50 设置曲线上的位置

- 点在面上◈：在如图 1-51 所示的对话框中设置"U 向参数"和"V 向参数"的值，即可在面上建立点。
- 两点之间╱：在如图 1-52 所示的对话框中设置"点之间的位置"的值，即可在两点之间建立点。

图 1-51 设置 U 向参数和 V 向参数　　　　图 1-52 设置点的位置

（2）输出坐标

"参考"列表中共有 3 种类型，具体如下。

- WCS：定义相对于工作坐标系的点。
- 绝对—工作部件：输入的坐标值是相对于工作部件的。
- 绝对—显示部件：定义相对于显示部件的绝对坐标系的点。

（3）偏置

用于指定与参考点相关的点。

1.7.2 平面工具

1. 执行方式

- 菜单：选择"菜单"→"插入"→"基准/点"→"基准平面"命令。
- 功能区：单击"主页"选项卡，选择"特征"组，单击"基准/点"中的"基准平面"按钮。
- 对话框：在相关对话框中单击"平面"按钮。

执行上述操作，系统打开如图 1-53 所示的"基准平面"对话框。

2. 特殊选项说明

（1）类型

- 自动判断：系统根据所选对象创建基准平面。
- 点和方向：通过选择一个参考点和一个参考矢量来创建基准平面，如图 1-54 所示。
- 曲线上：通过已存在的曲线，创建在该曲线某点处和该曲线垂直的基准平面，如图 1-55 所示。

图 1-53 "基准平面"对话框

- 按某一距离：通过和已存在的参考平面或基准面进行偏置得到新的基准平面，如图 1-56 所示。
- 成一角度：通过与一个平面或基准面成指定角度来创建基本平面，如图 1-57 所示。

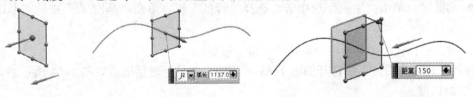

图 1-54 点和方向　　　图 1-55 在曲线上点　　　图 1-56 按某一距离

- 二等分：在两个相互平行的平面或基准平面的对称中心处创建基准平面，如图 1-58 所示。
- 曲线和点：通过选择曲线和点来创建基准平面，如图 1-59 所示。
- 两直线：通过选择两条直线，若两条直线在同一平面内，则以这两条直线所在平面为基准平面；若两条直线不在同一平面内，那么基准平面通过一条直线且和另一条直线平行，如图 1-60 所示。
- 相切：通过和一曲面相切且通过该曲面上点或线或平面来创建基准平面，如图 1-61 所示。
- 通过对象：以对象平面为基准平面，如图 1-62 所示。

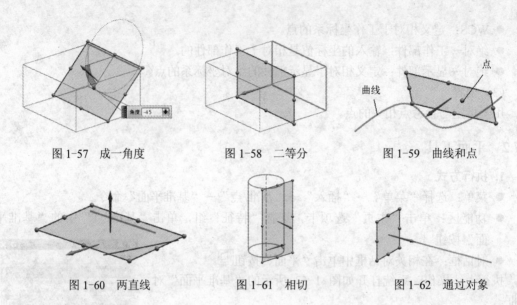

图 1-57　成一角度　　　　　图 1-58　二等分　　　　　图 1-59　曲线和点

图 1-60　两直线　　　　　图 1-61　相切　　　　　图 1-62　通过对象

系统还提供了 YC-ZC 平面、 XC-ZC 平面、 XC-YC 平面和 按系数共 4 种方法来创建基准平面。

（2）平面方位

使平面法向反向。

（3）偏置

勾选此复选框，将按指定的方向和距离创建与所定义平面平行的基准平面。

1.7.3　矢量工具

1. 执行方式

● 菜单：选择"菜单"→"插入"→"基准/点"→"基准轴"命令。

● 功能区：单击"主页"选项卡，选择"特征"组，单击"基准/点"中的"基准轴"按钮 。

● 对话框：在相关对话框中单击"矢量"按钮 。

执行上述操作后，系统打开如图 1-63 所示的"矢量"对话框或如图 1-64 所示的"基准 CSYS"对话框。

图 1-63　"矢量"对话框

图 1-64　"基准 CSYS"对话框

2. 特殊选项说明

● 自动判断 ：将按照选中的矢量关系来构造新矢量。

- 点和方向 `✎`：通过选择一个点和方向矢量创建基准轴。
- 两点 `✎`：通过选择两个点来创建基准轴。
- 曲线上矢量 `✎`：通过选择曲线和该曲线上的点创建基准轴。
- 曲线/面轴 `✎`：通过选择曲面和曲面上的轴创建基准轴。
- 交点 `✎`：通过选择两相交对象的交点来创建基准轴。
- `XC YC ZC`：可以分别选择与 XC 轴、YC 轴、ZC 轴相平行的方向构造矢量。

1.7.4 坐标系工具

1. 执行方式

- 菜单：选择"菜单"→"插入"→"基准/点"→"基准 CSYS"命令。
- 功能区：单击"主页"选项卡，选择"特征"组，单击"基准/点"中的"基准 CSYS"按钮 `✎`。

执行上述操作后，打开如图 1-64 所示的"基准 CSYS"对话框，该对话框用于创建基准 CSYS，和坐标系不同的是，基准 CSYS 一次建立 3 个基准面 XY、YZ 和 ZX 面和 3 个基准轴 X、Y 和 Z 轴。

2. 特殊选项说明

- 自动判断 `✎`：通过选择的对象或输入沿 X、Y 和 Z 坐标轴方向的偏置值来定义一个坐标系。
- 动态 `✎`：可以手动移动 CSYS 到任何想要的位置或方位。
- 原点 `✎`，X 点，Y 点：利用点创建功能先后指定 3 个点来定义一个坐标系。这 3 点应分别是原点、X 轴上的点和 Y 轴上的点。定义的第一点为原点，第一点指向第二点的方向为 X 轴的正向，从第二点至第三点按右手定则来确定 Z 轴正向。
- 三平面 `✎`：通过先后选择 3 个平面来定义一个坐标系。3 个平面的交点为坐标系的原点，第一个面的法向为 X 轴，第一个面与第二个面的交线方向为 Z 轴。
- X 轴 `✎`，Y 轴，原点：先利用点创建功能指定一个点作为坐标系原点，在利用矢量创建功能先后选择或定义两个矢量，这样就创建基准 CSYS。坐标系 X 轴的正向平应与第一矢量的方向，XOY 平面平行于第一矢量及第二矢量所在的平面，Z 轴正向由从第一矢量在 XOY 平面上的投影矢量至第二矢量在 XOY 平面上的投影矢量按右手定则确定。
- 绝对 CSYS `✎`：在绝对坐标系的（0，0，0）点处定义一个新的坐标系。
- 当前视图的 CSYS `✎`：该方法用当前视图定义一个新的坐标系。XOY 平面为当前视图的所在平面。
- 偏置 CSYS `✎`：通过输入沿 X、Y 和 Z 坐标轴方向相对于选择坐标系的偏距来定义一个新的坐标系。

1.8 布尔运算

零件模型通常由单个实体组成，但在建模过程中，实体通常是由多个实体或特征组合而成，于是要求把多个实体或特征组合成一个实体，这个操作称为布尔运算（或布尔操作）。

布尔运算在实际建模过程中用得比较多，但一般情况下是系统自动完成或自动提示用户选择合适的布尔运算。布尔运算也可独立操作。下面以求和为例讲述布尔运算操作方法。

1. 执行方式

● 菜单：选择"菜单"→"插入"→"组合"→"求和"命令。

● 功能区：单击"主页"选项卡，选择"特征"组，单击"组合"中的"求和"按钮 🔮。

执行上述操作后，打开如图1-65所示的"求和"对话框。该对话框用于将两个或多个实体的体积组合在一起构成单个实体，其公共部分完全合并到一起。

2. 特殊选项说明

● 目标：进行布尔"求和"时第一个选择的体对象，运算的结果将加在目标体上，并修改目标体。同一次布尔运算中，目标体只能有一个。布尔运算的结果体类型与目标体的类型一致。

图1-65 "求和"对话框

● 工具：进行布尔运算时第二个以后选择的体对象，这些对象将加在目标体上，并构成目标体的一部分。同一次布尔运算中，工具体可有多个。

需要注意的是：可以将实体和实体进行求和运算，也可以将片体和片体进行求和运算（具有近似公共边缘线），但不能将片体和实体、实体和片体进行求和运算。

求交与求差与求和类似，这里不再赘述。

1.9 思考与练习

1. 如何建立一个新 UG NX 9.0 文件？如何保存、退出并重新打开这个文件？

2. UG NX 9.0 的用户界面由哪几部分组成？

3. 如何在 UG NX 9.0 中设置图层？

第 2 章　草图与曲线

草图（Sketch）是 UG 建模中建立参数化模型的一个重要工具。通常情况下，三维设计应该从草图设计开始，通过 UG 中提供的草图功能建立各种基本曲线，对曲线进行几何约束和尺寸约束，然后对二维草图进行拉伸、旋转或者扫掠就可以很方便地生成三维实体。此后模型的编辑修改，主要在相应的草图中完成后即可更新模型。

本章重点

- 草图基础知识
- 草图的绘制
- 编辑草图
- 草图约束

2.1　进入草图环境

草图是位于指定平面上的曲线和点所组成的一个特征，其默认特征名为 SKETCH。草图由草图平面、草图坐标系、草图曲线和草图约束等组成；草图平面是草图曲线所在的平面，草图坐标系的 XY 平面即为草图平面，草图坐标系由用户在建立草图时确定。一个模型中可以包含多个草图，每一个草图都有一个名称，系统通过草图名称对草图及其对象进行引用。

在"建模"模块中选择"菜单"→"插入"→"在任务环境中绘制草图"命令，打开如图 2-1 所示"创建草图"对话框。

选择现有平面或创建新平面，单击"确定"按钮，进入草图环境，如图 2-2 所示。

使用草图可以实现对曲线的参数化控制，可以很方便进行模型的修改，草图可以用于以下几个方面。

1）对图形进行参数化。

2）用草图来建立通过标准成型特征无法实现的形状。

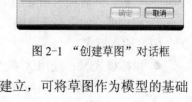

图 2-1　"创建草图"对话框

3）将草图作为自由形状特征的控制线。

4）如果形状可以用拉伸、旋转或沿导引线扫描的方法建立，可将草图作为模型的基础特征。

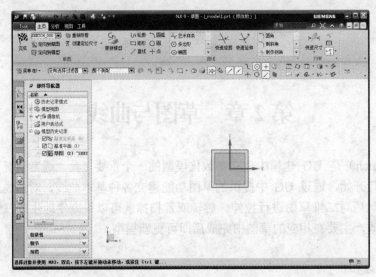

图 2-2 "草图"工作环境

2.2 草图的绘制

草图是一个平面轮廓,用于定义特征的截面形状、尺寸和位置。通常,UG 的模型创建都是从绘制二维草图开始,然后生成基体特征,并在模型上添加更多的特征。所以,能够熟练地使用草图绘制工具绘制草图是一件非常重要的事。

2.2.1 轮廓

轮廓是一个相对灵活的命令,用来绘制单一或者连续的直线和圆弧。

1. 执行方式

● 菜单:选择"菜单"→"插入"→"曲线"→"轮廓"命令。

● 功能区:单击"主页"选项卡,选择"曲线"组,单击"轮廓"按钮⌒。

执行上述操作后,打开如图 2-3 所示的"型材"工具条。

2. 特殊选项说明

(1)对象类型

● 直线◢:在绘图区选择两点绘制直线。

图 2-3 "型材"工具条

● 圆弧⌒:在绘图区选择一点,输入半径,然后在绘图区选择另一点,或者根据相应约束和扫描角度绘制圆弧。当从直线连接圆弧时,将创建一个两点圆弧。如果在线串模式下绘制的第一个点是圆弧,则可以创建一个三点圆弧。

(2)输入模式

● 坐标模式XY:使用 X 和 Y 坐标值创建曲线点。

● 参数模式▭:使用与直线或圆弧曲线类型对应的参数创建曲线点。

2.2.2 直线

不论多么复杂的图形,都是由点、直线、圆弧等按不同的粗细、间隔、颜色组合而成的。在所有的图形实体中，直线是最基本的图形实体。

1. 执行方式

● 菜单：选择"菜单"→"插入"→"曲线"→"直线"命令。

● 功能区：单击"主页"选项卡，选择"曲线"组，单击"直线"按钮 ✎。

执行上述操作，打开如图2-4所示的"直线"工具条。

2. 特殊选项说明

● 坐标模式 ⌨XY：使用 XC 和 YC 坐标创建直线起点或终点。

● 参数模式 📐：使用长度和角度参数创建直线起点或终点。

图2-4 "直线"工具条

2.2.3 圆

圆是最简单的封闭曲线，也是绘制工程图形时经常用的图形单元。

1. 执行方式

● 菜单：选择"菜单"→"插入"→"曲线"→"圆"命令。

● 功能区：单击"主页"选项卡，选择"曲线"组，单击"圆"按钮 ○。

执行上述操作后，打开如图2-5所示的"圆"工具条。

2. 特殊选项说明

（1）圆方法

● 圆心和直径定圆 ⊙：通过指定圆心和直径绘制圆。

● 三点定圆 ○：通过指定三点绘制圆。

（2）输入模式

图2-5 "圆"工具条

● 坐标模式 ⌨XY：允许使用坐标值来指定圆的点。

● 参数模式 📐：用于指定圆的直径参数。

2.2.4 圆弧

圆弧是圆的一部分。在工程造型中，圆弧的使用比圆更普遍。经常用到的"流线型"造型或圆润的造型实际上就是圆弧造型。

1. 执行方式

● 菜单：选择"菜单"→"插入"→"曲线"→"圆弧"命令。

● 功能区：单击"主页"选项卡，选择"曲线"组，单击"圆弧"按钮 ⌒。

执行上述操作后，打开如图2-6所示的"圆弧"工具条。

2. 特殊选项说明

（1）圆弧方法

● 通过三点的弧 ⌒：创建一条经过三个点的圆弧。

● 中心和端点决定的弧 ⌒：用于通过定义中心、起点和终点来创建圆弧。

图2-6 "圆弧"工具条

（2）输入模式

● 坐标模式 ⌨XY：允许使用坐标值来指定圆弧的点。

● 参数模式 📐：用于指定三点定圆弧的半径参数。

2.2.5 圆角

草图圆角工具在两个草图实体的交叉处生成一个切线弧，并且剪裁掉角部。使用此命令可以在两条或三条曲线之间创建一个圆角。

1. 执行方式

- 菜单：选择"菜单"→"插入"→"曲线"→"圆角"命令。
- 功能区：单击"主页"选项卡，选择"曲线"组，单击"编辑曲线"库中的"圆角"按钮 。

执行上述操作后，打开如图 2-7 所示的"圆角"工具条。

2. 特殊选项说明

（1）圆角方法

图 2-7　"圆角"工具条

- 修剪 ：修剪输入曲线。
- 取消修剪 ：使输入曲线保持取消修剪状态。

（2）选项

- 删除第三条曲线 ：删除选定的第三条曲线。
- 创建备选圆角 ：预览互补的圆角。

设置完成后，单击创建圆角，示意如图 2-8 所示。

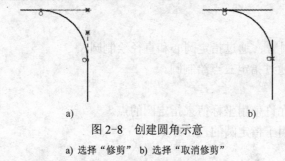

a)　　　　　　　　　　　　　　b)

图 2-8　创建圆角示意

a) 选择"修剪"　b) 选择"取消修剪"

2.2.6 倒斜角

绘制倒角工具用于在二维和三维草图中对相邻的草图实体进行倒角处理。倒角的形状和位置可由"角度距离"或"距离−距离"指定。

1. 执行方式

- 菜单：选择"菜单"→"插入"→"曲线"→"倒斜角"命令。
- 功能区：单击"主页"选项卡，选择"曲线"组，单击"编辑曲线"库中的"倒斜角"按钮 。

执行上述操作后，打开如图 2-9 所示的"倒斜角"对话框。

2. 特殊选项说明

（1）要倒斜角的曲线

1）选择直线：通过在相交直线上方拖动鼠标以选择多条直线，或按照一次选择一条直线的方法选择多条直线。

2）修剪输入曲线：勾选此复选框，修剪倒斜角的曲线。

（2）偏置

1）倒斜角。

● 对称：指定倒斜角与交点有一定距离，且垂直于等分线。

● 非对称：指定沿选定的两条直线分别测量的距离值。

● 偏置和角度：指定倒斜角的角度和距离值。

2）距离。指定从交点到第一条直线的倒斜角的距离。

3）距离 1/距离 2。

设置从交点到第一条/第二条直线的倒斜角的距离。

4）角度。

设置从第一条直线到倒斜角的角度。

在"倒斜角"对话框"偏置"选项组的"倒斜角"下拉列表中选择"非对称"，即可出现"距离 1/距离 2"选项。如果在"倒斜角"下拉列表中选择"偏置和角度"，则出现"距离"和"角度"选项。

（3）指定点

指定倒斜角的位置。

设置完成后，单击创建倒斜角，示意如图 2-10 所示。

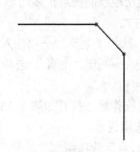

图 2-9 "倒斜角"对话框　　　　　　　图 2-10 倒斜角示意

2.2.7 矩形

矩形是最简单的封闭直线图形。

1. 执行方式

● 菜单：选择"菜单"→"插入"→"曲线"→"矩形"命令。

● 功能区：单击"主页"选项卡，选择"曲线"组，单击"矩形"按钮 □。

执行上述操作后，打开如图 2-11 所示的"矩形"工具条。

2. 特殊选项说明

图 2-11 "矩形"工具条

（1）矩形方法

● 按 2 点 □：根据对角点上的两点创建矩形，如图 2-12 所示。

● 按 3 点 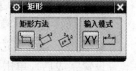：根据起点和能决定宽度、角度的两点来创建矩形，如图 2-13 所示。

● 从中心 ：从中心点、决定角度和宽度的第二点以及决定高度的第三点来创建矩形，如图 2-14 所示。

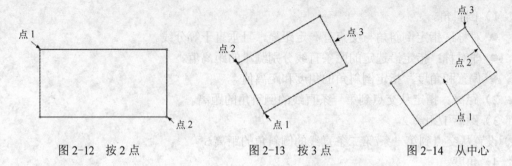

图 2-12　按 2 点　　　　　　图 2-13　按 3 点　　　　　图 2-14　从中心

（2）输入模式
- 坐标模式 XY：用 XC、YC 坐标为矩形指定点。
- 参数模式 ▦：用相关参数值为矩形指定点。

2.2.8　多边形

正多边形是相对复杂的一种平面图形，是由 3～1024 条长度相等的边组成的封闭线段。人类曾经为准确找到手工绘制正多边形的方法而长期求索。伟大数学家高斯为发现正十七边形的绘制方法而引以为毕生的荣誉，以致他的墓碑被设计成正十七边形。现在利用 UG 软件，可以很轻松地绘制任意正多边形。

1. 执行方式
- 菜单：选择"菜单"→"插入"→"曲线"→"多边形"命令。
- 功能区：单击"主页"选项卡，选择"曲线"组，单击"曲线"库中的"多边形"按钮 ⊙。

执行上述操作后，打开如图 2-15 所示的"多边形"对话框。

2. 特殊选项说明
（1）"中心点"选项组
在适当的位置单击或通过"点"对话框确定中心点的位置。
（2）"边"选项组
在"边数"微调框中输入多边形的边数。
（3）"大小"选项组
- 指定点：选择点或者通过"点"对话框定义多边形的半径。
- "大小"下拉列表，共有"内切圆半径""外接圆半径"和"边长" 3 种方式。
- 半径：设置多边形内切圆和外接圆半径的大小。
- 旋转：设置从草图水平轴开始测量的旋转角度。
- 长度：设置多边形的边长。

设置完成后，单击创建多边形，示意如图 2-16 所示。

2.2.9　椭圆

在几何学中，一个椭圆是由两个轴和一个中心点定义的，椭圆的形状和位置由 3 个因素决定：中心点、长轴、短轴。椭圆轴决定了椭圆的方向，中心点决定了椭圆的位置。

图 2-15 "多边形"对话框

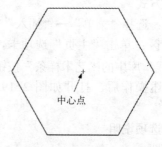

图 2-16 多边形示意

1. 执行方式

- 菜单：选择"菜单"→"插入"→"曲线"→"椭圆"命令。
- 功能区：单击"主页"选项卡，选择"曲线"组，单击"曲线"库中的"椭圆"按钮 ⊙ 。

执行上述操作后，打开如图 2-17 所示的"椭圆"对话框。

2. 特殊选项说明

- 中心：在适当的位置单击或通过"点"对话框确定椭圆中心点。
- 大半径：直接输入长半轴长度，也可以通过"点"对话框来确定长轴长度。
- 小半径：直接输入短半轴长度，也可以通过"点"对话框来确定短轴长度。
- 封闭：勾选此复选框，创建整圆。若取消此复选框的勾选，输入起始角和终止角创建椭圆弧。
- 旋转角度：椭圆的旋转角度是主轴相对于 XC 轴，沿逆时针方向倾斜的角度。

设置完成后，单击"确定"按钮，创建椭圆。示意如图 2-18 所示。

图 2-17 "椭圆"对话框

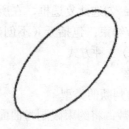

图 2-18 "椭圆"示意

2.2.10 艺术样条

样条曲线是由一组点定义的光滑曲线，样条曲线经常用于精确地表示对象的造型。本命令用于在工作窗口定义样条曲线的各定义点来生成样条曲线。

1. 执行方式

● 菜单：选择"菜单"→"插入"→"曲线"→"艺术样条"命令。

● 功能区：单击"主页"选项卡，选择"曲线"组，单击"曲线"库中的"艺术样条"按钮 。

执行上述操作后，打开如图 2-19 所示的"艺术样条"对话框。

2. 特殊选项说明

（1）类型

● 通过点：用于通过延伸曲线使其穿过定义点来创建样条。

● 根据极点：用于通过构造和操控样条极点来创建样条。

（2）点/极点位置

定义样条点或极点位置。

（3）参数化

● 次数：指定样条的阶次。样条的极点数不得少于次数。

● 匹配的结点位置：勾选此复选框，定义点所在的位置放置结点。

● 封闭：勾选此复选框，用于指定样条的起点和终点在同一个点，形成闭环。

图 2-19 "艺术样条"对话框

（4）移动

在指定的方向上或沿指定的平面移动样条点和极点。

● WCS：在工作坐标系的指定 X、Y 或 Z 方向上或沿 WCS 的一个主平面移动点或极点。

● 视图：相对于视图平面移动极点或点。

● 矢量：用于定义所选极点或多段线的移动方向。

● 平面：选择一个基准平面、基准 CSYS 或使用指定平面来定义一个平面，以在其中移动选定的极点或多段线。

● 法向：沿曲线的法向移动点或极点。

（5）延伸

● 对称：勾选此复选框，在所选样条的指定开始和结束位置上展开对称延伸。

● 起点/结束：包括无（不创建延伸）、按值（指定延伸的值）、按点（定义延伸的延展位置）3 种方式。

（6）设置

1）自动判断的类型

● 等参数：将约束限制为曲面的 U 向和 V 向。

● 截面：允许约束同任何方向对齐。

● 法向：根据曲线或曲面的正常法向自动判断约束。

● 垂直于曲线或边：从点附着对象的父级自动判断 G1、G2 或 G3 约束。

2）固定相切方位：勾选此复选框，与邻近点相对的约束点的移动就不会影响方位，并且方向保留为静态。

设置完成后，单击"确定"按钮创建艺术样
条，示意如图2-20所示。

此外，还有拟合样条曲线和二次曲线，绘制
方法与艺术样条曲线类似，这里不再赘述。

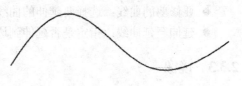

图 2-20　艺术样条曲线示意

2.3　编辑草图

建立草图之后，可以对草图进行很多操作，包括镜像、拖动等。本节将进一步介绍。

2.3.1　快速修剪

该命令可以将曲线修剪至任何方向最近的实际交点或虚拟交点。草图裁剪可以达到以下
效果。

- 剪裁直线、圆弧、圆、椭圆、样条曲线或中心线，使其截断于与另一直线、圆弧、
圆、椭圆、样条曲线或中心线的交点处。
- 删除一条直线、圆弧、圆、椭圆、样条曲线或中心线。

1. 执行方式
- 菜单：选择"菜单"→"编辑"→"曲线"→"快速修
剪"命令。
- 功能区：单击"主页"选项卡，选择"曲线"组，单击
"快速修剪"按钮。

执行上述操作后，打开如图 2-21 所示"快速修剪"对
话框。

图 2-21　"快速修剪"对话框

2. 特殊选项说明
- 边界曲线：选择位于当前草图中或者出现该草图前面的任何曲线、边、基本平面等。
- 要修剪的曲线：选择一条或多条要修剪的曲线。
- 修剪至延伸线：指定是否修剪至一条或多余边界曲线的虚拟延伸线。

2.3.2　快速延伸

草图延伸是指将草图实体延伸到另一个草图实体，经常用来增加草图实体（直线、中心
线或圆弧）的长度。该命令可以将曲线延伸至它与另一条曲线的实际交点或虚拟交点。

1. 执行方式
- 菜单：选择"菜单"→"编辑"→"曲线"→"快速延
伸"命令。
- 功能区：单击"主页"选项卡，选择"曲线"组，单击
"快速延伸"按钮。

执行上述操作后，打开如图2-22所示"快速延伸"对话框。

2. 特殊选项说明
- 边界曲线：选择位于当前草图中或者出现该草图前面的任
何曲线、边、基本平面等。

图 2-22　"快速延伸"对话框

- 要修剪的曲线：选择要延伸的曲线。
- 延伸至延伸线：指定是否延伸到边界曲线的虚拟延伸线。

2.3.3 镜像

UG 可以沿中心线镜像草图实体。当生成镜像实体时，UG 会在每一对相应的草图点之间应用一个对称关系。如果改变被镜像的实体，则其镜像图像也将随之变动。

1. 执行方式
- 菜单：选择"菜单"→"插入"→"来自曲线集的曲线"→"镜像曲线"命令。
- 功能区：单击"主页"选项卡，选择"曲线"组，单击"曲线"库中的"镜像曲线"按钮 。

执行上述操作后，打开如图 2-23 所示"镜像曲线"对话框。

2. 特殊选项说明

（1）要镜像的曲线

指定一条或多条要镜像的草图曲线。

（2）中心线

选择一条已有直线作为镜像操作的中心线（在镜像操作过程中，该直线将成为参考直线）。

（3）设置
- 将中心线转换为参考：将活动中心线转换为参考。
- 显示终点：显示端点约束以便移除和添加端点。如果移除端点约束，然后编辑原先的曲线，则未约束的镜像曲线将不会更新。

设置完成后，单击"确定"按钮镜像曲线，示意如图 2-24 所示。

图 2-23 "镜像曲线"对话框

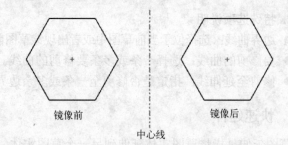

图 2-24 镜像曲线示意

2.3.4 偏置

偏置是指在距草图实体相等距离（可以是双向）的位置上生成一个与草图实体相同形状的草图。UG 可以生成模型边线、环、面、一组边线、侧影轮廓线或一组外部草图曲线的等距实体。

1. 执行方式
- 菜单：选择"菜单"→"插入"→"来自曲线集的曲线"→"偏置曲线"命令。
- 功能区：单击"主页"选项卡，选择"曲线"组，单击"曲线"库中的"偏置曲线"按钮 。

执行上述操作后，打开如图 2-25 所示"偏置曲线"对话框。偏置曲线示意如图 2-26 所示。

图 2-25 "偏置曲线"对话框

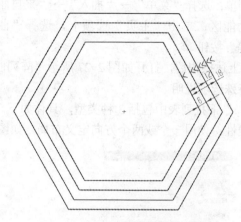

图 2-26 偏置曲线示意

2. 特殊选项说明

（1）要偏置的曲线

● 选择曲线：选择要偏置的曲线或曲线链。曲线链可以是开放的、封闭的或者一段开放一段封闭。

● 添加新集：在当前的偏置链中创建一个新的子链。

（2）偏置

1）距离：指定偏置距离。

2）反向：使偏置链的方向反向。

3）对称偏置：在基本链的两端各创建一个偏置链。

4）副本数：指定要生成的偏置链的副本数。

5）端盖选项

● 延伸端盖：通过沿着曲线的自然方向将其延伸到实际交点来封闭偏置链。

● 圆弧帽形体：通过为偏置链曲线创建圆角来封闭偏置链。

（3）链连续性和终点约束

● 显示拐角：勾选此复选框，在链的每个角上都显示角的手柄。

● 显示端点：勾选此复选框，在链的每一端都显示一个端约束手柄。

（4）设置

● 输入曲线转换为参考：将输入曲线转换为参考曲线。

● 阶次：在偏置艺术样条时指定阶次。

2.3.5 阵列曲线

利用"阵列曲线"命令可将草图曲线进行阵列。建立阵列是指多重复制选择的对象，并把这些副本按矩形、目标点或圆形排列。把副本按矩形排列称为建立线性阵列，把副本按目标点排列称为建立常规阵列，把副本按圆形排列称为建立圆形阵列。建立圆形阵列时，应该控制复制对象的次数和对象是否被旋转；建立线性阵列时，应该控制行和列的数量以及对象副本之间的距离。

1. 执行方式

- 菜单：选择"菜单"→"插入"→"来自曲线集的曲线"→"阵列曲线"命令。
- 功能区：单击"主页"选项卡，选择"曲线"组，单击"曲线"库中的"阵列曲线"按钮 🎛。

执行上述操作后，打开如图 2-27 所示"阵列曲线"对话框。

2. 特殊选项说明

"布局"下拉列表中包括 3 种类型，具体如下。

- 线性：使用一个或两个方向定义布局，如图 2-28 所示。

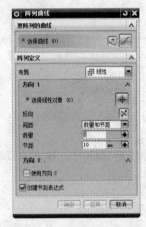

图 2-27 "阵列曲线"对话框　　　　　　　　图 2-28 线性阵列示意

- 圆形：使用旋转点和可选径向间距参数定义布局，如图 2-29 所示。
- 常规：使用一个或多个目标点或坐标系定义的位置来定义布局，如图 2-30 所示。

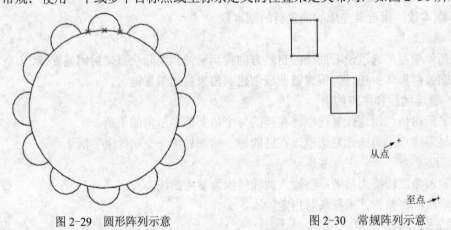

图 2-29 圆形阵列示意　　　　　　　　图 2-30 常规阵列示意

2.3.6 交点

使用此命令在指定几何体通过草图平面的位置创建一个关联点和基准轴。

1. 执行方式

选择"菜单"→"插入"→"来自曲线集的曲线"→"交点"命令，打开如图 2-31 所示"交点"对话框。

2. 特殊选项说明

● 选择曲线：选择要在上面创建交点的曲线。

● 循环解：当路径与草图平面有一个以上的交点或路径为开环，不与草图平面相交采用备选解。

图 2-31 "交点"对话框

2.3.7 派生曲线

选择一条或几条直线后，利用本命令，系统自动生成其平行线或中线或角平分线。

执行方式

● 菜单：选择"菜单"→"插入"→"来自曲线集的曲线"→"派生直线"命令。

● 功能区：单击"主页"选项卡，选择"曲线"组，单击"曲线"库中的"派生直线"按钮。

执行上述操作后，选择要偏置的曲线。在适当位置单击或输入偏置距离，如图 2-32 所示。

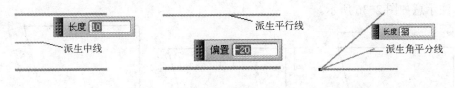

图 2-32 派生曲线

此外，还有"添加现有曲线""投影曲线"和"相交曲线"等草图编辑方法，与"派生曲线"类似，这里不再赘述。

2.4 草图约束

约束能够用于精确地控制草图中的对象。草图约束有两种类型：尺寸约束（也称之为草图尺寸）和几何约束。

尺寸约束建立起草图对象的大小（如直线的长度、圆弧的半径等）或是两个对象之间的关系（如两点之间的距离）。

几何约束建立起草图对象的几何特性（如要求某一直线具有固定长度）或是两个或更多草图对象的关系类型（如要求两条直线垂直或平行，或是几个弧具有相同的半径等）。在图形区无法看到几何约束，但是用户可以使用"显示/删除约束"显示有关信息，并显示代表这些约束的直观标记。

2.4.1 建立尺寸约束

建立草图尺寸约束是限制草图几何对象的大小和形状，也就是在草图上标注草图尺寸，并设置尺寸标注线，与此同时再建立相应的表达式，以便在后续的编辑工作中实现尺寸的参数化驱动。

1. 执行方式

● 菜单：选择"菜单"→"插入"→"尺寸"命令。

● 功能区：单击"主页"选项卡，选择"约束"组，单击"尺寸"下拉菜单

执行上述操作后，尺寸列表如图 2-33 所示。

2. 特殊选项说明

（1）快速尺寸

选择几何体后，系统自动根据所选择的对象搜寻合适尺寸类型进行　图 2-33　尺寸列表
匹配。

（2）线性尺寸

● 水平：指定与约束两点间距离的与 XC 轴平行的尺寸（也就是草图的水平参考），示意如图 2-34 所示。

● 竖直：指定与约束两点间距离的与 YC 轴平行的尺寸（也就是草图的竖直参考），示意如图 2-35 所示。

● 平行：指定平行于两个端点的尺寸。平行尺寸限制两点之间的最短距离，平行标注示意如图 2-36 所示。

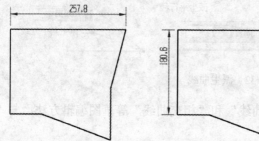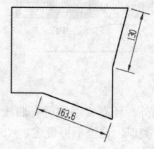

图 2-34 "水平"标注示意　　图 2-35 "竖直"标注示意　　图 2-36 "平行"标注示意

● 垂直：指定直线和所选草图对象端点之间的垂直尺寸，测量到该直线的垂直距离，垂直标注示意如图 2-37 所示。

（3）角度尺寸

指定两条线之间的角度尺寸。相对于工作坐标系按照逆时针方向测量角度，角度标注示意如图 2-38 所示。

（4）径向尺寸

直径：为草图的弧/圆指定直径尺寸，直径标注示意如图 2-39 所示。

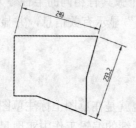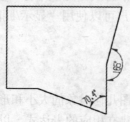

图 2-37 "垂直"标注示意　　图 2-38 "角度"标注示意　　图 2-39 "直径"标注示意

径向 ：为草图的弧/圆指定半径尺寸。如图 2-40 所示。

（5）周长尺寸

将所选的草图轮廓曲线的总长度限制为一个需要的值。可以选择周长约束的曲线是直线和弧，选中该选项后，打开如图 2-41 所示的"周长尺寸"对话框，选择曲线后，该曲线的尺寸显示在距离文本框中。

图 2-40 "径向"标注示意　　　　图 2-41 "周长尺寸"对话框

2.4.2　建立几何约束

使用几何约束，可以指定草图对象必须遵守的条件，或是草图对象之间必须维持的关系。

执行方式
- 菜单：选择"菜单"→"插入"→"几何约束"命令。
- 功能区：单击"主页"选项卡，选择"约束"组，单击"几何约束"按钮 。

执行上述操作后，系统会打开如图 2-42 所示对话框，不同的对象提示栏中会有不同的选项，用户可以在其上单击图标以确定要添加的约束，然后依次选择需要添加几何约束的对象。

2.4.3　建立自动约束

自动约束是指选择相应曲线后，系统自动应用到草图的几何约束。类型包括水平、竖直、平行、垂直、相切、点在曲线上、等长、等半径、重合、同心等。

1. 执行方式
- 功能区：单击"主页"选项卡，选择"约束"组，单击"约束工具"中的"自动约束"按钮 。

执行上述方式后，系统打开如图 2-43 所示"自动约束"对话框。

2. 特殊选项说明

1）全部设置：选中所有约束类型。

2）全部清除：清除所有约束类型。

2.4.4　显示/移除约束

用于显示与所选草图几何体相关的几何约束。还可以删除指定的约束，或列出有关所有几何约束的信息。

图 2-42 "几何约束"对话框

图 2-43 "自动约束"对话框

1. 执行方式

单击"主页"选项卡，选择"约束"组，单击"约束工具"中的"显示/移除约束"按钮 。系统打开如图 2-44 所示"显示/移除约束"对话框。

2. 特殊选项说明

（1）列出以下对象的约束

控制列在"约束列表窗中"的约束。

- 第一个"选定的"对象：一次只能选择一个对象。选择其他对象将自动取消选择以前选中的对象。该列表窗显示了与所选对象相关的约束。这是默认设置。

- 第二个"选定的对象"：选择多个对象，方法是：逐个选择，或使用矩形选择方式同时选中。选择其他对象不会取消选择以前选中的对象。列表窗列出了与全部选中对象相关的约束。

图 2-44 "显示/移除约束"对话框

- 活动草图中的所有对象：显示激活的草图中的所有约束。

（2）约束类型

过滤在列表框中显示的约束类型。

包含或排除：确定指定的"约束类型"是列表框中显示的唯一类型（"包含"，是默认设置），还是不显示的唯一类型（"排除"）。

（3）显示约束

控制在"约束列表窗"中出现的约束的显示。

- 显式：对于由用户显式生成的约束。
- 自动推断：对于曲线生成过程中由系统自动生成的约束。
- 两者皆是：具备以上两者。

（4）约束列表窗

列出选中的草图几何体的几何约束。该列表受控于显示约束选项的设置。"自动推断的"的几何约束（即在曲线生成过程中由系统自动生成）在后面括号内带有"I"符号，即"(I)"。

（5）列表窗步骤箭头 ▲ ▼

控制位于约束列表框右侧的"步骤"箭头，可以上、下移列表中高亮显示的约束，一次一项。与当前选中的约束相关联的对象将始终高亮显示在图形区。

（6）移除高亮显示的

删除一个或多个约束，方法是：在约束列表窗中选择他们，然后选择该选项。

（7）移除所列的

删除在约束列表窗中显示的所有列出的约束。

（8）信息

在"信息"窗口中显示有关激活的草图的所有几何约束信息。如果用户要保存或打印出约束信息，该选项很有用。

2.4.5 动画模拟尺寸

"动画模拟尺寸"用于在一个指定的范围中，动态显示使给定尺寸发生变化的效果。受这一选定尺寸影响的任一几何体也将同时被模拟。

1. 执行方式

- 菜单：选择"菜单"→"工具"→"约束"→"动画尺寸"命令。
- 功能区：单击"主页"选项卡，选择"约束"组，单击"约束工具"中的"动画尺寸"按钮 ▐ 。

执行上述操作后，打开如图 2-45 所示"动画尺寸"对话框。

图 2-45 "动画尺寸"对话框

2. 特殊选项说明

- 尺寸列表窗：列出可以模拟的尺寸。
- 值：当前所选尺寸的值（动画模拟过程中不会发生变化）。
- 下限：动画模拟过程中该尺寸的最小值。

- 上限：动画模拟过程中该尺寸的最大值。
- 步数/循环：当尺寸值由上限移动到下限（反之亦然）时所变化（等于大小/增量）的次数。
- 显示尺寸：在动画模拟过程中显示原先的草图尺寸。

2.4.6 转换至/自参考对象

在给草图添加几何约束和尺寸约束的过程中，有时会引起约束冲突，删除多余的几何约束和尺寸约束可以解决约束冲突；另外的一种办法就是通过将草图几何对象或尺寸对象转换为参考对象可以解决约束冲突。

该选项能够将草图曲线（但不是点）或草图尺寸由"激活"转换为"参考"状态，或由"参考"转换回"激活"状态。"参考"尺寸显示在用户的草图中，虽然其值被更新，但是它不能控制草图几何体。

1. 执行方式
- 菜单：选择"菜单"→"工具"→"约束"→"转换至/自参考对象"命令。
- 功能区：单击"主页"选项卡，选择"约束"组，单击"约束工具"中的"转换至/自动参考对象"按钮 。

执行上述操作后，打开如图 2-46 所示的"转换至/自参考对象"对话框。

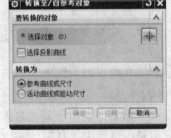

图 2-46 "转换至/自参考对象"对话框

2. 特殊选项说明

（1）要转换的对象
- 选择对象：选择要转换的草图曲线或草图尺寸。
- 选择投影曲线：转换草图曲线投影的所有输出曲线。

（2）转换为
- 参考曲线或尺寸：将"激活"对象转换为"参考"状态。
- 活动曲线或驱动尺寸：将"参考"对象转换为"激活"状态。

2.5 综合实例——拨叉草图

本例绘制拨叉草图。首先绘制构造线，然后绘制大概轮廓修剪、倒圆角，最后标注完成尺寸，完成草图的绘制。绘制流程如图 2-47 所示。

光盘\动画演示\第 2 章\拨叉草图.avi

（1）创建新文件

选择"菜单"→"文件"→"新建"命令或单击"主页"选项卡，单击"标准"组，单击"新建"按钮 ，打开"新建"对话框。在模板列表中选择"模型"，输入名称为 bocha，单击"确定"按钮，进入建模环境。

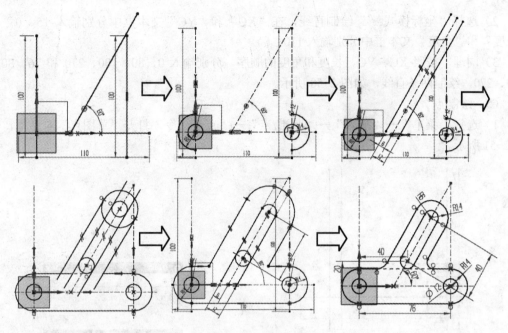

图 2-47 拨叉草图绘制流程

（2）草图首选项

1）选择"菜单"→"首选项"→"草图"命令，打开如图 2-48 所示"草图首选项"对话框。

2）在"尺寸标签"下拉列表中选择"值"选项，勾选"屏幕上固定文本高度"和"创建自动判断约束"复选框。单击"确定"按钮，草图预设置完毕。

（3）进入草图环境

1）选择"菜单"→"插入"→"在任务环境中绘制草图"命令，或者单击"曲线"选项卡中的"在任务环境中绘制草图"按钮，打开"创建草图"对话框。

2）选择 XC-YC 平面作为工作平面，单击"确定"按钮，进入草图环境。

（4）绘制水平直线

1）选择"菜单"→"插入"→"曲线"→"直线"命令，或者单击"主页"选项卡，选择"曲线"组，单击"直线"按钮，打开"直线"对话框，如图 2-49 所示。

图 2-48 "草图首选项"对话框

图 2-49 "直线"对话框

2）选择"坐标模式 XY"绘制直线，在"XC"和"YC"文本框中分别输入-15、0。在"长度"和"角度"文本框中分别输入110、0。

3）同理，按照 XC、YC、长度和角度的顺序，分别输入 0、80、100、270 和 76、80、100、270，绘制两条直线，如图 2-50 所示。

（5）绘制点

1）选择"菜单"→"插入"→"基准/点"→"点"命令，打开"草图点"对话框，如图 2-51 所示。

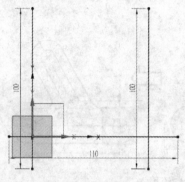

图 2-50　绘制直线 1

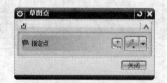

图 2-51　"草图点"对话框

2）单击"指定点"按钮 ，打开如图 2-52 所示的"点"对话框，输入点坐标为（40，20，0），单击"确定"按钮，完成点的创建。

（6）创建直线

1）选择"菜单"→"插入"→"曲线"→"直线"命令，或单击"主页"选项卡，选择"曲线"组，单击"直线"按钮 ，打开"直线"对话框。

2）绘制通过基准点且与水平直线成 60° 的直线，并将直线延伸到水平线上，如图 2-53 所示。

（7）创建约束

1）选择"菜单"→"插入"→"约束"命令，或者单击"主页"选项卡，选择"约束"组，单击"几何约束"按钮 。

2）对如图 2-53 所示的草图中的所有直线添加约束，如图 2-54 所示。

图 2-52　"点"对话框

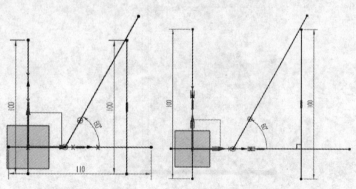

图 2-53　绘制其他直线　　　　图 2-54　选择直线

（8）更改对象显示

1）依次选择所有的草图对象。将指针放在其中一个草图对象上并右击，打开如图 2-55 所示的打开快捷菜单。选择"编辑显示"命令，打开如图 2-56 所示的"编辑对象显示"对话框。

2）在"线型"下拉列表中选择"中心线"，在"宽度"的下拉列表中选择"0.13m"。单击"确定"按钮，则所选草图对象发生变化，如图 2-57 所示。

图 2-55　快捷菜单

图 2-56　"编辑对象显示"对话框

（9）绘制圆

1）选择"菜单"→"插入"→"曲线"→"圆"命令，或者单击"主页"选项卡，选择"曲线"组，单击"圆"按钮○，打开"圆"对话框。

2）单击按钮⊙，选择"圆心和直径定圆"方式绘制圆。在"上边框条"中单击按钮↑。分别捕捉两竖直直线和水平直线的交点为圆心，绘制ϕ12 的圆，如图 2-58 所示。

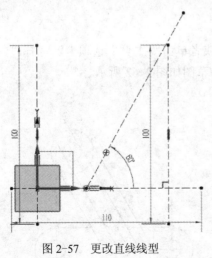

图 2-57　更改直线线型

图 2-58　绘制圆

（10）绘制圆弧

1）选择"菜单"→"插入"→"曲线"→"圆弧"命令，或单击"主页"选项卡，选择"曲线"组，单击"圆弧"按钮 ，打开"圆弧"对话框。

2）分别按照圆心、半径、扫掠角度的顺序分别以步骤（9）创建的圆的圆心为圆心，创建 $R14$，扫掠角度为 $180°$ 的两圆弧，如图 2-59 所示。

（11）派生直线

1）选择"菜单"→"插入"→"来自曲线集的曲线"→"派生直线"命令，单击"主页"选项卡，选择"曲线"组，单击"派生直线"按钮 。

2）分别将斜中心线分别向左右偏移 6，结果如图 2-60 所示。

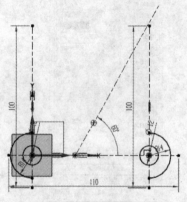

图 2-59 绘制圆弧

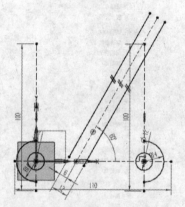

图 2-60 绘制派生的直线

（12）绘制圆

1）选择"菜单"→"插入"→"曲线"→"圆"命令，或者单击"主页"选项卡，选择"曲线"组，单击"圆"按钮 ，打开"圆"对话框。

2）以先前创建的基准点为圆心绘制 $\phi12$ 的圆，然后在适当的位置绘制 $\phi12$ 和 $\phi28$ 的同心圆。

（13）绘制直线

1）选择"菜单"→"插入"→"曲线"→"直线"命令，打开"直线"对话框。

2）分别绘制 $\phi28$ 圆的切线，如图 2-61 所示。

（14）草图约束

选择"菜单"→"插入"→"约束"命令，或者单击"主页"选项卡，选择"约束"组，单击"几何约束"按钮 。创建所需约束后的草图如图 2-62 所示。

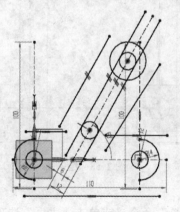

图 2-61 绘制切线

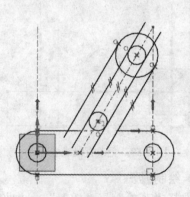

图 2-62 创建所需约束后的草图

（15）标注尺寸

单击"主页"选项卡，选择"约束"组，单击"快速尺寸"按钮，对两小圆之间的距离进行尺寸修改，使其两圆之间的距离为 40，如图 2-63 所示。

（16）修剪曲线

选择"菜单"→"编辑"→"曲线"→"快速修剪"命令，或者单击"主页"选项卡，选择"曲线"组，单击"快速修剪"按钮，修剪不需要的曲线。修剪后的草图如图 2-64 所示。

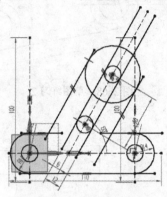

图 2-63　标注小圆尺寸

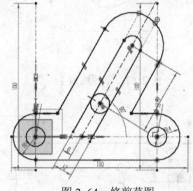

图 2-64　修剪草图

（17）创建圆角

1）选择"菜单"→"插入"→"曲线"→"圆角"命令，或单击"主页"选项卡，选择"曲线"组，单击"编辑曲线"库中的"圆角"按钮　。

2）对左边的斜直线和直线进行倒圆角，圆角半径为 10，然后再对右边的斜直线和直线进行倒圆角，圆角半径为 5。结果如图 2-65 所示。

（18）标注尺寸

单击"主页"选项卡，选择"约束"组中的"快速尺寸"命令，对图中的各尺寸进行标注，如图 2-66 所示。

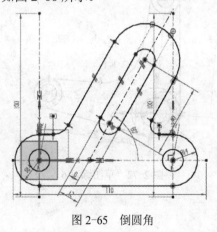

图 2-65　倒圆角

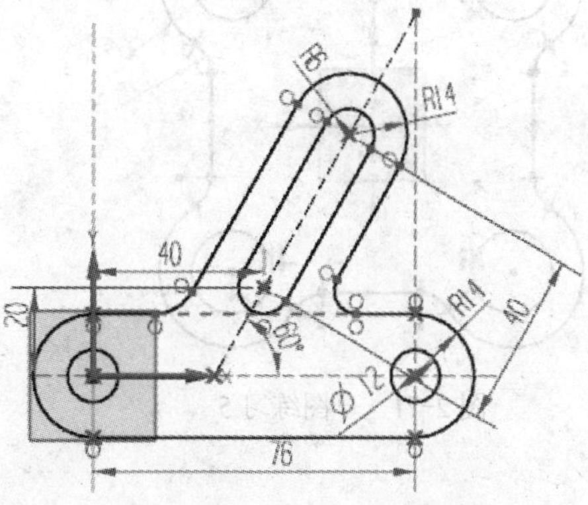

图 2-66　标注尺寸后的草图

2.6　思考与练习

绘制如图 2-67～图 2-72 所示草图。

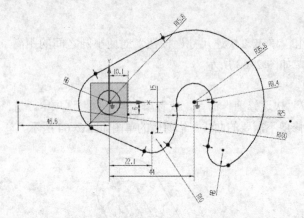

图 2-67　草图练习 1

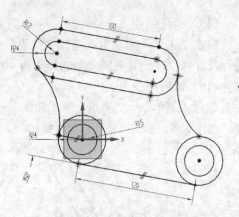

图 2-68　草图练习 2

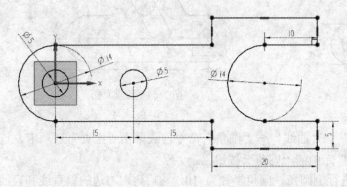

图 2-69　草图练习 3

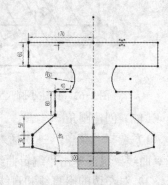

图 2-70　草图练习 4

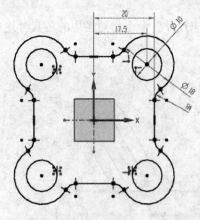

图 2-71　草图练习 5

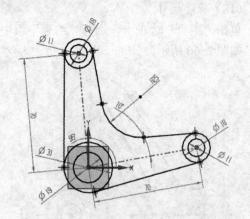

图 2-72　草图练习 6

52

第 3 章 特 征 建 模

相对于单纯的实体建模和参数化建模，UG 采用的是复合建模方法。该方法是基于特征的实体建模方法，是在参数化建模方法的基础上采用了一种所谓"变量化技术"的设计建模方法，对参数化建模技术进行了改进。

本章重点
- 通过草图创建特征
- 创建简单特征
- 创建设计特征

3.1 通过草图创建特征

在 UG NX 9.0 中，一些实体特征不能直接创建，可先绘制草图，再通过拉伸、旋转等操作创建。

3.1.1 拉伸

通过在指定方向上将截面曲线扫掠一个线性距离来生成体。

1. 执行方式
- 菜单：选择"菜单"→"插入"→"设计特征"→"拉伸"命令。
- 功能区：单击"主页"选项卡，选择"特征"组，单击"设计特征"中的"拉伸"按钮。

执行上述操作后，打开如图 3-1 所示"拉伸"对话框。

2. 操作示例

本例绘制连杆 1。首先绘制连杆轮廓草图，然后通过拉伸创建连杆。绘制流程如图 3-2 所示。

图 3-1 "拉伸"对话框

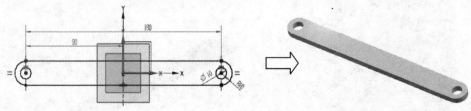

图 3-2 连杆 1 绘制流程

光盘\动画演示\第 3 章\连杆 1.avi

（1）绘制草图

1）选择"菜单"→"插入"→"在任务环境中绘制草图"命令，或者单击"主页"选项卡中的"在任务环境中绘制草图"按钮，打开如图 3-3 所示的"创建草图"对话框。

2）在"平面方法"下拉列表中选择"创建平面"，在"指定平面"下拉列表中选择 XC-YC 平面为草图绘制平面，单击"确定"按钮，进入草图绘制界面。

3）绘制如图 3-4 所示的草图。单击"主页"选项卡，选择"草图"组，单击"完成"按钮，草图绘制完毕。

图 3-3　"创建草图"对话框

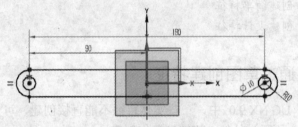

图 3-4　绘制草图

（2）拉伸操作

1）选择"菜单"→"插入"→"设计特征"→"拉伸"命令，或单击"主页"选项卡，选择"特征"组，单击"设计特征"中的"拉伸"按钮，打开如图 3-5 所示的"拉伸"对话框。

2）选择步骤（1）绘制的草图为拉伸曲线。

3）在"指定矢量"下拉列表中选择"ZC 轴"为拉伸方向。

4）在"开始距离"和"结束距离"数值栏中分别输入 0 和 5，单击"确定"按钮，结果如图 3-6 所示。

图 3-5　"拉伸"对话框

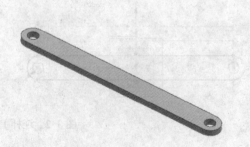

图 3-6　创建拉伸体

54

3. 特殊选项说明

（1）截面

● 选择曲线 ：如果选择平面，则自动进入草图模式。

● 绘制截面 ：用户可以通过该选项首先绘制拉伸的轮廓，然后进行拉伸。

（2）方向

● 指定矢量：选择拉伸的矢量方向，可以单击旁边的下拉菜单选择矢量选择列表。

● 反向 ：如果在生成拉伸体之后，更改了作为方向轴的几何体，拉伸也会相应地更新，以实现匹配。显示的默认方向矢量指向选中几何体平面的法向。如果选择了面或片体，则默认方向是沿着选中面端点的面法向。如果选中曲线构成了封闭环，则在选中曲线的质心处显示方向矢量。如果选中曲线没有构成封闭环，则开放环的端点将以系统颜色显示为星号。

（3）限制

开始/结束：沿着方向矢量输入生成几何体的起始位置和结束位置，可以通过动态箭头来调整，其下有 6 个选项。

● 值：由用户输入拉伸的起始位置和结束位置的具体距离数值，如图 3-7 所示。

● 对称值：用于约束生成的几何体关于指定的对象对称，如图 3-8 所示。

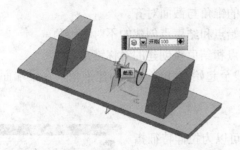 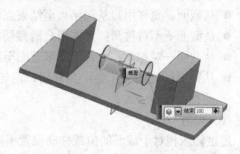

图 3-7　开始条件为"值"　　　　　　　图 3-8　开始条件为"对称值"

● 直至下一个：沿矢量方向拉伸至下一对象，如图 3-9 所示。

● 直至选定：拉伸至选定的表面、基准面或实体，如图 3-10 所示。

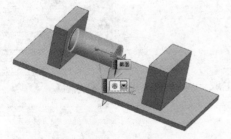 

图 3-9　开始条件为"直至下一个"　　　图 3-10　开始条件为"直至选定"

● 直至延伸部分：允许用户裁剪扫掠至一选中表面，如图 3-11 所示。

● 贯通：允许用户沿拉伸矢量完全通过所有可选实体生成拉伸体，如图 3-12 所示。

（4）布尔

指定生成的几何体与其他对象的布尔运算，包括无、求交、求和、求差几种方式。

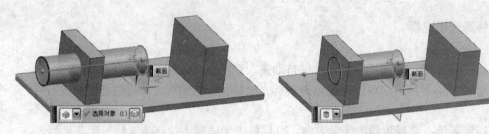

图 3-11　开始条件为"直至延伸部分"　　　　图 3-12　开始条件为"贯通"

- 无：创建独立的拉伸实体。
- 求和：将拉伸体积与目标体合并为单个体。
- 求差：从目标体移除拉伸体。
- 求交：创建包含拉伸特征和与它相交的现有体共享的体积。
- 自动判断：根据拉伸的方向矢量及正在拉伸的对象位置来确定概率最高的布尔运算。

（5）拔模

对面进行拔模。正角使得特征的侧面向内拔模（朝向选中曲线的中心）。负角使得特征的侧面向外拔模（背离选中曲线的中心）。

- 从起始限制：允许用户从起始点至结束点创建拔模。
- 从截面：允许用户从起始点至结束点创建的锥角与截面对齐。
- 从截面—不对称角：允许用户沿截面至起始点和结束点创建的不对称锥角。
- 从截面—对称角：允许用户沿截面至起始点和结束点创建的对称锥角。
- 从截面匹配的终止处：允许用户沿轮廓线至起始点和结束点创建锥角，在梁端面处的锥面保持一致。

（6）偏置

通过输入相对于截面的值或拖动偏置手柄，可以为拉伸特征指定偏置。

- 无：不生成偏置。
- 单侧：生成单侧偏置。
- 两侧：生成双侧偏置。
- 对称：生成对称偏置。

3.1.2　旋转

通过绕给定的轴以非零角度旋转截面曲线来生成一个特征。可以从基本横截面开始生成圆或部分圆的特征。

1. 执行方式

- 菜单：选择"菜单"→"插入"→"设计特征"→"旋转"命令。
- 功能区：单击"主页"选项卡，选择"特征"组，单击"设计特征"中的"旋转"按钮 。

执行上述操作后，打开如图 3-13 所示"旋转"对话框。

图 3-13　"旋转"对话框

2. 操作示例

本节绘制阀杆，首先绘制草图，然后旋转完成阀杆的创建。绘制流程如图 3-14 所示。

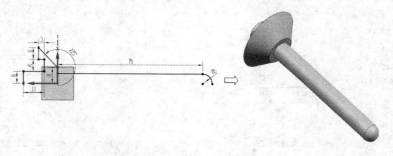

图 3-14　阀杆绘制流程

 光盘\动画演示\第 3 章\阀杆.avi

（1）绘制草图

1）选择"菜单"→"插入"→"在任务环境中绘制草图"命令，或者单击"曲线"选项卡中的"在任务环境中绘制草图"按钮 ，在"创建草图"对话框中设置 XC-YC 平面为草图绘制平面，单击"确定"按钮。进入草图绘制界面。

2）绘制如图 3-15 所示的草图，单击"主页"选项卡，选择"草图"组，单击"完成"按钮 ，草图绘制完毕。

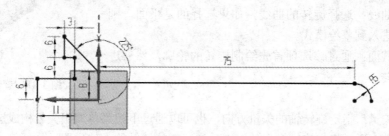

图 3-15　绘制草图

（2）绘制旋转体

1）选择"菜单"→"插入"→"设计特征"→"旋转"命令，或者单击"主页"选项卡，选择"特征"组，单击"设计特征"中的"旋转"按钮 ，打开如图 3-16 所示"旋转"对话框。

2）选择上步绘制的草图为旋转截面。

3）在对话框中的"指定矢量"下拉列表框中单击按钮 ，在绘图区选择原点为基准点或者单击"点对话框"按钮 ，打开"点"对话框，输入坐标点为（0,0,0），单击"确定"按钮，返回到"旋转"对话框，如图 3-17 所示。

图 3-16 "旋转"对话框（一）

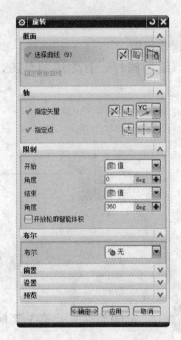

图 3-17 "旋转"对话框（二）

4）在"旋转"对话框中，设置"限制"的"开始"选项为"值"，在其文本框中输入0。同样设置"结束"选项为"值"，在其文本框中输入 360。单击"确定"按钮，结果如图 3-18 所示。

3. 特殊选项说明

（1）截面

● 选择曲线：选择旋转的曲线，如果选择的是平面，则自动进入到草绘模式。

● 绘制截面：通过该选项首先绘制旋转的轮廓，然后进行旋转。

图 3-18 旋转实体

（2）轴

● 指定矢量：指定旋转轴的矢量方向，也可以通过下拉菜单调出矢量构成选项。

● 指定点：通过指定旋转轴上的一点，来确定旋转轴的具体位置。

● 反向：与拉伸中的方向选项类似，其默认方向是生成实体的法线方向。

（3）限制

指定旋转的角度，其具体选项如下。

● 开始/结束：指定旋转的开始/结束角度。总数量不能超过 360°。结束角度大于起始角旋转方向为正方向，否则为反方向。

● 直至选定对象：该选项让用户把截面集合体旋转到目标实体上的选定面或基准平面。

（4）布尔

指定生成的几何体与其他对象的布尔运算，包括无、求交、求和、求差几种方式。配合起始点位置的选取可以实现多种拉伸效果。

（5）偏置

指定偏置形式，分为无和两侧。

- 无：直接以截面曲线生成旋转特征，如图 3-19 所示。
- 两侧：指在截面曲线两侧生成旋转特征，以结束值和起始值之差为实体的厚度，如图 3-20 所示。

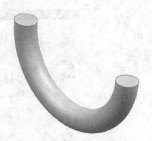

图 3-19 "无"偏置

图 3-20 "两侧"偏置

3.1.3 沿导线扫掠

"沿导线扫掠"命令通过沿着由一个或一系列曲线、边或面构成的引导线串（路径）拉伸开放的或封闭的边界草图、曲线、边或面来生成单个体。

1. 执行方式

- 菜单：选择"菜单"→"插入"→"扫掠"→"沿导线扫掠"命令。
- 功能区：单击"主页"选项卡，选择"特征"组，单击"更多"→"扫掠"→"沿引导线扫掠"按钮 。

执行上述操作后，打开如图 3-21 所示"沿引导线扫掠"对话框。

2. 特殊选项说明

（1）截面

选择曲线、边或者曲线链，或是截面的边为截面。

（2）引导线

选择曲线、边或曲线链，或是引导线的边。引导线串中的所有曲线都必须是连续的。

（3）偏置

- 第一偏置：增加扫掠特征的厚度。
- 第二偏置：使扫掠特征的基础偏离于截面线串。

图 3-21 "沿引导线扫掠" 对话框

ⓘ 注意

1）如果截面对象有多个环，则引导线串必须由线/圆弧构成。

2）如果沿着具有封闭的、尖锐拐角的引导线串扫掠，则建议把截面线串放置到远离尖锐拐角的位置。

3）如果引导路径上两条相邻的线以锐角相交，或者如果引导路径中的圆弧半径对于截面曲线来说太小，则不会发生扫掠面操作。换言之，路径必须是光顺的、切向连续的。

3.1.4　管道

通过沿着由一个或一系列曲线构成的引导线串（路径）扫掠出简单的管道对象。

1. 执行方式

● 菜单：选择"菜单"→"插入"→"扫掠"→"管道"命令。

● 功能区：单击"主页"选项卡，选择"特征"组，单击
"更多"→"扫掠"→"管道"按钮 。

执行上述操作后，打开如图 3-22 所示"管道"对话框。

2. 特殊选项说明

（1）路径

指定管道的中心线路径。可以选择多条曲线或边，且必须
是光顺并相切连续。

（2）横截面

● 外径：用于输入管道的外直径的值，外径不能为零。

● 内径：用于输入管道的内直径的值，内径可以为 0。

（3）设置

"输出"选项包括两种方式。

图 3-22　"管道"对话框

● 单段：只具有一个或两个侧面，此侧面为 B 曲面。如果
内径为 0，则管道具有一个侧面，如图 3-23 所示。

● 多段：沿着引导线串扫成一系列侧面，这些侧面可以是柱面或环面，如图 3-24 所示。

图 3-23　"单段"管道

图 3-24　"多段"管道

3.2　创建简单特征

在 UG NX 9.0 中，可以直接创建一些简单的实体。这些简单特征包括长方体、圆柱体、
圆锥体和球体特征。

3.2.1　长方体

创建基本块实体。

1. 执行方式

● 菜单：选择"菜单"→"插入"→"设计特征"→"长方体"命令。

● 功能区：单击"主页"选项卡，选择"特征"组，单击"更多"→"设计特征"→
"块"按钮 。

执行上述操作后，打开如图 3-25 所示"块"对话框。

a)   b)   c)

图 3-25 "块" 对话框

a)"原点和边长"类型   b)"两点和高度"类型   c)"两个对角点"类型

2. 特殊选项说明

（1）原点和边长

该方式允许用户通过原点和 3 边长度来创建长方体，如图 3-26 所示。

1）指定点：通过捕捉"点"选项或者"点"对话框来定义块的原点。

2）尺寸：包括 3 个选项。

● 长度：指定块长度的值。

● 宽度：指定块宽度的值。

● 高度：指定块高度的值。

3）布尔：包括 4 个选项。

● 无：新建与任何现有实体无关的块。

● 求和：将新建的块与目标体进行合并操作。

● 求差：将新建的块从目标体中减去。

● 求交：通过块与相交目标体共用的体积创建新块。

4）关联原点：勾选此复选框，使块原点和任何偏置点与定位几何体相关联。

（2）两点和高度

该方式允许用户通过高度和底面的两对角点来创建长方体，如图 3-27 所示。

从原点出发的点 XC，YC：用于将基于原点的相对拐角指定为块的第二点。

（3）两个对角点

该方式允许用户通过两个对角顶点来创建长方体，如图 3-28 所示。

从原点出发的点 XC，YC，ZC：用于指定块的 3D 对角相对点。

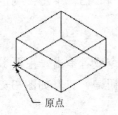  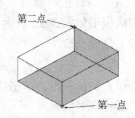

图 3-26 "原点和边长"示意   图 3-27 "两点和高度"示意   图 3-28 "两个对角点"示意

3.2.2　圆柱体

1. 执行方式

● 菜单：选择"菜单"→"插入"→"设计特征"→"圆柱体"命令。

● 功能区：单击"主页"选项卡，选择"特征"组，单击"更多"→"设计特征"→"圆柱"按钮🗄。

执行上述操作后，打开如图 3-29 所示"圆柱"对话框。

2. 操作示例

本例绘制滑块。首先利用长方体命令创建滑块基体，然后利用圆柱体命令创建凸台，绘制流程如图 3-30 所示。

  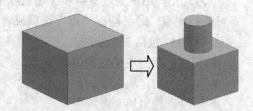

图 3-29　"圆柱"对话框　　　　　　　　图 3-30　滑块绘制流程

参见光盘　　光盘\动画演示\第 3 章\滑块.avi

（1）创建长方体

1）选择"菜单"→"插入"→"设计特征"→"长方体"命令或者单击"主页"选项卡，选择"特征"组，单击"更多"→"设计特征"→"块"按钮🗄，打开如图 3-31 所示的"块"对话框。

2）在对话框中的类型下拉列表选择"原点和边长"类型。

3）单击"点对话框"按钮🔧，打开"点"对话框，输入原点坐标为（-10,-10,0），单击"确定"按钮，返回到"圆柱"对话框。

4）在"长度""宽度"和"高度"文本框中分别输入 20、20 和 15，单击"确定"按钮，生成模型如图 3-32 所示。

（2）创建凸台

1）选择"菜单"→"插入"→"设计特征"→"圆柱体"命令或者单击"主页"选项卡，选择"特征"组，单击"更多"→"设计特征"→"圆柱"按钮🗄，打开如图 3-33 所示的"圆柱"对话框。

2）在对话框的类型下拉列表中选择"轴、直径和高度"。

图 3-31 "块"对话框

图 3-32 创建长方体

3）在"指定矢量"下拉列表中选择"ZC 轴"为圆柱体方向。单击"点对话框"按钮，打开如图 3-34 所示"点"对话框，输入原点坐标为（0,0,15），单击"确定"按钮，返回到"圆柱"对话框。

4）在"直径"和"高度"文本框中分别输入 10 和 10，单击"确定"按钮，生成模型如图 3-35 所示。

图 3-33 "圆柱"对话框

图 3-34 "点"对话框

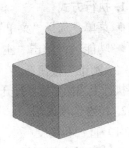

图 3-35 创建圆柱体

3. 特殊选项说明

（1）轴、直径和高度

通过定义直径和圆柱高度值以及底面圆心来创建圆柱体，如图 3-36 所示。

1）轴。

● 指定矢量：在"矢量"下拉列表或者"矢量"对话框指定圆柱轴的矢量。

● 指定点：用于指定圆柱的原点。

2）尺寸。

● 直径：指定圆柱的直径。

● 高度：指定圆柱的高度。

3）布尔。

● 无：新建与任何现有实体无关的圆体。

- 求和：组合新圆柱与相交目标体的体积。
- 求差：将新圆柱的体积从相交目标体中减去。
- 求交：通过圆柱与相交目标体共用的体积创建新圆柱。

4）关联轴：使圆柱轴原点及其方向与定位几何体相关联。

（2）圆弧和高度

通过定义圆柱高度值，选择一段已有的圆弧并定义创建方向来创建圆柱体。选择的圆弧不一定需要是完整的圆，且生成圆柱与弧不关联，圆柱方向可以选择是否反向，如图 3-37 所示。

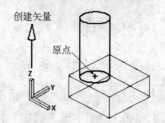
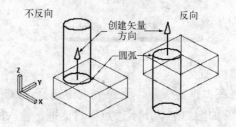

图 3-36 "轴、直径和高度"示意   图 3-37 "圆弧和高度"示意

（3）选择圆弧

选择圆弧或圆。圆柱的轴垂直于圆弧的平面，且穿过圆弧中心。

3.2.3 圆锥体

1. 执行方式

- 菜单：选择"菜单"→"插入"→"设计特征"→"圆锥"命令。
- 功能区：单击"主页"选项卡，选择"特征"组，单击"更多"→"设计特征"→"圆锥"按钮 △。

执行上述操作后，打开"圆锥"对话框，如图 3-38 所示。

2. 特殊选项说明

（1）直径和高度

通过定义底部直径、顶部直径和高度值生成实体圆锥，如图 3-39 所示。

1）轴。

- 指定矢量：在矢量下拉列表或者矢量对话框指定圆锥的轴。
- 指定点：在"点"下拉列表或者"点"对话框指定圆锥的原点。

2）尺寸。

- 顶部直径：设置圆锥顶面圆弧直径的值。
- 高度：设置圆锥高度的值。
- 半角：设置在圆锥轴顶点与其边之间测量的半角值。

（2）直径和半角

通过定义底部直径、顶直径和半角值生成圆锥。

图 3-38 "圆锥"对话框

底部直径：设置圆锥底面圆弧直径的值。

（3）底部直径、高度和半角

通过定义底部直径、高度和半顶角值生成圆锥。

（4）顶部直径、高度和半角

通过定义顶直径、高度和半顶角值生成圆锥。在生成圆锥的过程中，有一个经过原点的圆形平表面，其直径由顶直径值给出。底部直径值必须大于顶直径值。

（5）两个共轴的圆弧

通过选择两条弧生成圆锥特征。两条弧不一定是平行的，如图 3-40 所示。

- 基圆弧：选择一个现有圆弧为底部圆弧。
- 顶圆弧：选择一个现有圆弧为顶部圆弧。

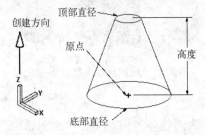

图 3-39 "直径和高度"示意

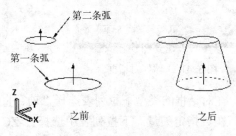

图 3-40 "两个共轴的弧"示意

选择了基圆弧和顶圆弧之后，就会生成完整的圆锥。所定义的圆锥轴位于弧的中心，并且处于基圆弧的法向上。圆锥的底部直径和顶部直径取自两个弧。圆锥的高度是顶圆弧的中心与基圆弧的平面之间的距离。

如果选中的弧不是共轴的，系统会将第二条选中的弧（顶圆弧）平行投影到由基圆弧形成的平面上，直到两个弧共轴为止。另外，圆锥不与弧相关联。

3.2.4 球体

1. 执行方式

- 菜单：选择"菜单"→"插入"→"设计特征"→"球"命令。
- 功能区：单击"主页"选项卡，选择"特征"组，单击"更多"→"设计特征"→"球"按钮 ⬤。

执行上述操作后，打开如图 3-41 所示"球"对话框。

2. 操作示例

本例绘制球摆。首先利用圆柱体命令，绘制球摆的杆，然后利用球命令，创建下方的球，再利用长方体命令和圆柱命令，创建上方的孔。绘制流程如图 3-42 所示。

 光盘\动画演示\第 3 章\球摆.avi

（1）创建圆柱体

1）选择"菜单"→"插入"→"设计特征"→"圆柱体"命令或者单击"主页"选项卡，选择"特征"组，单击"更多"→"设计特征"→"圆柱"按钮 🛢，打开如图 3-43 所示的"圆柱"对话框。

图 3-41 "球"对话框

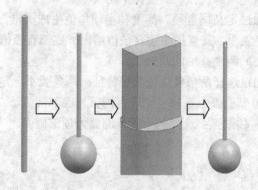

图 3-42 球摆绘制流程

2）在对话框的类型下拉列表选择"轴、直径和高度"。

3）在"指定矢量"下拉列表中选择"-ZC 轴"为圆柱体方向。单击"点对话框"按钮，打开"点"对话框，输入原点坐标为（0,0,0），单击"确定"按钮，返回到"圆柱"对话框。

4）在"直径"和"高度"文本框中分别输入 20 和 500，单击"确定"按钮，生成模型如图 3-44 所示。

图 3-43 "圆柱"对话框

图 3-44 圆柱体

（2）创建球

1）选择"菜单"→"插入"→"设计特征→"球"命令，打开如图 3-45 所示的"球"对话框。

2）在对话框中的类型下拉列表中选择"中心点和直径"类型。

3）单击"点对话框"按钮，在对话框中输入坐标为（0,0,-500），单击"确定"按钮。

66

4）在"直径"文本框输入为 150，在布尔下拉列表中选择"求和"选项，单击"确定"按钮，结果如图 3-46 所示。

（3）创建长方体

1）选择"菜单"→"插入"→"设计特征"→"长方体"命令或者单击"主页"选项卡，选择"特征"组，单击"更多"→"设计特征"→"块"按钮 ，打开如图 3-47 所示的"块"对话框。

2）在对话框的类型下拉列表选择"原点和边长"类型。

图 3-45 "球"对话框

图 3-46 创建球

3）单击"点对话框"按钮 ，打开"点"对话框，输入原点坐标为（-4，-9,0），单击"确定"按钮，返回到"块"对话框。

4）在"长度""宽度"和"高度"文本框中分别输入 8、18 和 25，在"布尔"下拉列表中选择"求和"选项，单击"确定"按钮，生成模型如图 3-48 所示。

图 3-47 "块"对话框

图 3-48 创建长方体

（4）创建圆柱体

1）选择"菜单"→"插入"→"设计特征"→"圆柱体"命令或者单击"主页"选项卡，选择"特征"组，单击"更多"→"设计特征"→"圆柱"按钮 ，打开如图 3-49 所示的"圆柱"对话框。

2）在对话框的类型下拉列表选择"轴、直径和高度"类型。

3）在"指定矢量"下拉列表中选择"XC 轴"为圆柱体方向。单击"点对话框"按钮 ![],打开"点"对话框，输入原点坐标为（-10,0,12.5），单击"确定"按钮，返回"圆柱"对话框。

4）在"直径"和"高度"文本框中分别输入 15 和 20，在"布尔"下拉列表中选择"求差"选项，单击"确定"按钮，生成模型如图 3-50 所示。

图 3-49 "圆柱"对话框

图 3-50 创建孔

3. 特殊选项说明

（1）中心点和直径

通过定义直径值和中心生成球体。

- 指定中心点：在点下拉列表或"点"对话框中指定
  点为球的中心点。

- 直径：输入球的直径值。

（2）圆弧

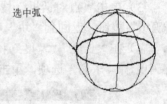

图 3-51 "圆弧"创建示意

通过选择圆弧来生成球体（如图 3-51 所示），所选的弧不必为完整的圆弧。系统基于任何弧对象都能生成完整的球体。选定的弧定义球体的中心和直径。另外，球体不与弧相关；这意味着如果编辑弧的大小，球体不会更新以匹配弧的改变。

3.3 创建设计特征

UG NX 9.0 中，在实体建模过程中，如果一些特征无法通过创建简单特征解决，则可以使用设计特征，对实体进行设计。

3.3.1 孔

1. 执行方式

- 菜单：选择"菜单"→"插入"→"设计特征"→"孔"命令。

- 功能区：单击"主页"选项卡，选择"特征"组，单击"孔"按钮 ![]。

执行上述操作后，打开如图 3-52 所示"孔"对话框。

2. 操作示例

本节绘制胶垫。首先绘制圆柱体，然后在圆柱体上创建孔。绘制流程如图 3-53 所示。

图 3-52 "孔"对话框

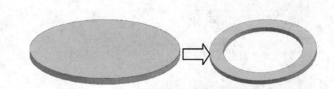

图 3-53 胶垫绘制流程

光盘\动画演示\第 3 章\胶垫.avi

（1）创建圆柱体

1）选择"菜单"→"插入"→"设计特征"→"圆柱体"命令或者单击"主页"选项卡，选择"特征"组，单击"更多"→"设计特征"→"圆柱"按钮 ，打开如图 3-54 所示的"圆柱"对话框。

2）在对话框的类型下拉列表选择"轴、直径和高度"，如图 3-54 所示。

3）在指定矢量下拉列表中选择"ZC 轴"为圆柱体方向。单击"点对话框"按钮 ，打开"点"对话框，输入原点坐标为（0,0,0），单击"确定"按钮，返回"圆柱"对话框。

4）在"直径"和"高度"文本框中分别输入 50 和 2，单击"确定"按钮，生成模型如图 3-55 所示。

图 3-54 "圆柱"对话框

图 3-55 圆柱体

（2）创建简单孔

1）选择"菜单"→"插入"→"设计特征"→"孔"命令，或单击"主页"选项卡，选择"特征"组，单击"孔"按钮 🔲，打开如图 3-56 所示的"孔"对话框。

2）在"孔"对话框中的"类型"下拉列表中选择"常规孔"类型，在"形状和尺寸"选项组的"成形"下拉列表中选择"简单"命令。

3）捕捉圆柱体的上表面圆心为孔的放置位置，如图 3-57 所示。

4）在"孔"对话框中输入孔的"直径"为 37，"深度限制"为"贯通体"，单击"确定"按钮，完成简单孔的创建，结果如图 3-53 所示。

图 3-56 "孔"对话框

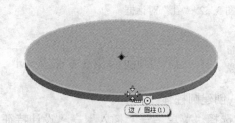

图 3-57 捕捉圆心位置

3. 特殊选项说明

（1）常规孔

创建指定尺寸的简单孔、沉头孔、埋头孔或锥形孔特征。

1）位置：选择现有点或创建草图点来指定孔的中心。

2）方向：指定孔方向。

● 垂直于面：沿着与公差范围内每个指定点最近的面法向的反向定义孔的方向。

● 沿矢量：沿指定的矢量定义孔方向。

3）形状和尺寸。

① 成形：指定孔特征的形状。

● 简单：创建具有指定直径、深度和尖端顶锥角的简单孔，如图 3-58 所示。

● 沉头：创建具有指定直径、深度、顶锥角、沉头直径、沉头深度的沉头孔，如图 3-59 所示。

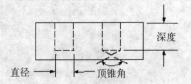

图 3-58 "简单孔"示意

● 埋头：创建有指定直径、深度、顶锥角、埋头直径和埋头角度的埋头孔，如图 3-60 所示。

● 锥形：创建具有指定锥角和直径的锥孔。

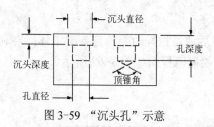

图 3-59 "沉头孔"示意

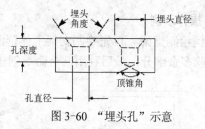

图 3-60 "埋头孔"示意

② 尺寸：设置相关参数，如"直径"和"深度限制"等。

（2）钻形孔

使用 ANSI 或 ISO 标准创建简单钻形孔特征。

1）大小：用于创建钻形孔特征的钻孔尺寸。

2）等尺寸配对：指定孔所需的等尺寸配对。

3）起始倒斜角：将起始倒斜角添加到孔特征。

4）终止倒斜角：将终止倒斜角添加到孔特征。

（3）螺钉间隙孔

创建简单、沉头或埋头通孔，为具体应用而设计。

1）螺钉类型：螺钉类型列表中可用的选项取决于将形状设置为简单孔、沉头还是埋头。

2）螺钉尺寸：为创建螺钉间隙孔特征指定螺钉尺寸。

3）等尺寸配对：指定孔所需的等尺寸配对。

（4）螺纹孔

创建螺纹孔，其尺寸标注由标准、螺纹尺寸和径向进刀定义。

1）大小：指定螺纹尺寸的大小。

2）径向进刀：选择径向进刀百分比，用于计算丝锥直径值的近似百分比。

3）丝锥直径：指定丝锥的直径。

4）旋向：指定螺纹为右旋（顺时针方向）或是左旋（逆时针方向）。

5）终止倒斜角：将终止倒斜角添加到孔特征。

（5）孔系列

创建起始、中间和结束孔尺寸一致的多形状、多目标体的对齐孔。

1）起始选项卡：指定起始孔参数。起始孔是在指定中心处开始的，具有简单、沉头或埋头孔形状的螺钉间隙通孔。

2）中间选项卡：指定中间孔参数。中间孔是与起始孔对齐的螺钉间隙通孔。

3）端点选项卡：指定终止孔参数。成形孔可以是螺钉间隙孔或螺钉孔。

3.3.2 凸台

在平面或基准面上生成一个简单的凸台。

1. 执行方式

● 菜单：选择"菜单"→"插入"→"设计特征"→"凸台"命令。

● 功能区：单击"主页"选项卡，选择"特征"组，单击"更多"→"设计特征"→"凸台"按钮 。

执行上述操作后，打开如图 3-61 所示"凸台"对话框。

图 3-61 "凸台"对话框

2. 操作示例

本例绘制支架。首先绘制支架主体草图，然后通过拉伸命令创建支架主体；再利用拉伸命令切除多余部分，最后利用凸台命令创建柱。绘制流程图如图 3-62 所示。

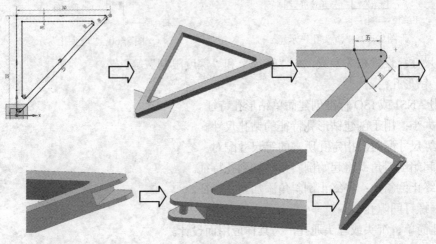

图 3-62　支架

 光盘\动画演示\第 3 章\支架.avi

（1）绘制草图

1）选择"菜单"→"插入"→"在任务环境中绘制草图"命令，或者单击"曲线"选项卡中的"在任务环境中绘制草图" 按钮，打开"创建草图"对话框。

2）在"平面方法"下拉列表中选择"创建平面"，在"指定平面"下拉列表中选择 XC-YC 平面为草图绘制平面，单击"确定"按钮。进入草图绘制界面。

3）绘制如图 3-63 所示的草图。单击"主页"选项卡，选择"草图"组，单击"完成"按钮 ，草图绘制完毕。

（2）拉伸操作

1）选择"菜单"→"插入"→"设计特征"→"拉伸"命令，或单击"曲线"选项卡，选择"特征"组，单击"拉伸"按钮 ，打开如图 3-64 所示的"拉伸"对话框。

2）选择上步绘制的草图为拉伸曲线。

3）在指定矢量下拉列表中选择"ZC 轴"为拉伸方向。

4）在"开始距离"和"结束距离"数值栏中输入 0 和 25，单击"确定"按钮，结果如图 3-65 所示。

（3）创建基准面

1）选择"菜单"→"插入"→"基准/点"→"基准平面"命令，或者单击"主页"选项卡，选择"特征"→组，单击"基准平面"按钮 ，打开如图 3-66 所示"基准平面"对话框。

2）在类型下拉列表在选择"XC-YC 平面"，在"距离"文本框中输入 5，单击"确定"按钮，创建基准平面 1。

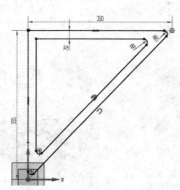
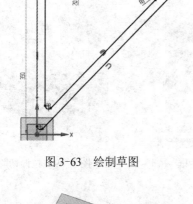

图 3-63　绘制草图

图 3-64　"拉伸"对话框

图 3-65　拉伸实体　　　　　　　　图 3-66　"基准平面"对话框

（4）绘制草图

1）选择"菜单"→"插入"→"在任务环境中绘制草图"命令，或者单击"主页"选项卡中的"在任务环境中绘制草图"按钮🔲，打开"创建草图"对话框。

2）在平面方法下拉列表中选择"现有平面"，选择上步创建的基准平面 1 为草图绘制平面，单击"确定"按钮，进入草图绘制界面。

3）绘制如图 3-67 所示的草图。单击"主页"选项卡，选择"草图"→组，单击"完成"按钮🔲，草图绘制完毕。

（5）拉伸操作

1）选择"菜单"→"插入"→"设计特征"→"拉伸"命令，或单击"主页"选项卡，选择"特征"组，单击"拉伸"按钮🔲，打开如图 3-68 所示"拉伸"对话框。

2）选择上步绘制的草图为拉伸曲线。

3）在指定矢量下拉列表中选择"ZC 轴"为拉伸方向。

4）在"开始"和"结束"的"距离"文本框中分别输入 0 和 15，在"布尔"下拉列表中选择"求差"选项，单击"确定"按钮，结果如图 3-69 所示。

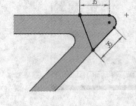

图 3-67 绘制草图　　　　　图 3-68 "拉伸"对话框　　　　　图 3-69 拉伸切除

（6）创建凸台

1）选择"菜单"→"插入"→"设计特征"→"凸台"命令，或者单击"主页"选项卡，选择"特征"组，单击"更多"→"设计特征"→"凸台"按钮🔲，打开如图 3-70 所示的"凸台"对话框。

2）选择如图 3-71 所示拉伸体的上表面为凸台放置面。

3）在对话框中输入"直径"和"高度"为 10 和 15，单击"应用"按钮。

4）打开如图 3-72 所示的"定位"对话框，选择"垂直"定位方式，选择如图 3-73 所示的定位边，在对话框的表达式中输入距离为 12，单击"应用"按钮。

图 3-70 "凸台"对话框　　　　　图 3-71 选择放置面　　　　　图 3-72 "定位"对话框

5）选择如图 3-74 所示的定位边，在"定位"对话框的"表达式"中输入 12，单击"应用"按钮，创建的凸台如图 3-75 所示。

3. 特殊选项说明

（1）选择步骤

● 放置面：用于指定一个平面或基准平面，以在其上定位凸台。

● 过滤器：通过限制可用的对象类型选择需要的对象。这些选项是任意、面和基准平面。

图 3-73 选择定位边 1

图 3-74 选择定位边 2

图 3-75 创建凸台

（2）参数设置
- 直径：输入凸台直径的值。
- 高度：输入凸台高度的值。
- 锥角：输入凸台的柱面壁向内倾斜的角度。该值可正可负。零值产生没有锥度的垂直圆柱壁。

（3）反侧

如果选择了基准面作为放置平面，则此按钮成为可用。单击此按钮使当前方向矢量反向，同时重新生成凸台的预览。

设置完成后，单击"确定"按钮，使用"定位"对话框来精确定位凸台，结果如图 3-76 所示。

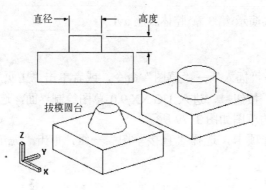
图 3-76 "凸台"示意

3.3.3 腔体

1. 执行方式

- 菜单：选择"菜单"→"插入"→"设计特征"→"腔体"命令。
- 功能区：单击"主页"选项卡，选择"特征"组，单击"更多"→"设计特征"→"腔体"按钮。

执行上述方式，打开如图 3-77 所示"腔体"对话框。

2. 操作示例

本例绘制腔体底座，首先使用拉伸命令绘制底座，然后绘制圆柱体。其他特征也使用腔体命令完成。绘制流程如图 3-78 所示。

图 3-77 "腔体"对话框

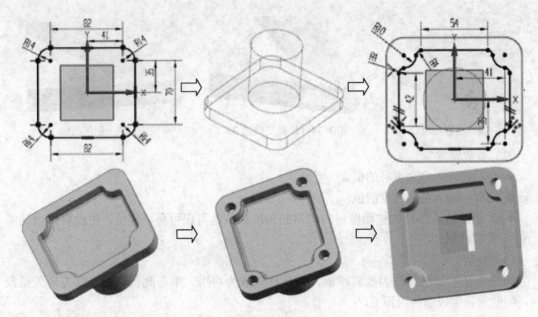

图 3-78　腔体底座绘制流程

 光盘\动画演示\第 3 章\腔体底座.avi

（1）绘制草图 1

1）选择"菜单"→"插入"→"草图"命令，或者单击"主页"选项卡，选择"直接草图"组，单击"草图"按钮，进入 UG NX 9.0 草图绘制界面，选择 XC-YC 平面为工作平面绘制草图，绘制后的草图如图 3-79 所示。

2）单击"主页"选项卡，选择"直接草图"→组，单击"完成草图"按钮，草图绘制完毕。

（2）创建拉伸特征 1

1）选择"菜单"→"插入"→"设计特征"→"拉伸"命令，或者单击"主页"选项卡，选择"特征"组，单击"拉伸"按钮，打开如图 3-80 所示的"拉伸"对话框，并选择如图 3-79 所示的草图。

2）在"拉伸"对话框中，"限制"选项组"开始"和"结束"的"距离"数值栏分别输入 0 和 12，其他默认。

3）选中"预览"选项组的"预览"复选框，预览所创建的拉伸特征，如图 3-81 所示。

4）单击"确定"按钮，创建的拉伸特征 1 如图 3-82 所示。

（3）创建圆柱特征

1）选择"菜单"→"插入"→"设计特征"→"圆柱体"命令，或者单击"主页"选项卡，选择"特征"组，单击"更多"→"设计特征"→"圆柱"按钮，打开如图 3-83 所示"圆柱"对话框。

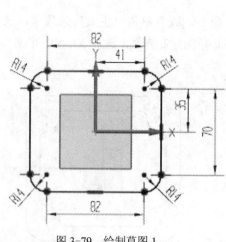

图 3-79 绘制草图 1

图 3-80 "拉伸"对话框

图 3-81 预览所创建的拉伸特征

图 3-82 创建拉伸特征 1

2）在"类型"下拉列表中选择"轴、直径和高度"类型，在"指定矢量"下拉列表中选择 方向为圆柱轴向，单击"点对话框"按钮 ，打开如图 3-84 所示的"点"对话框。

图 3-83 "圆柱"对话框

图 3-84 "点"对话框

3）在对话框中的"X""Y"和"Z"的文本框中分别输入 0、0、12，单击"确定"按钮，返回"圆柱"对话框。

4）在"直径"和"高度"文本框中分别输入 50 和 60，在"布尔"下拉列表中选择"求和"![icon]命令，选择上步绘制的拉伸体。单击"确定"按钮，创建的圆柱特征如图3-85所示。

（4）绘制草图2

1）选择"菜单"→"插入"→"草图"命令，或者单击"主页"选项卡，选择"草图"组，单击"草图"按钮![icon]，进入UG NX 9.0草图绘制界面，选择XC-YC平面为工作平面绘制草图，绘制后的草图如图3-86所示。

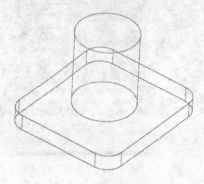

图3-85 创建圆柱特征

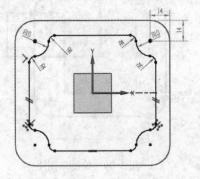

图3-86 绘制草图2

2）单击"主页"选项卡，选择"直接草图"组，单击"完成草图"按钮![icon]，草图绘制完毕。

（5）创建常规腔体

1）选择"菜单"→"插入"→"设计特征"→"腔体"命令，或者单击"主页"选项卡，选择"特征"组，单击"更多"→"设计特征"→"腔体"按钮![icon]，打开如图3-87所示的"腔体"对话框。

2）单击"常规"按钮，打开如图3-88所示的"常规腔体"对话框。

3）在绘图区选择如图3-89所示的平面作为放置面。单击按钮![icon]，或者按鼠标中键，在绘图区选择草图2作为放置面轮廓线。

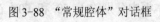

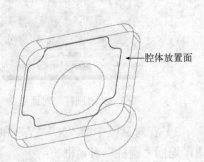

图3-87 "腔体"对话框　　　图3-88 "常规腔体"对话框　　　图3-89 选择放置面

4）单击按钮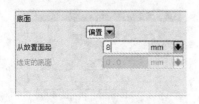，或者按鼠标中键，"底面"部分被激活，如图 3-90 所示。

5）单击按钮，或者按鼠标中键，"从放置面轮廓曲线起"部分被激活，如图 3-91 所示。

图 3-90　"底面"选项

图 3-91　"从放置面轮廓曲线起"选项

6）单击按钮，选择整个实体为目标体。

7）单击按钮，或者按鼠标中键。"放置面轮廓线投影矢量"方向列表被激活，如图 3-92 所示。选择"垂直于曲线所在的平面"选项。

8）"底面半径"文本框中输入 2，其他值默认为 0。

9）在"常规腔体"对话框中，单击"确定"按钮，创建一般腔体特征，如图 3-93 所示。

图 3-92　"放置面轮廓线投影矢量"方向列表

图 3-93　创建常规腔体特征

（6）创建圆柱形腔体

1）选择"菜单"→"插入"→"设计特征"→"腔体"命令，或者单击"主页"选项卡，选择"特征"组，单击"更多"→"设计特征"→"腔体"按钮，打开"腔体"对话框。

2）单击"圆柱形"按钮，打开如图 3-94 所示的"圆柱形腔体"对话框。

3）选择如图 3-95 所示的放置面，打开如图 3-96 所示的"圆柱形腔体"对话框并输入参数。

图 3-94　"圆柱形腔体"对话框（一）

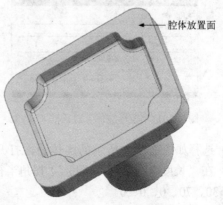

图 3-95　选择放置面

4）在"腔体直径""深度""底面半径"和"锥角"文本框中分别输入 10、12、0 和 0。单击"确定"按钮，打开如图 3-97 所示的"定位"对话框。

图 3-96 "圆柱形腔体"对话框（二）

图 3-97 "定位"对话框

5）单击按钮 ⬚ 和 ⬚ 进行定位，距离都设为 14，定位后的尺寸示意如图 3-98 所示。

6）单击"确定"按钮，创建圆柱形腔体如图 3-99 所示。

（7）绘制其余 3 个圆柱形腔体

采用上面绘制的方法绘制其余 3 个圆柱形腔体。结果如图 3-100 所示。

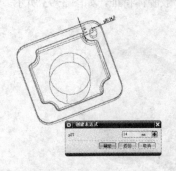

图 3-98 定位后的尺寸示意

图 3-99 创建圆柱形腔体

图 3-100 绘制其余 3 个圆柱形腔体

（8）创建矩形腔体

1）选择"菜单"→"插入"→"设计特征"→"腔体"命令，或者单击"主页"选项卡，选择"特征"组，单击"更多"→"设计特征"→"腔体"按钮 ⬛，打开"腔体"对话框。

2）单击"矩形"按钮，打开如图 3-101 所示的"矩形腔体"对话框。

3）选择如图 3-102 所示的放置面，打开如图 3-103 所示的"水平参考"对话框。

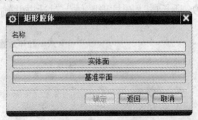

图 3-101 "矩形腔体"对话框（一）

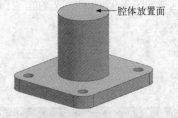

图 3-102 选择放置面

4）选择如图 3-104 所示的实体面，打开如图 3-105 所示的"矩形腔体"对话框。

5）在"长度""宽度""深度""拐角半径""底面半径"和"拔模角"文本框中分别输入 30、30、70、0、0、0。

6）单击"确定"按钮，打开"定位"对话框。

图 3-103 "水平参考"对话框

实体面

图 3-104 选择实体面

7）单击"垂直"  按钮进行定位，矩形中心线距离基准坐标系轴为 0，定位后的尺寸示意如图 3-106 所示。

8）单击"确定"按钮，创建矩形腔体，如图 3-78 所示。

图 3-105 "矩形腔体"对话框（二）

图 3-106 定位后的尺寸示意

3. 特殊选项说明

（1）圆柱形

选中该选项，在选定放置平面后，打开如图 3-107 所示"圆柱形腔体"对话框。通过此对话框，可以定义一个圆形的腔体，如图 3-108 所示。

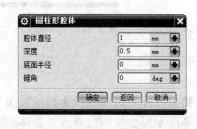

图 3-107 "圆柱形腔体"对话框

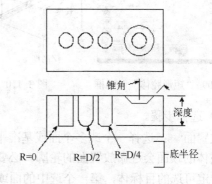

图 3-108 "圆柱形腔体"示意

● 腔体直径：输入腔体的直径。

● 深度：沿指定方向矢量从原点测量的腔体深度。

● 底面半径：输入腔体底边的圆形半径。此值必须等于或大于零。

● 锥角：应用到腔壁的拔模角。此值必须等于或大于零。

需要注意的是：深度值必须大于底半径。

（2）矩形

选中该选项，在选定放置平面及水平参考面后系统会打开如图 3-109 所示的"矩形腔体"对话框。通过此对话框，可以定义一个矩形的腔体，按照指定的长度、宽度和深度，按照拐角处和底面上指定的半径，具有直边或锥边（如图 3-110 所示）。对话框各选项功能如下。

● 长度/宽度/深度：输入腔体的长度/宽度/高度值。

● 拐角半径：腔体竖直边的圆半径（大于或等于零）。

● 底面半径：腔体底边的圆半径（大于或等于零）。

● 锥角：腔体的四壁以这个角度向内倾斜。该值不能为负，零值导致竖直的壁。

需要注意的是：拐角半径必须大于或等于底半径。

（3）常规

该选项所定义的腔体具有更大的灵活性，"常规腔体"对话框如图 3-111 所示。

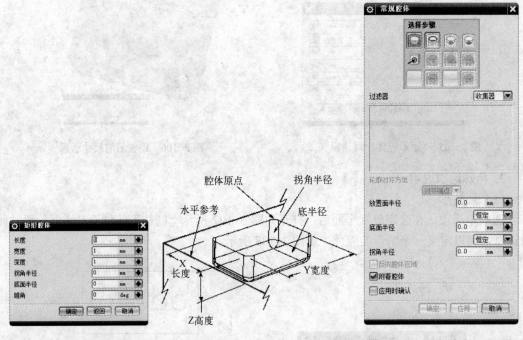

图 3-109 "矩形腔体"对话框　　　图 3-110 "矩形腔体"示意　　　图 3-111 "常规腔体"对话框

1）选择步骤。

放置面：选择一个或多个面或基准平面。

腔体的顶面会遵循放置面的轮廓。必要的话，将放置面轮廓曲线投影到放置面上。如果没有指定可选的目标体，第一个选中的面或相关的基准平面会标识出要放置腔体的实体或片体（如果选择了固定的基准平面，则必须指定目标体）。面的其余部分可以来自于部件中的任何体。

放置面轮廓：在放置面上构成腔体顶部轮廓的曲线。放置面轮廓曲线必须是连续的（即端到端相连）。

底面：选择一个或多个面或基准平面，用于确定腔体的底部。选择底面的步骤是可选的，腔体的底部可以由放置面偏置而来。

底面轮廓曲线：该选项是底面上腔体底部的轮廓线。与放置面轮廓一样，底面轮廓线中的曲线（或边）必须是连续的。

目标体：如果希望腔体所在的体与第一个选中放置面所属的体不同，则选择"目标体"。这是一个可选项，如果没有选择目标体，则将由放置面进行定义。

放置面轮廓线投影矢量：如果放置面轮廓曲线已经不在放置面上，则该选项用于指定如何将它们投影到放置面上。

- 底面平移矢量：指定放置面或选中底面将平移的方向。
- 底面轮廓投影矢量：如果底部轮廓曲线已经不在底面上，则底面轮廓投影矢量指定如何将它们投影到底面上。其他用法与"放置面轮廓投影矢量"类似。
- 放置面上的对齐点：在放置面轮廓曲线上选择的对齐点。
- 底面对齐点：在底面轮廓曲线上选择的对齐点。

2）轮廓对齐方法：如果选择了放置面轮廓和底面轮廓，则可以指定对齐放置面轮廓曲线和底面轮廓曲线的方式。

3）放置面半径：定义放置面（腔体顶部）与腔体侧面之间的圆角半径。

- 恒定：用户为放置面半径输入恒定值。
- 规律控制：用户通过为底部轮廓定义规律来控制放置面半径。

4）底面半径：定义腔体底面（腔体底部）与侧面之间的圆角半径。

5）拐角半径：定义放置在腔体拐角处的圆角半径。拐角位于两条轮廓曲线/边之间的运动副处，这两条曲线/边的切线偏差的变化范围要大于角度公差。

6）附着腔体：将腔体缝合到目标片体，或由目标实体减去腔体。如果没有选择该选项，则生成的腔体将成为独立的实体。

3.3.4 垫块

1. 执行方式

- 菜单：选择"菜单"→"插入"→"设计特征"→"垫块"命令。
- 功能区：单击"主页"选项卡，选择"特征"组，单击 "更多"→"设计特征"→"垫块"按钮。

执行上述操作后，打开如图 3-112 所示的"垫块"对话框。

2. 特殊选项说明

（1）矩形

单击"矩形"按钮，在选定放置平面及水平参考面后，打开如图 3-113 所示的"矩形垫块"对话框。可定义一个有指定长度、宽度和深度，在拐角处有指定半径，具有直面或斜面的垫块。

- 长度：输入垫块的长度。
- 宽度：输入垫块的宽度。
- 高度：输入垫块的高度。
- 拐角半径：输入垫块竖直边的圆角半径。

● 锥角：输入垫块的四壁向里倾斜的角度。

（2）常规

单击"常规"按钮，打开如图3-114所示"常规垫块"对话框。与矩形垫块相比，该选项所定义的垫块具有更大的灵活性。该选项各功能与"腔体"的"常规"选项类似，此处从略。

图3-112 "垫块"对话框　　　　图3-113 "矩形垫块"对话框　　　　图3-114 "常规垫块"对话框

3.3.5　键槽

"键槽"命令可创建一个直槽形状的通道通透实体或通到实体内，在当前目标实体上自动执行"求差"操作。所有槽类型的深度值按垂直于平面放置面的方向测量。

1. 执行方式

● 菜单：选择"菜单"→"插入"→"设计特征"→"键槽"命令。

● 功能区：单击"主页"选项卡，选择"特征"组，单击"更多"→"设计特征"→"键槽"按钮。

执行上述操作后，打开如图 3-115 所示的"键槽"对话框。

2. 特殊选项说明

（1）矩形槽

选中"矩形槽"单选按钮，在选定放置平面及水平参考面后，打开如图 3-116 所示"矩形键槽"对话框。"矩形键槽"示意如图 3-117 所示。

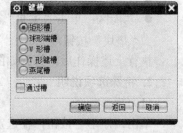

图 3-115 "键槽"对话框

● 长度：槽的长度，按照平行于水平参考的方向测量。此值必须是正的。

● 宽度：槽的宽度值。

● 深度：槽的深度，按照和槽的轴相反的方向测量，是从原点到槽底面的距离。此值必须是正的。

图 3-116　"矩形键槽"对话框

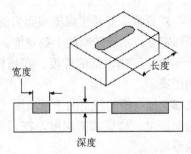

图 3-117　"矩形键槽"示意

（2）球形端槽

选中"球形端槽"单选按钮，在选定放置平面及水平参考面后，打开如图 3-118 所示的"球形键槽"对话框。该选项可生成一个有完整半径底面和拐角的槽，示意如图 3-119 所示。

图 3-118　"球形键槽"对话框

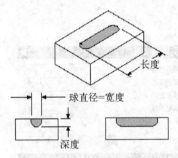

图 3-119　"球形键槽"示意

（3）U 形槽

选中"U 形槽"单选按钮，在选定放置平面及水平参考面后系统会打开如图 3-120 所示的"U 形键槽"对话框。此选项可生成"U"形的槽。示意如图 3-121 所示。

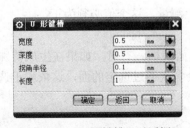

图 3-120　"U 形键槽"对话框

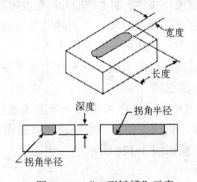

图 3-121　"U 形键槽"示意

● 宽度：槽的宽度（即切削工具的直径）。
● 深度：槽的深度，在槽轴的反方向测量，也即从原点到槽底的距离。这个值必须为正。
● 拐角半径：槽的底面半径（即切削工具边半径）。
● 长度：槽的长度，在平行于水平参考的方向上测量。这个值必须为正。

（4）T 形键槽

选中"T 形键槽"单选按钮，在选定放置平面及水平参考面，打开如图 3-122 所示的

"T形键槽"对话框。能够生成横截面为倒"T"字形的槽，示意如图 3-123 所示。

- 顶部宽度：槽的较窄的上部宽度。
- 顶部深度：槽顶部的深度，在槽轴的反方向上测量，即从槽原点到底部深度值顶端的距离。
- 底部宽度：槽的较宽的下部宽度。
- 底部深度：槽底部的深度，在刀轴的反方向上测量，即从顶部深度值的底部到槽底的距离。
- 长度：槽的长度，在平行于水平参考的方向上测量。这个值必须为正。

⚠ 注意

底部宽度要大于顶部宽度。

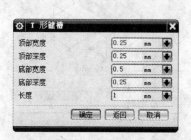

图 3-122 "T形键槽"对话框

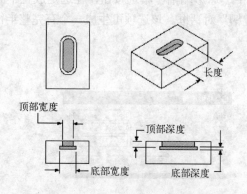

图 3-123 "T形键槽"示意

（5）燕尾槽

选中"燕尾槽"单选按钮，在选定放置平面及水平参考面后，打开如图 3-124 所示"燕尾槽"对话框。该选项可生成"燕尾"形的槽。示意如图 3-125 所示。

- 宽度：实体表面上槽的开口宽度，在垂直于槽路径的方向上测量，以槽的原点为中心。
- 深度：槽的深度，在刀轴的反方向测量，也即从原点到槽底的距离。
- 角度：槽底面与侧壁的夹角。
- 长度：槽的长度，在平行于水平参考的方向上测量。这个值必须为正。

（6）通过槽

"通过槽"复选框可生成一个完全通过两个选定面的槽。有时，如果在生成特殊的槽时碰到麻烦，尝试按相反的顺序选择通过面。槽可能会多次通过选定的面，这依赖于选定面的形状，示意如图 3-126 所示。

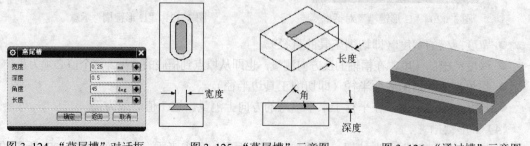

图 3-124 "燕尾槽"对话框　　图 3-125 "燕尾槽"示意图　　图 3-126 "通过槽"示意图

3.3.6 槽

在实体上生成一个槽，就好像一个成形刀具在旋转部件上向内（从外部定位面）或向外（从内部定位面）移动，如同车削操作。

1. 执行方式

- 菜单：选择"菜单"→"插入"→"设计特征"→"槽"命令。
- 功能区：单击"主页"选项卡，选择"特征"组，单击 "更多"→"设计特征"→"槽"按钮 。

图 3-127　"槽"对话框

执行上述操作后，打开如图 3-127 所示"槽"对话框。

2. 操作示例

本例绘制顶杆帽。顶杆帽分三步完成，首先由草图曲线旋转生成头部，其次使用凸台和孔操作创建杆部，最后创建杆部的开槽部分。绘制流程如图 3-128 所示。

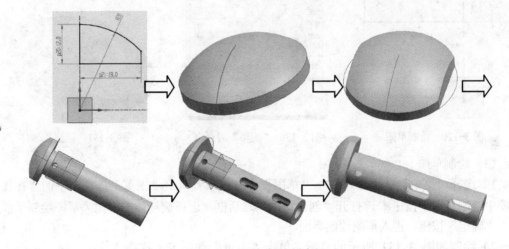

图 3-128　顶杆帽绘制流程

 参见光盘　光盘\动画演示\第 3 章\顶杆帽.avi

（1）绘制草图

1）选择"菜单"→"插入"→"在任务环境中绘制草图"命令，或者单击"曲线"选项卡中的"在任务环境中绘制草图"按钮 ，在"创建草图"对话框中设置 XC-YC 平面为草图绘制平面，单击"确定"按钮。进入草图绘制界面。

2）绘制如图 3-129 所示的草图，单击"主页"选项卡，选择"草图"组，单击"完成"按钮 ，草图绘制完毕。

（2）创建旋转体

1）选择"菜单"→"插入"→"设计特征"→"旋转"命令，或者单击"主页"选项卡,选择"特征"组,单击"旋转"按钮,打开如图 3-130 所示"旋转"对话框。

2)选择上步绘制的草图为旋转截面。

3)在对话框中的"指定矢量"下拉列表框中单击按钮，在绘图区选择原点为基准点或者单击"点对话框"按钮，打开"点"对话框，输入坐标点为（0,0,0），单击"确定"按钮,返回到"旋转"对话框。

4)设置"限制"的"开始"选项为"值",在"角度"文本框中输入 0。同样设置"结束"选项为"值",在"角度"文本框中输入 360,单击"确定"按钮,创建旋转体如图图 3-131 所示。

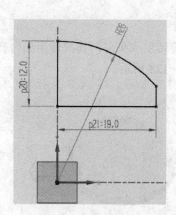

图 3-129　绘制草图

图 3-130　"旋转"对话框

图 3-131　创建旋转体

（3）绘制草图

1)选择"菜单"→"插入"→"草图"命令,或者单击"主页"选项卡中的"在任务环境中绘制草图"按钮，打开"创建草图"对话框,选择旋转体的底面为草图绘制平面,单击"确定"按钮,进入草图绘制界面。

2)绘制如图 3-132 所示的草图,单击"主页"选项卡,选择"草图"组,单击"完成"按钮，草图绘制完毕。

（4）创建拉伸

1)选择"菜单"→"插入"→"设计特征→"拉伸"命令,或者单击"主页"选项卡,选择"特征"组,单击"拉伸"按钮，打开如图 3-133 所示"拉伸"对话框。选择如图 3-132 所示的草图作为拉伸截面,在矢量下拉列表中选择"YC 轴"为拉伸方向。

2)在"限制"选项组中"开始"和"结束"的"距离"文本框中分别输入 0 和 30,在布尔下拉列表中选择"求差",系统自动选择视图中的实体。

3)单击"确定"按钮,创建拉伸特征如图 3-134 所示。

（5）创建凸台

1)选择"菜单"→"插入"→"设计特征"→"凸台"命令,或者单击"主页"选项卡,选择"特征"组,单击 "更多"→"设计特征"→"凸台"按钮，打开如图 3-135 所示"凸台"对话框。

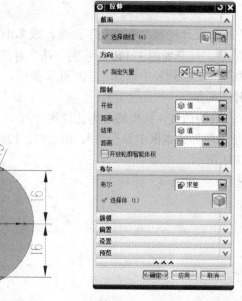
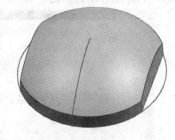

图 3-132 绘制草图　　　　图 3-133 "拉伸"对话框　　　　图 3-134 模型

2）选择旋转体的底面为凸台放置面，在"直径""高度"和"锥角"文本框中分别输入 19、80 和 0，单击"确定"按钮。打开"定位"对话框，如图 3-136 所示。单击"点落在点上"按钮 ，打开"点落在点上"对话框，如图 3-137 所示。

图 3-135 "凸台"对话框　　　图 3-136 "定位"对话框　　　图 3-137 "点落在点上"对话框

3）选择旋转体的圆弧边为目标对象，打开"设置圆弧的位置"对话框，如图 3-138 所示。单击"圆弧中心"按钮，生成的凸台定位于圆柱体顶面圆弧中心，结果如图 3-139 所示。

图 3-138 "设置圆弧的位置"对话框　　　　图 3-139 创建凸台

（6）创建简单孔

1）选择"菜单"→"插入"→"设计特征"→"孔"命令，或单击"主页"选项卡，选择"特征"组，单击"孔"按钮■，打开如图 3-140 所示的"孔"对话框。

2）在"孔"对话框中的"类型"下拉列表中选择"常规孔"类型，在"形状和尺寸"选项组的"成形"下拉列表中选择"简单"。

3）单击"点"按钮■，选择凸台的边线，捕捉圆心为孔位置。

4）在"直径""深度"和"顶锥角"文本框中分别输入 10、77、120，单击"确定"按钮，完成简单孔的创建，如图 3-141 所示。

图 3-140 "孔"对话框

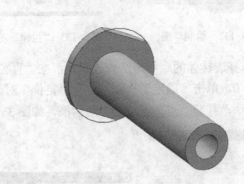

图 3-141 创建孔 1

（7）创建基准平面

1）选择"菜单"→"插入"→"基准/点"→"基准平面"命令，或者单击"主页"选项卡，选择"特征"组，单击"基准/点"中的"基准平面"按钮□，打开"基准平面"对话框。

2）在类型下拉列表中选择"YC-ZC"类型，单击"应用"按钮，创建基准平面 1。

3）在类型下拉列表中选择"XC-YC"类型，单击"应用"按钮，创建基准平面 2。

4）在类型下拉列表中选择"XC-ZC"类型，单击"应用"按钮，创建基准平面 3。

5）在类型下拉列表中选择"YC-ZC"类型，输入距离为 9.5，单击"确定"按钮，创建基准平面 4，生成基准平面示意图如图 3-142 所示。

（8）创建简单孔

1）选择"菜单"→"插入"→"设计特征"→"孔"命令，或单击"主页"选项卡，选择"特征"组，单击"孔"按钮■，打开"孔"对话框。

2）在"类型"下拉列表中选择"常规孔"类型，在"形状和尺寸"选项组的"成形"下拉列表中选择"简单"。

3）单击"绘制截面"按钮■，选择上步创建的基准平面 4 为草图绘制面，绘制基准点，如图 3-143 所示。单击"主页"选项卡，选择"草图"组，单击"完成"按钮■，草图绘制完毕。

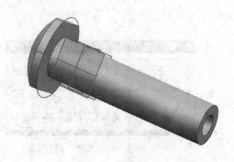
图 3-142 创建基准平面

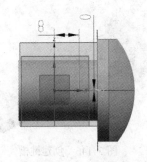
图 3-143 绘制草图

4）"直径""深度"和"顶锥角"文本框中分别输入 4、20、0，单击"确定"按钮，完成简单孔的创建，如图 3-144 所示。

（9）创建键槽

1）选择"菜单"→"插入"→"设计特征"→"键槽"命令，或者单击"主页"选项卡，选择"特征"组，单击 "更多"→"设计特征"→"键槽"按钮，打开"键槽"对话框。

2）选中"矩形槽"单选按钮，不勾选"通槽"复选框，单击"确定"按钮，打开放置面选择对话框。

3）选择基本平面 4 为键槽放置面，同时打开矩形键槽深度方向选择对话框。

4）单击"接受默认边"按钮或"确定"按钮，打开"水平参考"对话框。

5）在实体中选择圆柱面为水平参考，打开如图 3-145 所示的"矩形键槽"对话框。在"长度""宽度"和"深度"文本框中分别输入 14、5.5 和 20。

图 3-144 创建孔 2

图 3-145 "矩形键槽"对话框

6）单击"确定"按钮，打开"定位"对话框。

7）选择"垂直" 定位方式，选择"XC-YC"基准平面和矩形键槽长中心线距离为0。选择"XC-ZC"基准平面和矩形键槽短中心线距离为-28。

8）单击"确定"按钮，完成垂直定位并完成矩形键槽 1 的创建，如图 3-146 所示。

9）同上述步骤创建参数相同，创建中心线距离"XC-ZC"基准平面为-54 的键槽 2。

（10）创建沟槽 1

1）选择"菜单"→"插入"→"设计特征"→"槽"命令，或者单击"主页"选项卡，选择"特征"组，单击"更多"→"设计特征"→"槽"按钮，打开"槽"对话框，如图 3-147 所示。

图 3-146 创建键槽

图 3-147 "槽"对话框

2）单击"矩形"按钮。打开"矩形槽"对话框。

3）在绘图区选择圆柱面为沟槽的放置面，打开"矩形槽"参数输入对话框。

4）在"槽直径"和"宽度"文本框中分别输入 18 和 2，如图 3-148 所示。

5）单击"确定"按钮，打开"定位槽"对话框。

6）在绘图区依次选择圆弧 1 和圆弧 2 为定位边缘，如图 3-149 所示。打开"创建表达式"对话框。

7）在文本框中输入 0，单击"确定"按钮，创建矩形槽 1 如图 3-150 所示。

（11）创建沟槽 2

1）选择"菜单"→"插入"→"设计特征"→"槽"命令，或者单击"主页"选项卡，选择"特征"组，单击"更多"→"设计特征"→"槽"按钮▤，打开"槽"对话框。

2）单击"矩形"按钮，打开"矩形槽"放置面选择对话框。

3）在绘图区选择第一孔表面为沟槽的放置面，打开"矩形槽"参数输入对话框。

图 3-148 "矩形槽"参数输入对话框

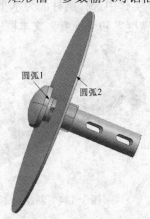

图 3-149 选择弧 1 和弧 2

4）在"槽直径"和"宽度"文本框中分别输入 11 和 2，如图 3-151 所示。

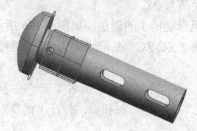

图 3-150 创建槽 1

图 3-151 参数输入对话框

5）单击"确定"按钮，打开"定位槽"对话框。

6）在绘图区依次选择圆弧 1 和圆弧 2 为定位边缘，如图 3-152 所示。打开"创建表达式"对话框。

7）在"创建表达式"对话框中的文本框中输入 62，单击"确定"按钮，创建矩形槽 2 如图 3-153 所示。

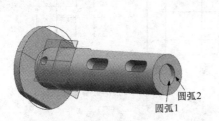

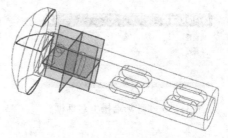

图 3-152　选择弧 1 和弧 2　　　　　　　　　图 3-153　创建槽 2

3. 特殊选项说明

（1）矩形

单击"矩形"按钮，在选定放置平面后系统会打开如图 3-154 所示的"矩形槽"对话框。示意如图 3-155 所示。

图 3-154　"矩形槽"对话框

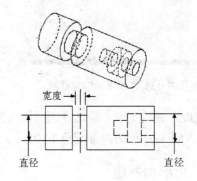

图 3-155　"矩形槽"示意

- 槽直径：生成外部槽时，指定槽的内径；而当生成内部槽时，指定槽的外径。
- 宽度：槽的宽度，沿选定面的轴向测量。

（2）球形端槽

单击"球形端槽"按钮，在选定放置平面后系统会打开如图 3-156 所示的"球形端槽"对话框。该选项可生成底部有完整半径的槽，示意如图 3-157 所示。

- 槽直径：生成外部槽时，指定槽的内径；而当生成内部槽时，指定槽的外径。
- 球直径：槽的宽度。

（3）U 形沟槽

单击"U 形沟槽"单选按钮，在选定放置平面后系统打开如图 3-158 所示的"U 形槽"对话框。该选项可生成在拐角有半径的槽，示意如图 3-159 所示。

- 槽直径：生成外部槽时，指定槽的内部直径；而当生成内部槽时，指定槽的外部直径。

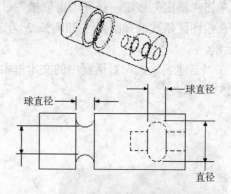

图 3-156 "球形端槽"对话框

图 3-157 "球形端槽"示意

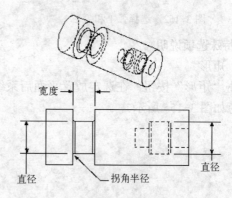

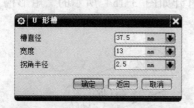

图 3-158 "U 形槽"对话框

图 3-159 "U 形槽"示意

- 宽度：槽的宽度，沿选择面的轴向测量。
- 拐角半径：槽的内部圆角半径。

3.3.7 三角形加强筋

用于沿着两个相交面的交线创建一个三角形加强筋特征。

1. 执行方式

- 菜单：选择"菜单"→"插入"→"设计特征"→"三角形加强筋"命令。
- 功能区：单击"主页"选项卡，选择"特征"组，单击"更多"→"设计特征"→"三角形加强筋"按钮。

执行上述操作后，打开如图 3-160 所示"三角形加强筋"对话框，示意如图 3-161 所示。

2. 特殊选项说明

（1）选择步骤

第一组：在绘图区选择三角形加强筋的第一组放置面。

第二组：在绘图区选择三角形加强筋的第二组放置面。

位置曲线：在第二组放置面的选择超过两个曲面时，该按钮被激活，用于选择两组面多条交线中的一条交线作为三角形加强筋的位置曲线。

图 3-160 "三角形加强筋"对话框

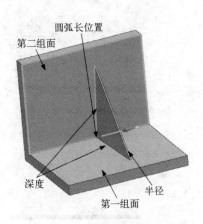

图 3-161 "三角形加强筋"示意

位置平面 🗋：指定与工作坐标系或绝对坐标系相关的平行平面或在视图区指定一个已存在的平面位置来定位三角形加强筋。

方向平面 🗋：指定三角形加强筋倾斜方向的平面。方向平面可以是已存在平面或基准平面，默认的方向平面是已选两组平面的法向平面。

（2）方法

设置三角加强筋定位方法，包括"沿曲线"和"位置"定位两种方法。

● 沿曲线：用于通过两组面交线的位置来定位。可通过指定"弧长"或"弧长百分比"值来定位。

● 位置：选择该选项，对话框的变化如图 3-162 所示。此时可单击 🗋 按钮来选择定位方式。

● 弧长：为相交曲线上的基点输入参数值或表达式。

● 弧长百分比：对相交处的点前后切换参数，即从弧长切换到弧长百分比。

● 尺寸：指定三角形加强筋特征的尺寸。

图 3-162 位置选项

3.3.8 螺纹

1. 执行方式

● 菜单栏：选择"菜单"→"插入"→"设计特征"→"螺纹"命令。

● 功能区：单击"主页"选项卡，选择"特征"组，单击"更多"→"设计特征"→"螺纹"按钮 🗋。

执行上述操作后，打开如图 3-163 所示"螺纹"对话框。

2. 操作示例

本节绘制手把。首先绘制圆柱体，然后绘制草图通过拉伸创建手柄部分，再创建通孔，在手柄端部创建螺纹柱，最后进行倒圆角。绘制流程如图 3-164 所示。

a)   b)

图 3-163 "螺纹"对话框

a) "符号"类型 b) "详细"类型

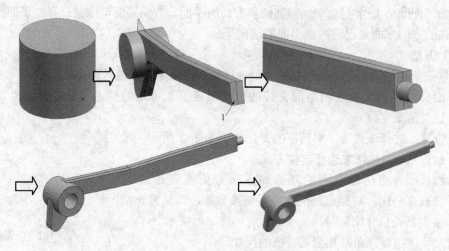

图 3-164 手把绘制流程

光盘\动画演示\第 3 章\手把.avi

（1）创建圆柱体

1）选择"菜单"→"插入"→"设计特征"→"圆柱体"命令，打开如图 3-165 所示的"圆柱"对话框。

2）在对话框的类型下拉列表选择"轴、直径和高度"，如图 3-165 所示。

3）在指定矢量下拉列表中选择"ZC 轴"为圆柱体的创建方向。单击"点对话框"按钮，打开"点"对话框，输入原点坐标为（0,0,-9），单击"确定"按钮，返回"圆柱"对话框。

4）在"直径"和"高度"文本框中分别输入 20 和 18，单击"确定"按钮，生成模型如图 3-166 所示。

（2）绘制草图

1）选择"菜单"→"插入"→"在任务环境中绘制草图"命令，或者单击"曲线"选项卡中的"在任务环境中绘制草图"按钮🔲，在"创建草图"对话框中设置 XC-YC 平面为草图绘制平面，单击"确定"按钮。进入草图绘制界面。

2）绘制如图 3-167 所示的草图。单击"主页"选项卡，选择"草图"组，单击"完成"按钮🔳，草图绘制完毕。

（3）拉伸操作

1）选择"菜单"→"插入"→"设计特征"→"拉伸"命令，或单击"主页"选项卡，选择"特征"组，单击"拉伸"按钮🔲，打开如图 3-168 所示"拉伸"对话框。

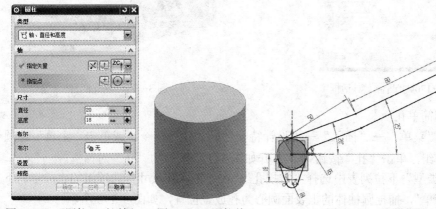

图 3-165 "圆柱"对话框　　图 3-166 圆柱体　　　　图 3-167 绘制草图

2）选择上步绘制的草图为拉伸曲线，在"指定矢量"下拉列表中选择"ZC 轴"为拉伸方向，在"结束"下拉列表中选择"对称值"，在"距离"文本框中输入 3，在"布尔"下拉列表中选择"求和"。

单击"确定"按钮，结果如图 3-169 所示。

图 3-168 "拉伸"对话框

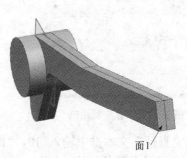

面1

图 3-169 创建拉伸体

（4）创建凸台

1）选择"菜单"→"插入"→"设计特征"→"凸台"命令，或者单击"主页"选项卡，选择"特征"组，单击"更多"→"设计特征"→"凸台"按钮 🗒，打开如图 3-170 所示的"凸台"对话框。

2）选择如图 3-169 所示的面 1 为凸台放置面，在"直径"和"高度"文本框中分别输入 5 和 5，单击"应用"按钮。

3）打开"定位"对话框，选择"垂直"定位方式，凸台与放置面长边的距离为 5，凸台与放置面短边的距离为 3，单击"确定"按钮，创建凸台，如图 3-171 所示。

图 3-170 "凸台"对话框

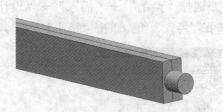

图 3-171 创建凸台

（5）创建简单孔

1）选择"菜单"→"插入"→"设计特征"→"孔"命令，或单击"主页"选项卡，选择"特征"组，单击"孔"按钮 🗒，打开如图 3-172 所示的"孔"对话框。

2）在"类型"下拉列表中选择"常规孔"，在"形状和尺寸"选项组的"成形"下拉列表中选择"简单"，捕捉圆柱体的上表面圆心为孔放置位置，如图 3-173 所示。

图 3-172 "孔"对话框

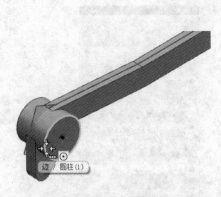

图 3-173 捕捉圆心

3）在"直径"文本框中输入 10，"深度限制"下拉列表中选择"贯通体"，单击"确定"按钮，完成简单孔的创建，如图 3-174 所示。

（6）创建螺纹

1）选择"菜单"→"插入"→"设计特征"→"螺纹"命令，或单击"主页"选项卡，选择"特征"组，单击"更多"→"设计特征"→"螺纹"按钮，打开"螺纹"对话框。

2）选择"详细"类型，选择凸台外表面为螺纹放置面，如图 3-175 所示。

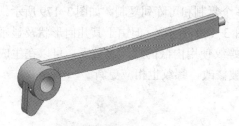

图 3-174　创建孔　　　　　　　　　　图 3-175　选择螺纹放置面

3）在"小径"和"螺距"文本框中分别输 4 和 1，单击"确定"按钮，完成螺纹的创建。

（7）倒圆角操作

1）选择"菜单"→"插入"→"细节特征"→"边倒圆"命令，或者单击"主页"选项卡，选择"特征"组，单击"边倒圆"按钮，打开如图 3-176 所示"边倒圆"对话框。

2）在绘图区选择如图 3-177 所示的边为圆角边。

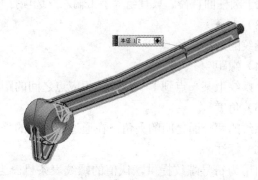

图 3-176　"边倒圆"对话框　　　　　　图 3-177　选择圆角边

3）输入圆角半径为 2，单击"确定"按钮，完成圆角操作，如图 3-178 所示。

（8）隐藏基准平面和草图

1）选择"菜单"→"编辑"→"显示和隐藏"→"隐藏"命令，打开"类选择"对话框。

2）单击"类型过滤器"按钮，打开"根据类型选择"对话框，选择"草图"和"基准"选项。

3）单击"确定"按钮，返回到"类选择"对话框，单击"全选"按钮，再单击"确定"按钮，隐藏视图中所有的草图和基准，结果如图 3-164 所示。

图 3-178　圆角操作

3. 特殊选项说明

（1）螺纹类型

1）符号：该类型螺纹以虚线圆的形式显示在要攻螺纹的一个或几个面上。符号螺纹使用外部螺纹表文件（可以根据特殊螺纹要求来定制这些文件），以确定默认参数。符号螺纹一旦生成就不能复制或阵列，但在生成时可以生成多个复制和可阵列复制。如图 3-179 所示。

2）详细：该类型螺纹看起来更实际（如图 3-180 所示），但由于其几何形状及显示的复杂性，生成和更新都需要长得多的时间。详细螺纹使用内嵌的默认参数表，可以在生成后复制或引用。详细螺纹是完全关联的，如果特征被修改，螺纹也相应更新。

图 3-179 "符号螺纹"示意

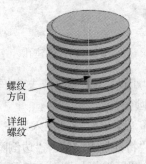

图 3-180 "详细螺纹"示意

（2）大径

为螺纹的最大直径。对于符号螺纹，提供默认值的是查找表。对于符号螺纹，这个直径必须大于圆柱面直径。只有当"手工输入"选项打开时才能在这个字段中为符号螺纹输入值。

（3）小径

螺纹的最小直径。

（4）螺距

从螺纹上某一点到下一螺纹的相应点之间的距离，平行于轴测量。

（5）角度

螺纹的两个面之间的夹角，在通过螺纹轴的平面内测量。

（6）标注

引用为符号螺纹提供默认值的螺纹表条目。当"螺纹类型"是"详细"，或者对于符号螺纹而言"手工输入"选项可选时，该选项不出现。

（7）螺纹钻尺寸

轴尺寸出现于外部符号螺纹；丝锥尺寸出现于内部符号螺纹。

（8）方法

定义螺纹加工方法，如滚动、切削、接地和铣。该选项只出现在"符号"螺纹类型。

（9）螺纹头数

指定是要生成单头螺纹还是多头螺纹。

（10）锥形

勾选此复选框，则符号螺纹带锥度。

（11）完整螺纹

勾选此复选框，则当圆柱面的长度改变时符号螺纹将更新。

（12）长度

从选中的起始面到螺纹终端的距离，平行于轴测量。对于符号螺纹，提供默认值的是查找表。

（13）手工输入

为某些选项输入值，否则这些值要由查找表提供。勾选此复选框，"从表格中选择"选项不能用。

（14）从表格中选择

对于符号螺纹，该选项可以从查找表中选择标准螺纹表条目。

（15）旋转

用于指定螺纹应该是"右旋"的（顺时针）还是"左旋"的（反时针），示意如图 3-181 所示。

（16）选择起始

选择实体上的一个平面或基准面来为符号螺纹或详细螺纹指定新的起始位置，示意如图 3-182 所示。单击此按钮，打开如图 3-183 所示"螺纹"选择对话框，在绘图区选择起始面，打开如图 3-184 所示的"螺纹"对话框。

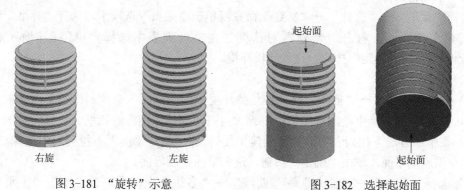

右旋	左旋	起始面 · 起始面

图 3-181 "旋转"示意   图 3-182 选择起始面

图 3-183 "螺纹"选择对话框   图 3-184 "螺纹"对话框

- 螺纹轴反向：指定相对于起始面攻螺纹的方向。
- 延伸通过起点：生成详细螺纹直至起始面以外。
- 不延伸：从起始面起生成螺纹。

3.4 综合实例——压紧螺母

本节绘制压紧螺母。首先绘制六边形并将其拉伸为六棱柱体，然后在六棱柱体的上表面创建凸台，最后在凸台上创建孔和螺纹。绘制流程如图 3-185 所示。

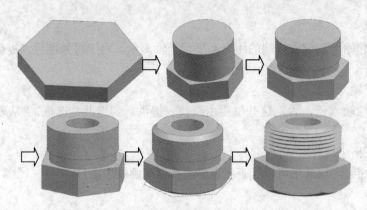

图 3-185 压紧螺母绘制流程

 参见光盘 光盘\动画演示\第 3 章\压紧螺母.avi

（1）创建新文件

选择"菜单"→"文件"→"新建"命令或单击"主页"选项卡，选择"标准"组，单击"新建"按钮 ，打开"新建"对话框。在模板列表中选择"模型"，输入名称为 yajinluomu，单击"确定"按钮，进入建模环境。

（2）绘制草图

1）选择"菜单"→"插入"→"在任务环境中绘制草图"命令，或者单击"主页"选项卡中的"在任务环境中绘制草图"按钮 ，打开"创建草图"对话框。

2）在平面方法下拉列表中选择"创建平面"，在"指定平面"下拉列表中选择 XC-YC 平面为草图绘制平面，单击"确定"按钮，进入草图绘制界面。

3）选择"菜单"→"插入"→"曲线"→"多边形"命令，或者单击"主页"选项卡，选择"曲线"组，单击"曲线"库的"多边形"按钮 ，打开如图 3-186 所示的"多边形"对话框，设置创建方式为"外接圆半径"，输入"半径"为 15，"旋转"为 0，捕捉坐标原点为中心点，绘制如图 3-187 所示的草图。

图 3-186 "多边形"对话框

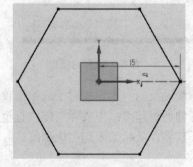

图 3-187 生成六边形

4）单击"主页"选项卡，选择"草图"组，单击"完成"按钮 ，草图绘制完毕。

（3）拉伸操作

1）选择"菜单"→"插入"→"设计特征"→"拉伸"命令，或单击"主页"选项卡，选择"特征"组，单击"拉伸"按钮⬜，打开如图 3-188 所示"拉伸"对话框。

2）选择上步绘制的六边形为拉伸曲线。

3）在"指定矢量"下拉列表中选择"ZC 轴"为拉伸方向。

4）在"开始"和"结束"的距离文本框中分别输入 0 和 8，单击"确定"按钮，结果如图 3-189 所示。

图 3-188 "拉伸"对话框

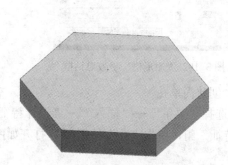

图 3-189 创建六棱柱体

（4）创建凸台

1）选择"菜单"→"插入"→"设计特征"→"凸台"命令，或者单击"主页"选项卡，选择"特征"组，单击"更多"→"设计特征"→"凸台"按钮🗔，打开如图 3-190 所示"凸台"对话框。

2）选择拉伸体的上表面为凸台放置面，在"直径"和"高度"文本框中分别输入 24 和 12，单击"应用"按钮。

3）打开"定位"对话框，选择"垂直"定位方式，分别选择六棱柱的相邻两边，输入距离为 13，单击"确定"按钮，创建凸台，如图 3-191 所示。

图 3-190 "凸台"对话框

图 3-191 创建凸台

（5）创建键槽

1）选择"菜单"→"插入"→"设计特征"→"槽"命令，或者单击"主页"选项卡，选择"特征"组，单击"更多"→"设计特征"→"槽"按钮🗔，打开"槽"对话框。

2）单击"矩形"按钮，打开"矩形槽"对话框，选择上步创建凸台圆柱面为放置面。

3）打开如图 3-192 所示的"矩形槽"参数对话框，"槽直径"和"宽度"文本框中分别输入 22.5 和 3.4。

4）单击"确定"按钮，打开"定位槽"对话框，选择如图 3-193 所示的两条定位边，输入距离为 0，单击"确定"按钮，生成槽如图 3-194 所示。

图 3-192　"矩形槽"参数对话框

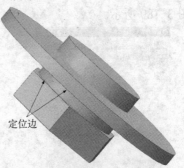

定位边

图 3-193　选择定位边

（6）创建简单孔

1）选择"菜单"→"插入"→"设计特征"→"孔"命令，或单击"主页"选项卡，选择"特征"组，单击"孔"按钮 ，打开如图 3-195 所示"孔"对话框。

图 3-194　创建槽

图 3-195　"孔"对话框

2）在"类型"下拉列表中选择"常规孔"，在"形状和尺寸"选项组的"成形"下拉列表中选择"简单"。捕捉凸台的圆心为孔放置位置，如图 3-196 所示。

3）在"直径"文本框中输入 11，在"深度限制"下拉列表中选择"贯通体"，单击"确定"按钮，完成简单孔的创建，如图 3-197 所示。

（7）绘制草图

1）选择"菜单"→"插入"→"在任务环境中绘制草图"命令，或者单击"曲线"选项卡中的"在任务环境中绘制草图"按钮，在"创建草图"对话框中设置 XC-ZC 平面为草图绘制平面，单击"确定"按钮。进入草图绘制界面。

2）绘制如图 3-198 所示的草图。单击"主页"选项卡中的"完成"按钮 ，草图绘制完毕。

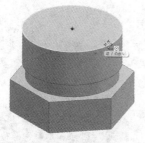
图 3-196　捕捉圆心

图 3-197　创建通孔

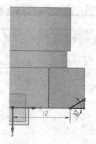
图 3-198　绘制草图

（8）旋转操作

1）选择"菜单"→"插入"→"设计特征"→"旋转"命令，或者单击"曲线"选项卡，选择"特征"组，单击"设计特征"中的"旋转"按钮，打开如图 3-199 所示"旋转"对话框。

2）选择上步的草图为旋转截面。

3）在"指定矢量"下拉列表中选择"ZC 轴"为旋转轴，单击"点对话框"按钮，打开"点"对话框，输入坐标点为（0,0,0），单击"确定"按钮。

4）在"布尔"下拉列表中选择"求差"选项，单击"确定"按钮，如图 3-200 所示。

图 3-199　"旋转"对话框

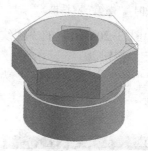
图 3-200　旋转

（9）创建倒斜角

1）选择"菜单"→"插入"→"细节特征"→"倒斜角"命令，或者单击"主页"选项卡，选择"特征"组，单击"倒斜角"按钮，打开如图 3-201 所示"倒斜角"对话框。

2）在"横截面"下拉列表中选择"对称"，"距离"为1.6。

3）选择如图 3-202 所示的边为倒斜角边，单击"确定"按钮，结果如图 3-203 所示。

（10）创建螺纹

1）选择"菜单"→"插入"→"设计特征"→"螺纹"命令，或单击"主页"选项卡，选择"特征"组，单击"更多"→"设计特征"→"螺纹"按钮，打开如图 3-204 所示"螺纹"对话框。

2）选择"详细"单选按钮，选择圆柱体外表面为螺纹放置面，如图 3-205 所示。

图 3-201 "倒斜角"对话框

图 3-202 选择倒角边

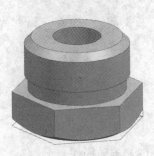

图 3-203 创建倒斜角

图 3-204 "螺纹"对话框

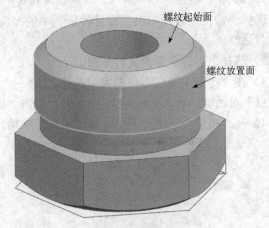

图 3-205 选择螺纹放置面

3）打开如图 3-206 所示的"螺纹"对话框，单击"螺纹轴反向"按钮，调整螺纹方向。单击"确定"按钮。

4）设置"小径"为 22，"螺距"为 1.2，其他采用默认设置，单击"确定"按钮，结果如图 3-207 所示。

图 3-206 "螺纹"对话框

图 3-207 创建螺纹

（11）隐藏基准平面和草图

1）选择"菜单"→"编辑"→"显示和隐藏"→"隐藏"命令，打开"类选择"对话框。

2）单击"类型过滤器"按钮。打开"根据类型选择"对话框，选择"曲线""草图"和"基准"选项，单击"确定"按钮。

3）返回"类选择"对话框，单击"全选"按钮，单击"确定"按钮，隐藏视图中所有的曲线、草图和基准，结果如图 3-185 所示。

3.5 思考与练习

1. 创建如图 3-208 所示的零件。
2. 创建如图 3-209 所示的零件。

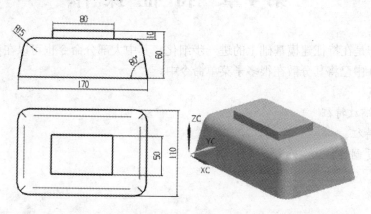

图 3-208 零件 1

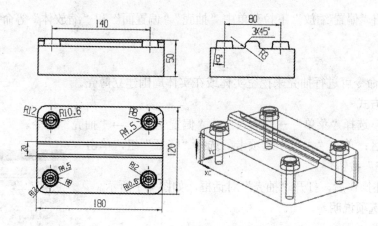

图 3-209 零件 2

3. 创建如图 3-210 所示的底座。

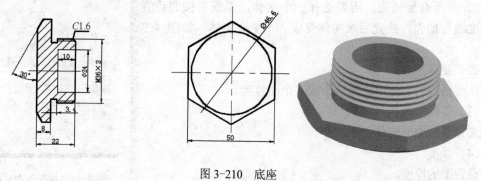

图 3-210 底座

第4章 特征操作

特征操作是在特征建模基础上的进一步细化。其中大部分命令也可以在菜单中找到，只是 UG NX 9.0 中已将其分散在很多子菜单命令中。

本章重点

- 偏置/缩放特征
- 细节特征
- 关联复制特征
- 修剪

4.1 偏置/缩放特征

本节介绍"偏置/缩放"下拉菜单中"抽壳""偏置面"和"缩放体"等命令的应用。

4.1.1 抽壳

"抽壳"命令可进行抽壳来挖空实体或在实体周围建立薄壳。

1. 执行方式

- 菜单：选择"菜单"→"插入"→"偏置/缩放"→"抽壳"命令。
- 功能区：单击"主页"选项卡，选择"特征"组，单击"抽壳"按钮 。

执行上述操作后，打开"抽壳"对话框，如图4-1所示。

2. 特殊选项说明

（1）类型

1）移除面，然后抽壳：所选目标面在抽壳操作后将被移除，如图4-2所示。

2）对所有面抽壳：需要选择一个实体，系统将按照设置的厚度进行抽壳，抽壳后原实体变成一个空心实体，如图4-3所示。

（2）要穿透的面

从要抽壳的实体中选择一个或多个面移除。

（3）要抽壳的体

选择要抽壳的实体。

（4）厚度

设置壁的厚度。

图4-1 "抽壳"对话框

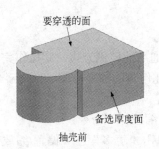

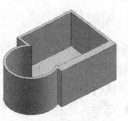

要穿透的面

备选厚度面

抽壳前　　　　　　　　　等厚度　　　　　　　　　不等厚度

图 4-2 "移除面,然后抽壳"示意

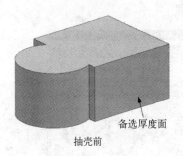
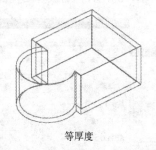
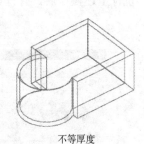

备选厚度面

抽壳前　　　　　　　　　等厚度　　　　　　　　　不等厚度

图 4-3 "对所有面抽壳"示意

4.1.2 偏置面

使用此命令可沿面的法向偏置一个或多个面。

1. 执行方式

● 菜单:选择"菜单"→"插入"→"偏置/缩放"→"偏置面"命令。

● 功能区:单击"主页"选项卡,选择"特征"组,单击"更多"→"偏置/缩放"→"偏置面"按钮

执行上述操作后,打开如图 4-4 所示"偏置面"对话框。偏置面特征示意如图 4-5 所示。

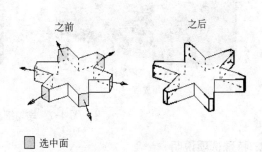

图 4-4 "偏置面"对话框　　　　　图 4-5 "偏置面"示意

2. 特殊选项说明

● 要偏置的面:选择要偏置的面。

● 偏置:输入偏置距离。

4.1.3 缩放体

实现按比例缩放实体和片体。可以使用均匀、轴对称或通用的比例方式，此操作完全关联。需要注意的是：比例操作应用于几何体而不用于组成该几何体的独立特征。

1. 执行方式

- 菜单：选择"菜单"→"插入"→"偏置/比例"→"缩放体"命令。
- 功能区：单击"主页"选项卡，选择"特征"组，单击"更多"→"偏置/缩放"→"缩放体"按钮 。

执行上述操作后，打开如图4-6所示"缩放体"对话框。

图4-6 "缩放体"对话框

a)"均匀"类型　b)"轴对称"类型　c)"常规"类型

其操作后示意如图4-7所示。

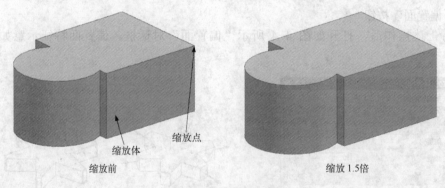

图4-7 均匀缩放示意

2. 特殊选项说明

（1）均匀

在所有方向上均匀地按比例缩放。

- 体：为比例操作选择一个或多个实体或片体。
- 缩放点：指定一个参考点，比例操作以它为中心。默认的参考点是当前工作坐标系的原点，可以通过使用"点方式"子功能指定另一个参考点。该选项只用在"均匀"和"轴对称"类型中可用。
- 比例因子：指定比例因子（乘数），通过它来改变当前的大小。

（2）轴对称

以指定的比例因子（或乘数）沿指定的轴对称缩放。这包括沿指定的轴指定一个比例因子并指定另一个比例因子用在另外两个轴方向。

缩放轴：为比例操作指定一个参考轴。只可用在"轴对称"方法。默认值是自动判断。可以通过使用"矢量方法"子功能来改变它。

轴对称缩放示意如图 4-8 所示。

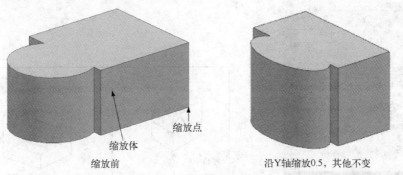

图 4-8　轴对称缩放示意图

（3）常规

在所有的 X、Y、Z 三个方向上以不同的比例因子缩放，如图 4-9 所示。

缩放 CSYC：指定一个参考坐标系。选择该选项会启用"CSYS 方法"按钮。单击此按钮来打开"坐标系构造器"，可以用它来指定一个参考坐标系。

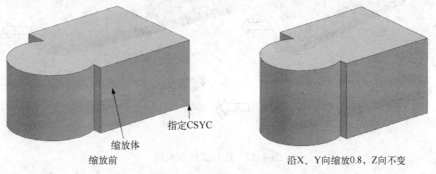

图 4-9　常规缩放示意图

4.2　细节特征

创建完实体的总体形状后，需要为其增加或修改一些细节方面的特征。本节主要介绍这些细节特征，例如，边倒圆、倒斜角、球形拐角、拔模等。

4.2.1　边倒圆

"边倒圆"命令用于沿边缘实体去除材料或添加材料，使实体上的尖锐边缘变成圆滑表面（圆角面）。可以沿一条边或多条边同时进行倒圆操作。沿边的长度方向，倒圆半径可以不变，也可以是变化的。

1. 执行方式

● 菜单：选择"菜单"→"插入"→"细节特征"→"边倒圆"命令。

● 功能区：单击"主页"选项卡，选择"特征"组，单击"边倒圆"按钮 ◍ 。

执行上述操作后，打开如图 4-10 所示的"边倒圆"对话框。"边倒圆"示意如图 4-11 所示。

图 4-10 "边倒圆"对话框

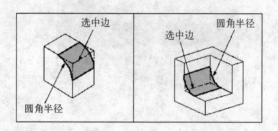

图 4-11 "边倒圆"示意

2. 操作示例

本例绘制连杆 2，如图 4-12 所示。首先绘制连杆轮廓草图，然后通过拉伸创建连杆。

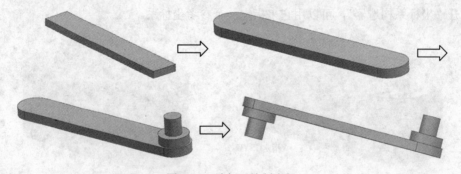

图 4-12 连杆 2 绘制流程

 光盘\动画演示\第 4 章\连杆 2.avi

（1）创建长方体

1）选择"菜单"→"插入"→"设计特征"→"长方体"命令，或者单击"主页"选项卡，选择"特征"组，单击"更多"→"设计特征"→"块"按钮 ▣ ，打开如图 4-13 所示的"块"对话框。

2）在"类型"下拉列表选择"原点和边长"类型。单击"点对话框"按钮 ⊞ ，打开"点"对话框，输入原点坐标为（0，0，0），单击"确定"按钮，返回到"块"对话框。

3）在"长度""宽度"和"高度"文本框中分别输入 120、20 和 5，单击"确定"按
钮，生成模型如图 4-14 所示。

图 4-13 "块"对话框

图 4-14 创建长方体

（2）倒圆角操作

1）选择"菜单"→"插入"→"细节特征"→"边倒圆"命令，或单击"主页"选项
卡，选择"特征"组，单击"边倒圆"按钮🔲，打开如图 4-15 所示的"边倒圆"对话框。

2）选择如图 4-16 所示的边为圆角边，输入圆角半径为 10，单击"确定"按钮，完成
圆角操作，如图 4-17 所示。

图 4-15 "边倒圆"对话框

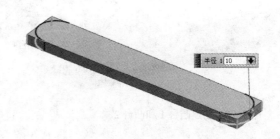

图 4-16 选择边

（3）创建凸台

1）选择"菜单"→"插入"→"设计特征"→"凸台"命令，或者单击"主页"选项
卡，选择"特征"组，单击"更多"→"设计特征"→"凸台"按钮🔲，打开图 4-18 所示
"凸台"对话框。

图 4-17　创建圆角

2）选择孔的地面为凸台放置面，在"直径"和"高度"文本框中分别输入 18 和 5，单击"应用"按钮。

3）打开"定位"对话框，选择"点落在点上"定位方式，选择孔的圆弧边。

4）打开图 4-19 所示的"设置圆弧的位置"对话框，单击"圆弧中心"按钮，创建凸台 1。

图 4-18　"凸台"对话框

图 4-19　"设置圆弧的位置"对话框

5）重复步骤 1）～4）在凸台 1 上创建"直径"和"高度"为 10 和 10 的凸台 2，结果如图 4-20 所示。

6）重复步骤 1）～5），在长方体的另一侧创建和凸台 1、凸台 2 相同尺寸的凸台 3、凸台 4，如图 4-21 所示。

图 4-20　创建凸台 1 和凸台 2

图 4-21　创建凸台 3 和凸台 4

3. 特殊选项说明

（1）要倒圆的边

1）选择边：为边倒圆集选择边。

2）形状：指定圆角横截面的基础形状。

● 圆形：创建圆形倒圆。在"半径"文本框中输入半径值。

● 二次曲线：控制对称边界边半径、中心半径和 Rho 值的组合，创建二次曲线倒圆。

3）二次曲线法：允许使用高级方法控制圆角形状，创建对称二次曲线倒圆。

- 边界和中心：指定对称边界半径中的中心半径定义二次曲线倒圆截面。
- 边界和 Rho：通过指定对称边界半径和 Rho 值来定义二次曲线倒圆截面。
- 中心和 Rho：通过指定中心半径和 Rho 值来定义二次曲线倒圆截面。

（2）可变半径点

通过沿着选中的边缘指定多个点并输入每一个点上的半径，可以生成一个可变半径圆角。选项组如图 4-22 所示；从而生成了一个半径沿着其边缘变化的圆角（如图 4-23 所示）。

1）指定新的位置：通过"点"对话框或点下拉列表中来添加新的点。

2）V 半径：指定选定点的半径值。

3）位置：分为以下 3 种形式。

- 弧长：设置弧长的指定值。
- 弧长百分比：将可变半径点设置为边的总弧长的百分比。
- 通过点：指定可变半径点。

（3）拐角倒角

生成一个拐角圆角，或称为球状圆角。指定所有圆角的偏置值（这些圆角一起形成拐角），从而能控制拐角的形状。拐角的用意是作为非类型表面钣金冲压的一种辅助，并不意味着要用于生成曲率连续的面，选项组如图 4-24 所示。

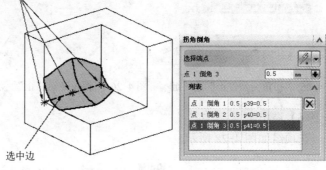

图 4-22 "可变半径点"选项组　　图 4-23 "可变半径点"示意　　图 4-24 "拐角倒角"选项组

1）选择端点：在边集中选择拐角终点。

2）点 1 倒角 3：在列表中选择倒角，输入倒角值。

（4）拐角突然停止

通过添加中止倒角点，来限制边上的倒角范围，选项组如图 4-25 所示。示意如图 4-26 所示。

1）选择端点：选择要倒圆的边上的倒圆终点及停止位置。

2）停止位置：分为以下两种形式。

- 按某一距离：在终点处突然停止倒圆。
- 交点处：在多个倒圆相交的选定顶点处停止倒圆。

3）位置：分为以下 3 种形式。

- 弧长：用于指定弧长值以在该处选择停止点。

- 弧长百分比：指定弧长的百分比用于在该处选择停止点。
- 通过点：用于选择模型上的点。

（5）修剪

"修剪"选项组如图 4-27 所示。

1）用户选定的对象：勾选此复选框，指定用于修剪圆角面的对象和位置。

2）限制对象：列出使用指定的对象修剪边倒圆的方法。

- 平面：使用面集中的一个或多个平面修剪边倒圆。
- 面：使用面集中的一个或多个面修剪边倒圆。
- 边：使用边集中的一条或多条边修剪边倒圆。

3）使用限制平面/面截断倒圆：使用平面或面来截断圆角。

4）指定点：在"点对话框"或"指定点"下拉列表中指定离待截断倒圆的交点最近的点。

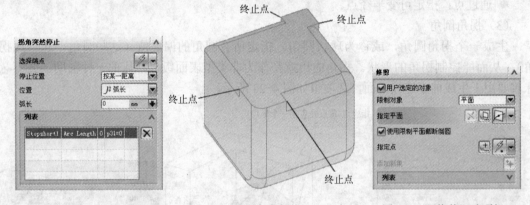

图 4-25 "拐角突然停止"选项组　　图 4-26 "拐角突然停止"示意　　图 4-27 "修剪"选项组

（6）溢出解

选项组如图 4-28 所示。

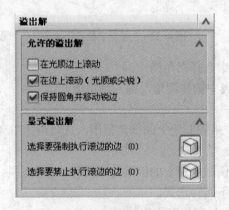

图 4-28 "溢出解"选项组

1）允许的溢出解。

- 在光顺边上滚动：倒角遇到另一表面时，实现光滑倒角过渡。如图 4-29 所示。

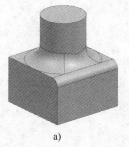
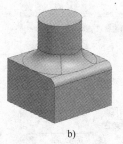

图 4-29　在光顺边上滚动

a) 不勾选"在光顺边上滚动"复选框　b) 勾选"在光顺边上滚动"复选框

- 在边上滚动（光顺或尖锐）：在溢出区域保留尖锐的边缘，如图 4-30 所示。

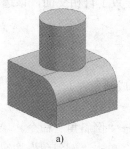
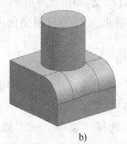

图 4-30　在边上滚动（光顺或尖锐）

a) 不勾选"在边上滚动（光顺或尖锐）"复选框　b) 勾选"在边上滚动（光顺或尖锐）"复选框

- 保持圆角并移动锐边：该选项允许用户在倒角过程中与定义倒角边的面保持相切，并移除阻碍的边。

2）显式溢出解。

- 选择要强制执行滚边的边：选择边以对其强制应用在边上滚动（光顺或尖锐）选项。
- 选择要禁止执行滚边的边：选择边以不对其强制应用在边上滚动（光顺或尖锐）选项。

（7）设置

"设置"选项组如图 4-31 所示。

1）分辨率：指定解决重叠圆角的形式。

- 保持圆角和相交：忽略圆角自相交，圆角的两个部分都有相交曲线修剪。
- 如果凸度不同，则滚动：使圆角在其自身滚动。
- 不考虑凸度，滚动：在圆角遇到其自身部分时使圆角在其自身滚动，无须考虑凸面的情况。

2）圆角顺序：指定创建圆角的顺序，具有以下两种形式。

- 凸面优先：先创建凸圆角，再创建凹圆角。
- 凹面优先：先创建凹圆角，再创建凸圆角。

3）在凸/凹处 Y 向特殊倒圆：允许 Y 形圆角。当相对凸面的邻近边上的两个圆角相交三次或更多次时，边缘顶点和圆角的默认外形将从一个圆角滚动到另一个圆角上，Y 形顶点圆角提供在顶点处可选的圆角形状，如图 4-32 所示。

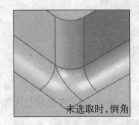

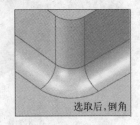

图 4-31 "设置"选项组   图 4-32 "在凸/凹处 Y 向特殊圆角"示意

4）移除自相交：由于圆角的创建精度等原因从而导致了自相交面，该选项允许系统自动利用多边形曲面来替换自相交曲面。

4.2.2 倒斜角

"倒斜角"通过定义所需的倒角尺寸在实体的边上形成斜角。

1. 执行方式

- 菜单：选择"菜单"→"插入"→"细节特征"→"倒斜角"命令。
- 功能区：单击"主页"选项卡，选择"特征"组，单击"倒斜角"按钮。

执行上述操作后，打开如图 4-33 所示"倒斜角"对话框。设置完成后，创建倒角，如图 4-34 所示。

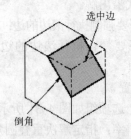

图 4-33 "倒斜角"对话框   图 4-34 "倒斜角"示意

2. 操作示例

本节绘制销轴。首先绘制圆柱体，然后绘制凸台，最后创建销孔，绘制流程如图 4-35 所示。

 参见光盘 ⟩ 光盘\动画演示\第 4 章\销轴.avi

（1）创建圆柱体

1）选择"菜单"→"插入"→"设计特征"→"圆柱体"命令，打开如图 4-36 所示的"圆柱"对话框。

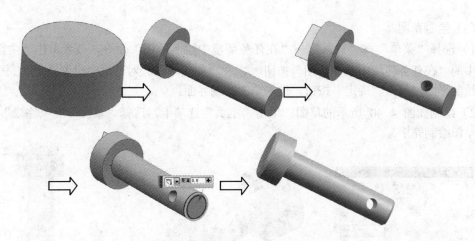

图 4-35　销轴绘制流程

2）在对话框的"类型"下拉列表选择"轴、直径和高度"，如图 4-36 所示。

3）在"指定矢量"下拉列表中选择"ZC" [ZC]。单击"点对话框"按钮 [±]，打开"点"对话框，输入原点坐标为（0,0,0），单击"确定"按钮，返回"圆柱"对话框。

4）在"直径"和"高度"文本框中分别输入 18 和 8，单击"确定"按钮，生成模型如图 4-37 所示。

图 4-36　"圆柱"对话框

图 4-37　圆柱体

（2）创建凸台

1）选择"菜单"→"插入"→"设计特征"→"凸台"命令，或者单击"主页"选项卡，选择"特征"组，单击"凸台"按钮 [图]，打开如图 4-38 所示"凸台"对话框。

2）选择圆柱体的底面为凸台放置面。

3）在对话框中输入"直径"和"高度"为 10 和 42，单击"应用"按钮。

4）打开"定位"对话框，选择"点落在点上"定位方式，选择孔的圆弧边。

5）打开"设置圆弧的位置"对话框，单击"圆弧中心"按钮，创建凸台，如图 4-39 所示。

（3）绘制草图

1）选择"菜单"→"插入"→"在任务环境中绘制草图"命令，或者单击"主页"选项卡中的"在任务环境中绘制草图"按钮，在"创建草图"对话框中设置 XC-ZC 平面为草图绘制平面，单击"确定"按钮。进入草图绘制界面。

2）绘制如图 4-40 所示的草图。单击"主页"选项卡，选择"草图"→"完成" 命令，草图绘制完毕。

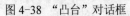

图 4-38 "凸台"对话框

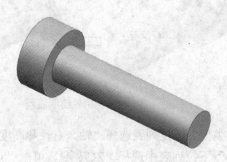

图 4-39 创建凸台

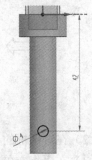

图 4-40 绘制草图

（4）拉伸操作

1）选择"菜单"→"插入"→"设计特征"→"拉伸"命令，或单击"主页"选项卡，选择"特征"组，单击"拉伸"按钮，打开如图 4-41 所示"拉伸"对话框。

2）选择上步绘制的草图为拉伸曲线。

3）在"指定矢量"下拉列表中选择"YC 轴"为拉伸方向。

4）在"结束"下拉列表中选择"对称值"，在"距离"文本框中输入 10，在"布尔"下拉列表中选择"求差"，单击"确定"按钮，结果如图 4-42 所示。

图 4-41 "拉伸"对话框

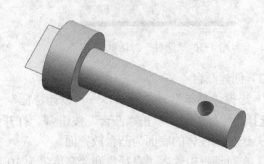

图 4-42 拉伸为孔

（5）创建倒斜角

1）选择"菜单"→"插入"→"细节特征"→"倒斜角"命令，或者单击"主页"选项卡，选择"特征"组，单击"倒斜角"按钮⬚，打开如图 4-43 所示"倒斜角"对话框。

2）在对话框中选择横截面为对称，输入距离为 1。

3）选择如图 4-44 所示的边为倒斜角边，单击"应用"按钮。

图 4-43　"倒斜角"对话框

图 4-44　选择倒角边 1

4）选择如图 4-45 所示的边为倒斜角边，在"距离"文本框中输入 0.8，单击"确定"按钮，结果如图 4-46 所示。

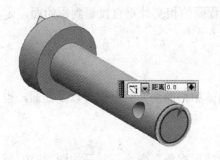

图 4-45　选择倒角边 2

图 4-46　倒斜角

（6）隐藏基准平面和草图

1）选择"菜单"→"编辑"→"显示和隐藏"→"隐藏"命令，打开"类选择"对话框，单击"类型过滤器"按钮。

2）打开"根据类型选择"对话框，选择"草图"和"基准"选项，单击"确定"按钮。

3）返回"类选择"对话框，单击"全选"按钮，单击"确定"按钮，隐藏视图中所有的草图和基准，结果如图 4-35 所示。

3. 特殊选项说明

（1）选择边

选择要倒斜角的一条或多条边。

（2）横截面

1）对称：生成一个简单的倒角，它沿着两个面的偏置是相同的。必须输入一个正的偏置值，如图 4-47 所示。

2）非对称：用于与倒角边邻接的两个面分别采用不同偏置值来创建倒角，必须输入"距离 1"值和"距离 2"值。这些偏置是从选择的边沿着面测量的。这两个值都必须是正的，如图 4-48 所示。在生成倒角以后，如果倒角的偏置和需要的方向相反，可以选择"反向"。

3）偏置和角度：用一个角度来定义简单的倒角，如图 4-49 所示。

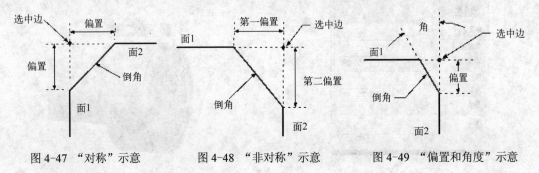

图 4-47 "对称"示意   图 4-48 "非对称"示意   图 4-49 "偏置和角度"示意

（3）偏置方法

指定一种方法以使用偏置距离值来定义新倒斜角面的边。

1）沿面偏置边：通过沿所选边的邻近面测量偏置距离值，定义新倒斜角面的边。

2）偏置面并修剪：通过偏置相邻面以及将偏置面的相交处垂直投影到原始面，定义新倒斜角的边。

4.2.3　球形拐角

"球形拐角"通过选择 3 个面创建一个球形角落相切曲面。3 个面可以是曲面，也可不需要相互接触，生成的曲面分别与 3 个曲面相切。

1. 执行方式

选择"菜单"→"插入"→"细节特征"→"球形拐角"命令，打开如图 4-50 所示的"球形拐角"对话框。设置完成后，创建球形拐角，如图 4-51 所示。

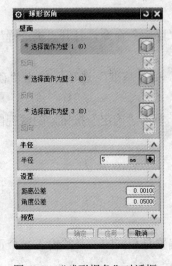

图 4-50 "球形拐角"对话框

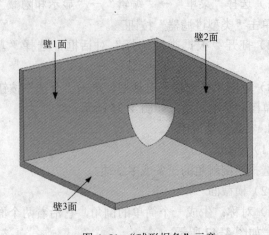

图 4-51 "球形拐角"示意

2. 特殊选项说明

（1）壁面

1）壁 1 面：设置球形拐角的第一个相切曲面。

2）壁 2 面：设置球形拐角的第二个相切曲面。

3）壁 3 面：设置球形拐角的第三个相切曲面。

（2）半径

设置球形拐角的半径值。

（3）反向

使球形拐角曲面的法向反向。

4.2.4 拔模

"拔模"通过指定矢量和拔模参考对需要拔模的面拔模。

1. 执行方式

- 菜单：选择"菜单"→"插入"→"细节特征"→"拔模"命令。
- 功能区：单击"主页"选项卡，选择"特征"组，单击"拔模"按钮 。

执行上述操作后，打开如图 4-52 所示"拔模"对话框。

2. 操作示例

图 4-52 "拔模"对话框

本例绘制剃须刀盖。采用在长方体上创建矩形垫块完成整体的造型，然后进行拔模锥角操作和抽壳操作，绘制流程如 4-53 所示。

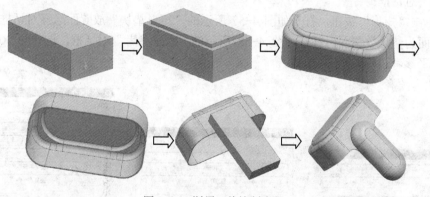

图 4-53 剃须刀盖绘制流程

光盘\动画演示\第 4 章\剃须刀盖.avi

（1）创建长方体

1）选择"菜单"→"插入"→"设计特征"→"长方体"命令，打开如图 4-54 所示"块"对话框。

2）在"长度""宽度"和"高度"分别输入 55、30、18，依系统提示确定生成长方体原点，单击"点对话框"按钮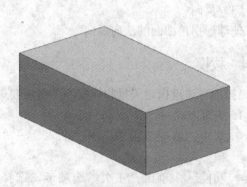，打开"点"对话框，确定坐标原点为长方体原点，单击"确定"按钮，生成一长方体，如图 4-55 所示。

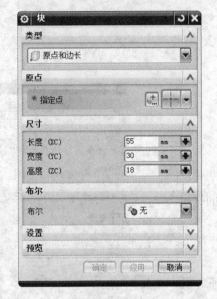

图 4-54 "块"对话框   图 4-55 创建长方体

（2）创建垫块

1）选择"菜单"→"插入"→"设计特征"→"垫块"命令，或单击"主页"选项卡，选择"特征"组，单击"更多"→"设计特征"→"垫块"按钮，打开如图 4-56 所示"垫块"对话框。

2）单击"矩形"按钮，打开如图 4-57 所示的"矩形垫块"放置面选择对话框，选择长方体上端面为垫块放置面，打开如图 4-58 所示的"水平参考"对话框，选择与 XC 轴平行的边为水平参考边。

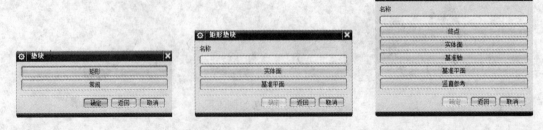

图 4-56 "垫块"对话框 图 4-57 "矩形垫块"放置面选择对话框 图 4-58 "水平参考"对话框

3）打开"矩形垫块"参数对话框如图 4-59 所示，在"长度""宽度"和"高度"文本框中分别输入 48、25、2，单击"确定"按钮。

4）打开如图 4-60 所示的"定位"对话框，单击"垂直定位"按钮，选择短中心线和垫块长边，输入距离为 26.5，选择长中心线和垫块长边，输入距离为 15，单击"确定"按钮，完成垫块的创建，结果如图 4-61 所示。

图4-59 "矩形垫块"参数对话框

图4-60 "定位"对话框

图4-61 垫块

（3）创建拔模

1）选择"菜单"→"插入"→"细节特征"→"拔模"命令，或单击"主页"选项卡，选择"特征"组，单击"拔模"按钮 ，打开"拔模"对话框如图4-62所示。

2）在对话框"指定矢量"下拉菜单中选择"ZC轴"，选择长方体的上端平面为固定平面，选择长方体四侧面为要拔模的面，并在"角度1"文本框中输入2，如图4-63所示；单击"确定"按钮，完成拔模操作，结果如图4-64所示。

图4-62 "拔模"对话框

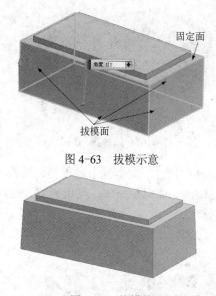

图4-63 拔模示意

图4-64 拔模结果

（4）边倒圆

1）选择"菜单"→"插入"→"细节特征"→"边倒圆"命令，或者单击"主页"选项卡，选择"特征"组，单击"边倒圆"按钮，打开如图4-65所示"边倒圆"对话框。

2）在"半径1"文本框中输入12.5，选择如图4-66所示垫块的4条棱边，单击"应用"按钮。

3）在"半径1"文本框中输入2，选择如图4-67所示垫块的上端面边线，单击"应用"按钮。

4）在"半径1"文本框中输入10，选择如图4-68所示长方体的4条棱边，单击"应用"按钮。

图 4-65 "边倒圆"对话框

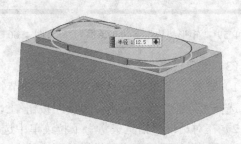

图 4-66 选择圆角边 1

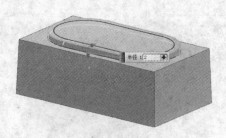

图 4-67 选择圆角边 2

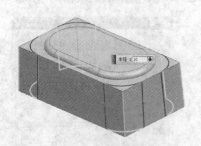

图 4-68 选择圆角边 3

5）在"半径 1"文本框中输入 3，选择如图 4-69 所示长方体的上端面 4 条边，单击"确定"按钮，完成圆角操作。结果如图 4-70 所示。

图 4-69 选择圆角边 4

图 4-70 圆角处理

（5）抽壳操作

1）选择"菜单"→"插入"→"偏置/缩放"→"抽壳"命令，或单击"主页"选项卡，选择"特征"组，单击"抽壳"按钮，打开如图 4-71 所示"抽壳"对话框。

2）选择"移除面，然后抽壳"类型，选择如图 4-72 所示的长方体底端面为移除面。

3）在对话框的"厚度"文本框中输入 0.5，单击"确定"按钮，完成抽壳操作，如图 4-73 所示。

移除面

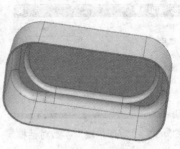

图 4-71 "抽壳"对话框　　　　图 4-72 选择移除面　　　　图 4-73 抽壳处理

（6）创建基准平面

1）选择"菜单"→"插入"→"基准/点"→"基准平面"命令或单击"主页"选项卡，选择"特征"组，单击"基准/点"中的"基准平面"按钮▢，打开如图 4-74 所示"基准平面"对话框。

2）选择"曲线和点"类型，选择如图 4-75 所示的 3 点，单击"确定"按钮，完成基准平面的创建，如图 4-76 所示。

（7）创建垫块

1）选择"菜单"→"插入"→"设计特征"→"垫块"命令，或单击"主页"选项卡，选择"特征"组，单击"更多"→"设计特征"→"垫块"按钮▦，打开"垫块"对话框。

选择点

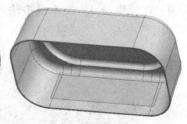

图 4-74 "基准平面"对话框　　　　图 4-75 选择 3 点　　　　图 4-76 创建基准面

2）单击"矩形"按钮，打开"矩形垫块"放置面选择对话框，选择基准面为垫块放置面，打开"水平参考"对话框，选择与 XC 轴平行边为水平参考边。

3）打开"矩形垫块"参数对话框如图 4-77 所示，在"长度""宽度"和"高度"文本框中分别输入 22、48、8，单击"确定"按钮。

4）打开"定位"对话框，单击"垂直定位"按钮，选择如图 4-78 所示的定位边 1，输入距离为 28.5，选择如图 4-78 所示的定位边 2，输入距离为-15，单击"确定"按钮，完成垫块的创建，如图 4-79 所示。

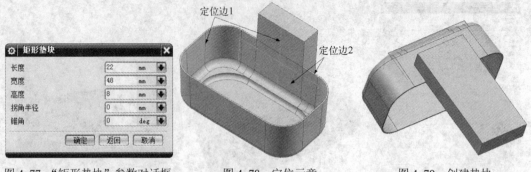

图 4-77 "矩形垫块"参数对话框   图 4-78 定位示意   图 4-79 创建垫块

（8）边倒圆

1）选择"菜单"→"插入"→"细节特征"→"边倒圆"命令，或者单击"主页"选项卡，选择"特征"组，单击"边倒圆"按钮，打开"倒圆角"对话框。

2）在"半径 1"文本框中输入 11，选择如图 4-80 所示垫块的 4 条棱边，单击"应用"按钮。

3）在"半径 1"文本框中输入 7，选择如图 4-81 所示的上边线，单击"应用"按钮。

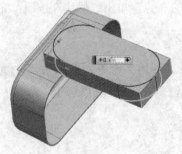

图 4-80 选择圆角边 1

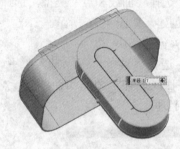

图 4-81 选择圆角边 2

4）在"半径 1"文本框中输入 6，选择如图 4-82 所示垫块与长方体的连接处边线，单击"确定"按钮，完成圆角操作，如图 4-83 所示。

图 4-82 选择圆角边 3

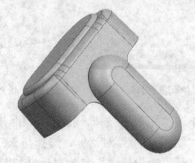

图 4-83 圆角处理

（9）创建垫块

1）选择"菜单"→"插入"→"设计特征"→"垫块"命令，或单击"主页"选项卡，选择"特征"组，单击"更多"→"设计特征"→"垫块"按钮，打开"垫块"对话框。

2）单击"矩形"按钮，打开"矩形垫块"放置面选择对话框，选择基准面为垫块放置面，打开"水平参考"对话框，选择与 XC 轴平行边为水平参考边。

3）打开"矩形垫块"参数对话框如图 4-84 所示，在"长度""宽度"和"高度"文本框中分别输入 10、1、1，单击"确定"按钮。

4）打开"定位"对话框，单击"垂直定位"按钮，选择如图 4-85 所示的定位边 1，输入距离为 18，选择如图 4-85 所示的定位边 2，输入距离为 2，单击"确定"按钮，完成垫块的创建。最后生成模型如图 4-86 所示。

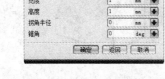
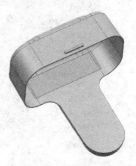

图 4-84 "矩形垫块"参数对话框 　　图 4-85 定位示意 　　图 4-86 创建垫块

3. 特殊选项说明

（1）从平面或曲面

从平面或曲面将选中的面倾斜，示意如图 4-87 所示。

1）脱模方向定义拔模方向矢量。

2）拔模方法分为以下几种。

● 固定面：从固定面拔模。包含拔模面的固定面的相交曲线将用作计算该拔模参考。

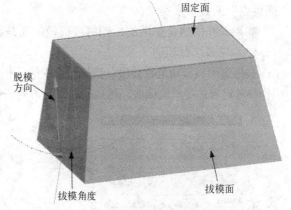

● 分型面：从固定分型面拔模。包含拔模面的固定面的相交曲线将用作计算该拔模参考。要拔模的面将在与固定面的相交处进行细分。可根据需要将拔模添加到两侧。

● 固定面和分型面：从固定面向分型面拔模。包含拔模面的固定面的相交曲线将用作计算该拔模参考。要拔模的面将在与分型面的相交处进行细分。

图 4-87 "从平面"示意

3）要拔模的面：选择拔模操作所涉及的各个面。

4）角度：定义拔模的角度。

⚠ 注意

用同样的固定面和方向矢量来拔模内部面和外部面，则内部面拔模和外部面拔模是相反的。

（2）从边

沿选中的一组边按指定的角度和参考点拔模，对话框如图 4-88 所示，示意如图 4-89 所示。

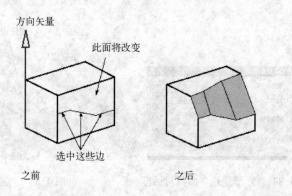

图 4-88 "拔模"（从边）对话框　　　　图 4-89 "从边"示意

1）固定边：指定实体的一条或多条实体边作为拔模的参考边。

2）可变拔模点：在参考边上设置拔模的一个或多个控制点，再为各控制点设置相应的角度和位置，从而实现沿参考边对实体进行变角度的拔模。其可变角定义点的确定可通过"捕捉点"工具条来实现。

如果选择的边是平滑的，则将被拔模的面是在拔模方向矢量所指一侧的面。

（3）与多个面相切

按指定的拔模角进行拔模，拔模与选中的面相切，对话框如图 4-90 所示。用此角度来决定用作参考对象的等斜度曲线。然后就在离开方向矢量的一侧生成拔模面，示意如图 4-91 所示。

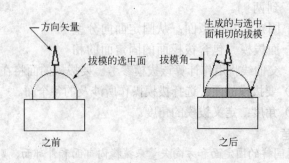

图 4-90 "拔模"（与多个面相切）对话框　　　图 4-91 "与多个面相切"示意

该拔模类型对于模铸件和浇注件特别有用，可以弥补可能的拔模不足。

相切面：将一个或多个相切表面作为拔模表面。

（4）至分型边

沿选中的一组边用指定的角度和一个固定面生成拔模，对话框如图 4-92 所示。分隔线拔模生成垂直于参考方向和边的扫掠面，如图 4-93 所示。在这种类型的拔模中，改变了面但不改变分隔线。当处理模铸塑料部件时这是一个常用的操作。

图 4-92 "拔模"（至分型面）对话框

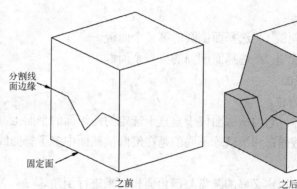

图 4-93 "至分型边"示意

1）固定面：指定实体拔模的参考面。在拔模过程中，实体在该参考面上的截面曲线不发生变化。

2）分型边：选择一条或多条分割边作为拔模的参考边。其使用方法和通过边拔模实体的方法相同。

4.2.5 面倒圆

"面倒圆"通过可选的圆角面的修剪生成一个相切于指定面组的圆角。

1. 执行方式

● 菜单：选择"菜单"→"插入"→"细节特征"→"面圆角"命令。

● 功能区：单击"主页"选项卡，选择"特征"组，单击"更多"→"详细特征"→"面倒圆"按钮。

执行上述操作后，打开如图 4-94 所示"面倒圆"对话框。

2. 特殊选项说明

（1）类型

1）两个定义面链：选择两个面链和半径来创建圆角，示意如图 4-95 所示。

2）三个定义面链：选择两个面链和中间面来完全倒圆角，

图 4-94 "面倒圆"对话框

示意如图 4-96 所示。

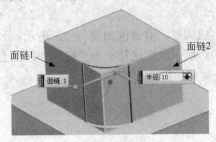

图 4-95 "两个定义面链"示意

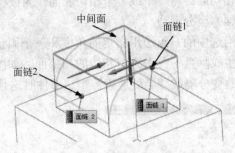

图 4-96 "三个定义面链"示意

（2）面链

1）选择面链 1：选择面倒圆的第一个面链。

2）选择面链 2：选择面倒圆的第二个面链。

（3）横截面

1）截面方位。

● 滚动球：它的横截面位于垂直于选定的两组面的平面上。

● 扫掠截面：和滚动球不同的是在倒圆横截面中多了脊曲线。

2）形状。

● 圆形：用定义好的圆盘与倒角面相切来进行倒角。

● 对称二次曲线：二次曲线面圆角具有二次曲线横截面。

● 不对称二次曲线：用两个偏置和一个 Rho 来控制横截面。还必须定义一个脊线线串来定义二次曲线截面的平面。

3）半径方法。

● 恒定：对于恒定半径的圆角，只允许使用正值。

● 规律控制：依照规律子功能在沿着脊线曲线的单个点处定义可变的半径。

● 相切约束：通过指定位于一面墙上的曲线来控制圆角半径，在这些墙上，圆角曲面和曲线被约束为保持相切。

（4）约束和限制几何体

1）选择重合曲线：选择一条约束曲线。

2）选择相切曲线：倒圆与选择的曲线和面集保持相切。

（5）设置

1）相遇时添加相切面：自动将相切面添加至输入面链。

2）在锐边终止：允许面倒圆延伸穿过倒圆中间或端部的凹口。

3）移除自相交：用补片替换倒圆中导致自相交的面链。

4）跨锐边倒圆：延伸面倒圆跨过不相切的边。

4.2.6 软倒圆

"软倒圆"通过可选的圆角面的修剪生成一个相切于指定面组的圆角。

1. 执行方式

● 菜单：选择"菜单"→"插入"→"细节特征"→"软倒圆"命令。

● 功能区：单击"曲面"选项卡，选择"曲面"组，单击"圆角"中的"软倒圆"按钮![icon]。

执行上述操作后，打开如图 4-97 所示"软倒圆"对话框。设置完成后，创建软倒角，如图 4-98 所示。

图 4-97 "软倒圆"对话框

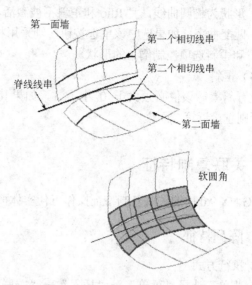

图 4-98 "软倒角"特征示意

2. 特殊选项说明

（1）选择步骤

第一组![icon]：选择面倒角的第一个面集。单击该按钮，在绘图区选择第一个面集。选择第一个面集后，绘图区会显示一个矢量箭头。

第二组![icon]：选择面倒角的第二个面集。单击该按钮，在绘图区选择第二个面集。

第一相切曲线![icon]：可以在第一个面集和第二个面集上选择一条或多条边作为陡边，使倒角面在第一个面集和第二个面集上相切到陡边处。在选择陡边时，不一定要在两个面集上都指定陡边。

第二相切曲线![icon]：选择相切控制曲线，系统会沿着指定的相切控制曲线，保持倒角表面和选择面集的相切，从而控制倒角的半径。相切曲线只能在一组表面上选择，不能在两组表面上都指定一条曲线来限制圆角面的半径。

（2）附着方法

指定软倒圆的修剪和附着方法。

● 修剪并全部附着：修剪倒圆并将它附着到基本面集。

● 修剪长的并全部附着：创建尽可能长的倒圆，并附着到基本面集。

● 不修剪并全部附着：创建未修剪的倒圆片体或由指定的限制平面修剪的片体，并将该片体附着到基本面集。

● 全部修剪：修剪倒圆与基本面集，但不将该倒圆附着到面上。

● 修剪圆角面：将倒圆片体修剪到基本面集的限制边或指定的限制平面上。

● 修剪圆角面—短：尽可能短地修剪圆角。

● 修剪圆角面—长：使倒圆尽可能长。

● 不修剪：生成未修剪的倒圆片体，或由指定限制平面修剪的片体。

（3）光顺性

● 匹配切矢：如果选中该单选按钮，则倒角面与邻接的被选面相切匹配。此时，截面形状为椭圆曲线，且 Rho 和歪斜不被激活。

● 匹配曲率：如果选中该单选按钮，则采用相切匹配，也采用曲率匹配。此时可用 Rho 和歪斜选项控制倒角的形状。

（4）歪斜

设置斜率。该值必须大于 0 小于 1。如果其值越接近 0，则倒角面顶端越接近第一面集，否则越接近第二面集。

4.3 关联复制特征

UG NX 9.0 中的关联复制特征操作可使实体按照不同的方式进行阵列、镜像和抽取。

4.3.1 阵列特征

1. 执行方式

● 菜单：选择"菜单"→"插入"→"关联复制"→"阵列特征"命令。

● 功能区：单击"主页"选项卡，选择"特征"组，单击"阵列特征"按钮 。

执行上述操作后，打开如图 4-99 所示"阵列特征"对话框。

2. 特殊选项说明

（1）要形成阵列的特征

选择一个或多个要形成阵列的特征。

（2）参考点

通过"点"对话框或"点"下拉列表中选择点为输入特征指定位置参考点。

（3）阵列定义

1）布局。

① 线性：从一个或多个选定特征生成图样的线性阵列。线性阵列既可以是二维的（在 XC 和 YC 方向上，即几行特征），又可以是一维的（在 XC 或 YC 方向上，即一行特征）。其操作后示意图如图 4-100 所示。

图 4-99 "阵列特征"对话框

● 方向 1：设置阵列第一方向的参数。

● 指定矢量：设置第一方向的矢量方向。

● 间距：指定间距方式。包括"数量和节距""数量和跨距""节距和跨距"3 种。

● 方向 2：设置阵列第二方向的参数。其他参数同上。

② 圆形：从一个或多个选定特征生成圆形图样的阵列。其操作后示意如图 4-101 所示。

- 数量：输入阵列中成员特征的总数目。
- 节距角：输入相邻两成员特征之间的环绕间隔角度。

③ 多边形：从一个或多个选定特征按照绘制好的多边形生成图样的阵列。示意图如图 4-102 所示。

图 4-100 "线性阵列"示意

图 4-101 "圆形"示意

图 4-102 "多边形"示意

④ 螺旋式：从一个或多个选定特征按照绘制好的螺旋线生成图样的阵列。示意如图 4-103 所示。

⑤ 沿：从一个或多个选定特征按照绘制好的曲线生成图样的阵列。示意如图 4-104 所示。

⑥ 常规：从一个或多个选定特征在指定点处生成图样。示意如图 4-105 所示。

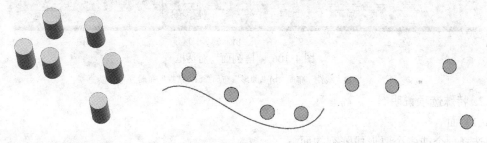

图 4-103 "螺旋式"示意　　　图 4-104 "沿"示意　　　图 4-105 "常规"示意

2）边界定义。
- 无：不定义边界。
- 面：选择面的边、片体边或区域边界曲线来定义阵列边界。
- 曲线：通过选择一组曲线或创建草图来定义阵列边界。
- 排除：通过选择曲线或创建草图来定义从阵列中排除的区域。

4.3.2　阵列面

"阵列面"可以复制矩形阵列、圆形阵列中的一组面，或镜像一组面，并将其添加到体。

1. 执行方式

- 菜单：选择"菜单"→"插入"→"关联复制"→"阵列面"命令。
- 功能区：单击"主页"选项卡，选择"特征"组，单击"更多"→"关联复制"→"阵列面"按钮 ．

执行上述操作后，打开如图 4-106 所示的"阵列面"对话框。

图 4-106 "阵列面"对话框

a)"线性"布局　b)"圆形"布局　c)"常规"布局

2. 特殊选项说明

（1）面

选择一个或多个要形成阵列的面。

（2）参考点

通过"点"对话框或"点"下拉列表中选择点为输入特征指定位置参考点。

（3）阵列定义

1）线性：将一个或多个选定特征生成图样的线性阵列。线性阵列既可以是二维的（在 XC 和 YC 方向上，即几行特征），又可以是一维的（在 XC 或 YC 方向上，即一行特征）。

2）圆形：将一个或多个选定特征生成圆形图样的阵列，其操作后示意如图 4-107 所示。

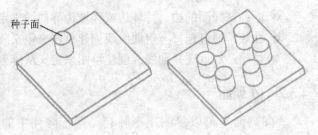

图 4-107 "圆形阵列"示意

3）多边形：将一个或多个选定特征按照绘制好的多边形生成图样的阵列。

4）螺旋式：将一个或多个选定特征按照绘制好的螺旋线生成图样的阵列。

5）沿：将一个或多个选定特征按照绘制好的曲线生成图样的阵列。

6）常规：将一个或多个选定特征在指定点处生成图样。

4.3.3 镜像特征

通过基准平面或平面镜像选定特征的方法来生成对称的
模型，镜像特征也可以在实体内镜像。

1. 执行方式

● 菜单：选择"菜单"→"插入"→"关联复制"→
"镜像特征"命令。

● 功能区：单击"主页"选项卡，选择"特征"组，单
击"更多"→"关联复制"→"镜像特征"按钮 。

执行上述操作后，打开如图 4-108 所示的"镜像特征"
对话框。

2. 操作示例

本例绘制剃须刀外壳，采用在长方体上创建矩形垫块完
成整体的造型，然后进行拔模锥角和抽壳等操作。绘制流
程如图 4-109 所示。

图 4-108 "镜像特征"对话框

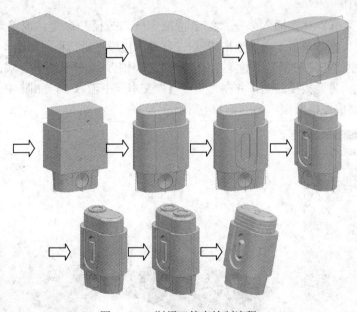

图 4-109 剃须刀外壳绘制流程

光盘\动画演示\第 4 章\剃须刀.avi

（1）创建长方体

1）选择"菜单"→"插入"→"设计特征"→"长方体"命令，打开如图 4-110 所示
的"块"对话框。

2）选择"原点和边长"类型，在"长度""宽度"和"高度"文本框中分别输入

50、28、21。

3）单击"点对话框"按钮 ，在打开的"点"对话框中输入坐标点为（0,0,0），单击"确定"按钮。

4）返回"块"对话框，单击"确定"按钮，创建长方体，如图 4-111 所示。

图 4-110 "块"对话框

图 4-111 长方体

（2）拔模操作

1）选择"菜单"→"插入"→"细节特征"→"拔模"命令，或单击"主页"选项卡，选择"特征"组，单击"拔模"按钮 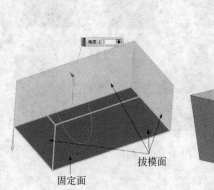，打开"拔模"对话框，如图 4-112 所示。

2）在对话框"指定矢量"下拉菜单中选择"ZC 轴"，选择长方体下端面为固定平面，选择长方体四侧面为要拔模的面，并在"角度 1"文本框中输入 3，如图 4-113 所示，单击"确定"按钮，完成拔模操作，如图 4-114 所示。

图 4-112 "拔模"对话框

拔模面

固定面

图 4-113 拔模示意

图 4-114 拔模操作

（3）倒圆角

1）选择"菜单"→"插入"→"细节特征"→"边倒圆"命令，或者单击"主页"选项卡，选择"特征"组，单击"边倒圆"按钮 ，打开如图 4-115 所示"边倒圆"对话框。

2）选择如图 4-116 所示的长方体的 4 条棱边，在"半径 1"文本框中输入 14，单击"确定"按钮，结果如图 4-117 所示。

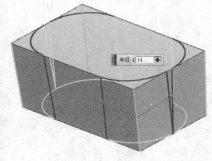

图 4-115 "边倒圆"对话框   图 4-116 选择圆角边   图 4-117 圆角处理

（4）创建基准平面

1）选择"菜单"→"插入"→"基准/点"→"基准平面"命令或单击"主页"选项卡，选择"特征"组，单击"基准/点"中的"基准平面"按钮，打开如图 4-118 所示"基准平面"对话框。

2）选择"曲线和点"类型，选择如图 4-119 所示 3 边的中点，单击"应用"按钮，完成基准平面 1 的创建。

3）同步骤 2），选择 3 点创建基准面 2，如图 4-120 所示。

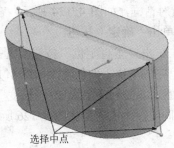

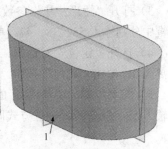

图 4-118 "基准平面"对话框   图 4-119 选择三边的中点   图 4-120 创建基准平面 1

（5）创建简单孔

1）选择"菜单"→"插入"→"设计特征"→"孔"命令或单击"主页"选项卡，选择"特征"组，单击"孔"按钮，打开如图 4-121 所示"孔"对话框。

2）在"类型"选项中选择"常规孔"，在"成形"下拉列表中选择"简单"，在"直径""角度"和"顶锥角"文本框中分别输入 16、0.5、160。

3）单击"绘制截面"按钮，打开"创建草图"对话框，选择如图 4-120 所示的面 1 为孔放置面，进入草图绘制环境。打开"草图点"对话框，创建点，如图 4-122 所示。单击"主页"选项卡，选择"草图"组，单击"完成"按钮，草图绘制完毕。

4）返回到"孔"对话框，单击"确定"按钮，完成孔的创建，如图 4-123 所示。

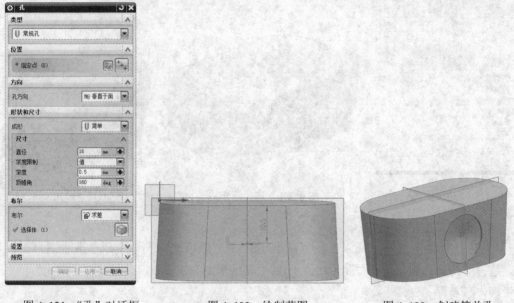

图 4-121 "孔"对话框   图 4-122 绘制草图   图 4-123 创建简单孔

（6）创建垫块

1）选择"菜单"→"插入"→"设计特征"→"垫块"命令，或单击"主页"选项卡，选择"特征"组，单击"更多"→"设计特征"→"垫块"按钮，打开"垫块"对话框。

2）单击"矩形"按钮，打开"矩形垫块"放置面选择对话框，选择长方体的上表面为垫块放置面，打开"水平参考"对话框，选择基准面 1 为水平参考。

3）打开"矩形垫块"参数对话框，如图 4-124 所示，在"长度""宽度"和"高度"文本框中分别输入 58、38、47，单击"确定"按钮。

4）打开"定位"对话框，单击"垂直定位"按钮，选择基准面和垫块的中心线，输入距离为 0，单击"确定"按钮，完成垫块 1 的创建，如图 4-125 所示。

5）同上步骤，在垫块 1 的上端面创建垫块 2，"长度""宽度"和"高度"文本框中分别输入 52、30、17，定位方式同上，生成模型如图 4-126 所示。

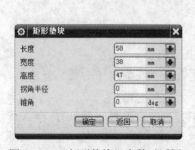

图 4-124 "矩形垫块"参数对话框   图 4-125 创建垫块 1   图 4-126 创建垫块 2

（7）边倒圆

1）选择"菜单"→"插入"→"细节特征"→"边倒圆"命令，或者单击"主页"选项卡，选择"特征"组，单击"边倒圆"按钮 ，打开如图 4-127 所示"边倒圆"对话框。

2）在"半径 1"文本框中输入为 15，选择如图 4-128 所示的 4 条棱边，单击"应用"按钮。

图 4-127 "边倒圆"对话框

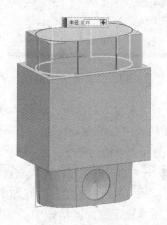

图 4-128 选择圆角边 1

3）在"半径 1"文本框中输入 16.5，选择如图 4-129 所示的 4 条棱边，单击"应用"按钮。

4）在"半径 1"文本框中输入 3，选择如图 4-130 所示的凸台上边，单击"确定"按钮，完成圆角创建如图 4-131 所示。

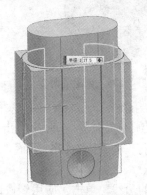

图 4-129 选择圆角边 2

图 4-130 选择圆角边 3

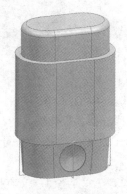

图 4-131 倒圆处理

（8）创建键槽

1）选择"菜单"→"插入"→"设计特征"→"键槽"命令或单击"主页"选项卡，选择"特征"组，单击"更多"→"设计特征"→"键槽"按钮 ，打开"键槽"对话框如图 4-132 所示。

2）选择"矩形槽"单选按钮，单击"确定"按钮，打开"矩形键槽"放置面对话框，选择垫块一侧平面为键槽放置面，打开"水平参考"对话框，按系统提示选择基准平面 2 为键槽的水平参考。

3）打开矩形键槽参数对话框如图 4-133 所示，在对话框的"长度""宽度"和"深度"文本框中分别输入 55、25 和 2，单击"确定"按钮。

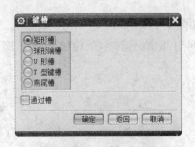

图 4-132 "键槽"对话框

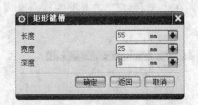

图 4-133 "矩形键槽"对话框

4）打开"定位"对话框，选择"垂直的"定位方式，按系统提示选择基准平面 2 为基准，选择矩形键槽长中心线为工具边，打开"创建表达式"对话框，输入 0，单击"确定"按钮，选择垫块 1 的底面一边为基准，选择矩形键槽短中心线为工具边，打开"创建表达式"对话框，输入 30，单击"确定"按钮，完成垂直定位并完成矩形键槽 1 的创建，如图 4-134 所示。

5）同步骤 4），在键槽 1 的底面上创建键槽 2，"长度""宽度"和"深度"分别为 30、12、3，采用垂直定位，键槽短中心线与基准平面 1 距离 0，长中心线与垫块 1 的底面边距离 26。生成模型如图 4-135 所示。

图 4-134 创建键槽 1

图 4-135 创建键槽 2

（9）边倒圆

1）选择"菜单"→"插入"→"细节特征"→"边倒圆"命令，或者单击"主页"选项卡，选择"特征"组，单击"边倒圆"按钮，打开如图 4-136 所示"边倒圆"对话框。

2）在"半径 1"文本框中输入 1.5，选择如图 4-137 所示的边线，单击"应用"按钮。

图 4-136 "边倒圆"对话框

图 4-137 选择圆角边 1

3）在"半径 1"文本框中输入 2，选择如图 4-138 所示的边线，单击"确定"按钮，完成圆角创建，如图 4-139 所示。

图 4-138　选择圆角边 2

图 4-139　圆角处理

（10）创建垫块

1）选择"菜单"→"插入"→"设计特征"→"垫块"命令，或单击"主页"选项卡，选择"特征"组，单击"更多"→"设计特征"→"垫块"按钮，打开"垫块"对话框。

2）单击"矩形"按钮，打开"矩形垫块"放置面选择对话框，选择键槽 2 的底面为垫块放置面，打开"水平参考"对话框，选择基准面 2 为水平参考。

3）打开"矩形垫块"参数对话框如图 4-140 所示，在"长度""宽度"和"高度"文本框中分别输入 20、8、4，单击"确定"按钮。

4）打开"定位"对话框，单击"垂直定位"按钮，选择基准面 2 和垫块的长中心线，输入距离为 0，选择长方体的垫块 1 的下边线和垫块的短中心线，输入距离为 24，单击"确定"按钮，完成垫块的创建。最后生成模型如图 4-141 所示。

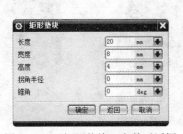

图 4-140　"矩形垫块"参数对话框

图 4-141　创建垫块

（11）创建圆台

1）选择"菜单"→"插入"→"设计特征"→"凸台"命令，或单击"主页"选项卡，选择"特征"组，单击"更多"→"设计特征"→"凸台"按钮，打开如图 4-142 所示"凸台"对话框。

2）在"直径""高度"和"锥角"文本框中分别输入 20、2、0，选择垫块 2 顶面为放置面，单击"确定"按钮。

3）打开"定位"对话框，在对话框中单击"点落在点上"按钮，打开"点落在点上"对话框。

4）选择垫块 2 的圆弧面为目标对象，打开"设置圆弧的位置"对话框。单击"圆弧中心"按钮，生成的圆台定位于圆弧中心，如图 4-143 所示。

图 4-142 "凸台"对话框

图 4-143 创建凸台

（12）创建简单孔

1）选择"菜单"→"插入"→"设计特征"→"孔"命令或单击"主页"选项卡，选择"特征"组，单击"孔"按钮，打开如图 4-144 所示"孔"对话框。

2）在"类型"选项中选择"常规孔"，在"成形"下拉列表中选择"简单"，在"直径""角度"和"顶锥角"文本框中分别输入 12、1、170。

3）捕捉如图 4-145 所示的圆心为孔位置。单击"确定"按钮，创建简单孔，如图 4-146 所示。

图 4-144 "孔"对话框

图 4-145 捕捉圆心

图 4-146 创建孔

（13）创建镜像特征

1）选择"菜单"→"插入"→"关联复制"→"镜像特征"命令，或单击"主页"选项卡，选择"特征"组，单击"更多"→"关联复制"→"镜像特征"按钮，打开如图 4-147 所示"镜像特征"对话框。

2）在设计树中选择凸台和孔特征为镜像特征。

3）选择基准平面 2 为镜像平面，单击"确定"按钮，完成镜像特征的创建，如图 4-148 所示。

（14）创建腔体

1）选择"菜单"→"插入"→"设计特征"→"腔体"命令，或单击"主页"选项卡，选择"特征"组，单击"更多"→"设计特征"→"腔体"按钮，打开如图 4-149 所示"腔体"类型对话框。

图 4-147　"镜像特征"对话框

图 4-148　镜像特征

2）单击"矩形"按钮，打开"矩形腔体"放置面对话框，选择垫块 1 的另一侧面为腔体放置面。

3）打开"水平参考"对话框，按系统提示选择放置面与 ZC 轴方向一致直段边为水平参考。

4）打开如图 4-150 所示的"矩形腔体"参数对话框，在对话框的"长度""宽度"和"深度"文本框中分别输入 47、30 和 2，其他输入 0，单击"确定"按钮。

5）打开"定位"对话框，选择"垂直"定位方式，按系统提示选择基准平面 2 为基准，选择腔体长中心线为工具边，打开创建表达式对话框，输入 0，单击"应用"按钮，选择垫块 1 底面边为基准，腔体短中心线为工具边，在打开的"创建表达式"对话框中输入23.5，单击"确定"按钮，完成定位并完成腔体的创建。生成模型如图 4-151 所示。

（15）创建垫块

1）选择"菜单"→"插入"→"设计特征"→"垫块"命令，或单击"主页"选项卡，选择"特征"组，单击"更多"→"设计特征"→"垫块"按钮，打开"垫块"对话框。

2）单击"矩形"按钮，打开"矩形垫块"放置面选择对话框，选择腔体的底面为垫块放置面，打开"水平参考"对话框，选择与 XC 平行的边线为水平参考。

图 4-149　"腔体"类型对话框　　　图 4-150　"矩形腔体"参数对话框

图 4-151　创建腔体

3）打开"矩形垫块"参数对话框如图 4-152 所示，在"长度""宽度"和"高度"文本框中分别输入 15、2、2.5，单击"确定"按钮。

4）打开"定位"对话框，单击"垂直定位"按钮，选择基准面 2 和垫块的长中心线，输入距离为 0，选择垫块 1 的下边线和垫块的短中心线，输入距离为 47，单击"确定"按钮，完成垫块的创建。最后生成模型如图 4-153 所示。

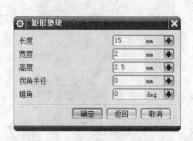

图 4-152 "矩形垫块"参数对话框

图 4-153 创建垫块

（16）创建管道

1）选择"菜单"→"插入"→"扫掠"→"管道"命令，打开如图 4-154 所示的"管道"对话框。

2）选择垫块 2 底面边为软管导引线，如图 4-155 所示。

3）在"管道"对话框的"外径"和"内径"文本框中分别输入 1，0，在"布尔"下拉列表中选择"求差"，在"输出"下拉列表中选择"多段"，单击"确定"按钮，生成如图 4-156 所示模型。

图 4-154 "管道"对话框

图 4-155 选择边线

图 4-156 创建管道

（17）创建阵列特征

1）选择"菜单"→"插入"→"关联复制"→"阵列特征"命令，单击"主页"选项卡，选择"特征"组，单击"阵列特征"按钮，打开如图 4-157 所示"阵列特征"对话框。

2）选择上步创建的管道为要形成阵列的特征。

3）选择"线性"布局，在"指定矢量"下拉列表中选择"ZC 轴"为阵列方向，"数量"和"节距"文本框中分别输入 4、4，单击"确定"按钮。生成模型如图 4-158 所示。

图 4-157 "阵列特征"对话框

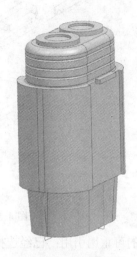

图 4-158 阵列管道

（18）边倒圆

1）选择"菜单"→"插入"→"细节特征"→"边倒圆"命令，或者单击"主页"选项卡，选择"特征"组，单击"边倒圆"按钮 ，打开"边倒圆"对话框。

2）在"半径1"文本框中输入4，选择如图4-159所示的边线，单击"应用"按钮。

3）在"半径1"文本框中输入3，选择如图4-160所示的边线，单击"应用"按钮。

4）在"半径1"文本框中输入1，选择如图4-161所示的边线，单击"确定"按钮，完成圆角创建。最后生成模型如图4-109所示。

图 4-159 选择圆角边线 1

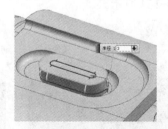

图 4-160 选择圆角边线 2

图 4-161 选择圆角边线 3

3. 特殊选项说明

1）要镜像的特征：选择需要进行镜像的部件中的特征。

2）参考点：通过"点"对话框或"点"下拉列表中选择点为输入特征指定位置参考点。

3）镜像平面：指定镜像选定特征所用的平面或基准平面。设置完成后，进行镜像处理，如图4-162所示。

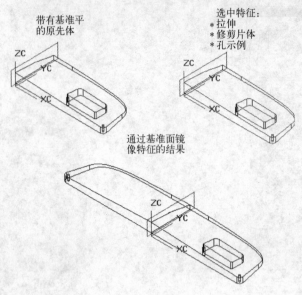

图 4-162 "镜像特征"示意

4）源特征的可重用引用：已经选择的特征可在列表框中选择以重复使用。

4.3.4 镜像几何体

"镜像几何体"用于以基准平面来镜像所选的实体，镜像后的实体或片体和原实体或片体相关联，本身没有可编辑的特征参数。

1. 执行方式

● 菜单：选择"菜单"→"插入"→"关联复制"→"镜像体"命令。

● 功能区：单击"主页"选项卡，选择"特征"组，单击"更多"→"关联复制"→"镜像体"按钮 。

执行上述操作后，打开如图 4-163 所示"镜像几何体"对话框。设置完成后，单击"确定"按钮创建镜像体特征，如图 4-164 所示。

图 4-163 "镜像几何体"对话框

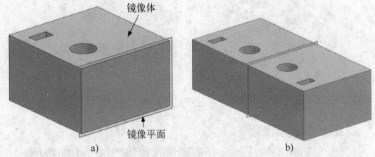

图 4-164 "镜像体"示意

a）镜像前　b）镜像后

2. 特殊选项说明

1）要镜像的几何体：选择需要进行镜像的部件中的特征。

2）镜像平面：指定镜像选定特征所用的平面或基准平面。

3）复制螺纹：复制符号螺纹，不需要重新创建与源体相同外观的其他符号螺纹。

4.3.5 抽取几何体

"抽取几何体"可以从另一个体中抽取对象来生成一个体。用户可以在 4 种类型的对象之间选择来进行抽取操作，如果抽取一个面或一个区域，则生成一个片体。如果抽取一个体，则新体的类型将与原先的体相同（实体或片体）。

1. 执行方式

- 菜单：选择"菜单"→"插入"→"关联复制"→"抽取体"命令。
- 功能区：单击"主页"选项卡，选择"特征"组，单击"更多"→"关联复制"→"抽取体"按钮 。

执行上述操作后，打开如图 4-165 所示"抽取体"对话框。

2. 特殊选项说明

（1）面

将片体类型转换为 B 曲面类型，以便将它们的数据传递到 ICAD 或 PATRAN 等其他集成系统中和 IGES 等交换标准中。

1）单个面：只有选中的面才会被抽取，如图 4-166 所示。

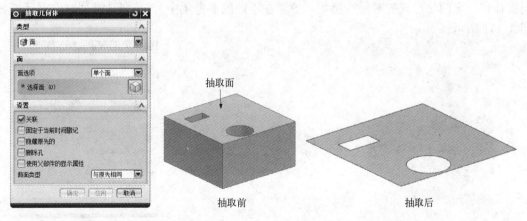

图 4-165 "抽取几何体"对话框   图 4-166 单个面

2）面与相邻面：只有与选中的面直接相邻的面才会被抽取，如图 4-167 所示。

3）体的面：与选中的面位于同一体的所有面都会被抽取，如图 4-168 所示。

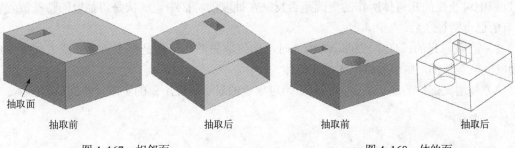

图 4-167 相邻面   图 4-168 体的面

（2）面区域

"面区域"可生成一个片体，该片体是一组和种子面相关的且被边界面限制的面。在已经确定了种子面和边界面以后，系统从种子面上开始，在行进过程中收集面，直到它和任意的边界面相遇。一个片体（称为"抽取区域"特征）从这组面上生成。选择该选项后，对话框中的可变窗口区域会有如图4-169的显示。

1）种子面：特征中所有其他的面都和种子面有关。

2）边界面：确定"抽取区域"特征的边界。

3）区域选项，示意如图4-170所示。

● 遍历内部边：系统对于遇到的每一个面，收集其边构成其任何内部环的部分或全部。

● 使用相切边角度：在加工中应用。

（3）体

"体"生成整个体的关联副本。可以将各种特征添加到抽取体特征上，而不在原先的体上出现。当更改原先的体时，还可以决定"抽取体"特征要不要更新。

"抽取体"特征的一个用途是在用户想同时能用一个原先的实体和一个简化形式的时候（例如，放置在不同的参考集中），选择该类型时，对话框如图4-171所示。

图4-169 "面区域"类型

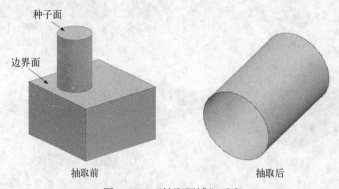

图4-170 "抽取区域"示意

图4-171 "体"类型

（4）设置

1）固定于当前时间戳记：更改编辑操作过程中特性放置的时间标记，允许用户控制更新过程中对原先的几何体所作的更改是否反映在抽取的特征中。默认是将抽取的特征放置在所有的已有特征之后。

2）隐藏原先的：在生成抽取的特征时，如果原先的几何体是整个对象，或者如果生成"抽取区域"特征，则将隐藏原先的几何体。

3）使用父部件的显示属性：将对原始对象中的显示属性所做的更改反映到抽取的体。

4.4 修剪

当绘制完一个整体后，需要其中的一部分或者需要改变其形状，可对其进行修剪。

4.4.1 修剪体

"修剪体"可以使用一个面、基准平面或其他几何体修剪一个或多个目标体。选择要保留的体部分，并且修剪体将采用修剪几何体的形状。

1. 执行方式

● 菜单：选择"菜单"→"插入"→"修剪"→"修剪体"命令。

● 功能区：单击"曲面"选项卡，选择"曲面工序"组，单击"修剪体"按钮 。

执行上述操作后，打开如图 4-172 所示"修剪体"对话框。设置完成后，单击"确定"按钮，修剪体示意如图 4-173 所示。

图 4-172 "修剪体"对话框

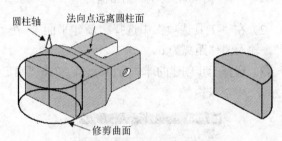

图 4-173 "修剪体"示意

2. 操作示例

本节绘制胶木球。首先利用球命令绘制胶木球的主体，然后利用修剪体命令修剪多余的球体，最后创建螺纹孔。绘制流程如图 4-174 所示。

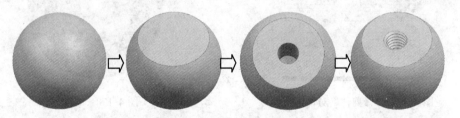

图 4-174 胶木球绘制流程

光盘\动画演示\第 4 章\胶木球.avi

（1）创建球

1）选择"菜单"→"插入"→"设计特征→"球"命令，打开如图 4-175 所示的"球"对话框。

2）单击"点对话框"按钮 ，在对话框中输入坐标为（0,0,0），单击"确定"按钮。

3）在"直径"文本框中输入 18，单击"确定"按钮，如图 4-176 所示。

（2）修剪体

1）选择"菜单"→"插入"→"修剪"→"修剪体"命令，或单击"曲面"选项卡，选择"曲面工序"组，单击"修剪体"按钮 ，打开如图 4-177 所示"修剪体"对话框。

图 4-175 "球"对话框

图 4-176 创建球

2）在"工具选项"中选择"新建平面"，在"指定平面"下拉列表中选择"XC-YC 平面"，输入偏移距离为 6。

3）选择上步创建的球体为目标体，单击"确定"按钮，修剪多余的球体，结果如图 4-178 所示。

图 4-177 "修剪体"对话框

图 4-178 修剪球体

（3）创建简单孔

1）选择"菜单"→"插入"→"设计特征"→"孔"命令，或单击"主页"选项卡，选择"特征"组，单击"孔"按钮 🔳，打开如图 4-179 所示的"孔"对话框。

2）在"孔"对话框中的"类型"下拉列表中选择"常规孔"类型，在"形状和尺寸"选项组的"成形"下拉列表中选择"简单"。

3）捕捉球体的上表面圆心为孔放置位置，如图 4-180 所示。

4）在"孔"对话框中的"直径""深度限制""顶锥角"文本框中分别输入 4、10 和 118，单击"确定"按钮，完成简单孔的创建，如图 4-181 所示。

（4）创建螺纹

1）选择"菜单"→"插入"→"设计特征"→"螺纹"命令，或单击"主页"选项卡，选择"特征"组，单击"更多"→"设计特征"→"螺纹"按钮 🔳，打开如图 4-182 所示的"螺纹"对话框。

图 4-179 "孔"对话框

图 4-180 捕捉圆心

图 4-181 创建孔

2）选择"详细"单选按钮，选择孔的内表面为螺纹放置面，如图 4-183 所示。

图 4-182 "螺纹"对话框

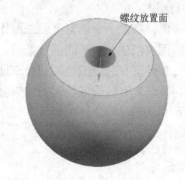

图 4-183 选择螺纹放置面

3）在对话框中修改长度为 7，其他采用默认设置，单击"确定"按钮，如图 4-174 所示。

3. 特殊选项说明

● 目标：选择要修剪的一个或多个目标体。
● 工具：使用修剪工具的类型。从体或现有基准面中选择一个或多个面以修剪目标体。

4.4.2 拆分体

此选项使用面、基准平面或其他几何体分割一个或多个目标体。

1. 执行方式

● 菜单：选择"菜单"→"插入"→"修剪"→"拆分体"命令。
● 功能区：单击"主页"选项卡，选择"特征"组，单击"更多"→"修剪"→"拆分体"按钮 。

执行上述操作后，打开如图 4-184 所示"拆分体"对话框。设置完成后，单击"确定"按钮，拆分体特征示意如图 4-185 所示。

图 4-184 "拆分体"对话框

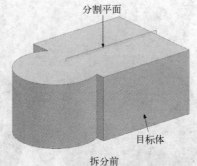

分割平面

目标体

拆分前　　　　　　　　　　拆分后

图 4-185 "拆分体"示意图

2. 特殊选项说明

（1）目标

选择要拆分的体。

（2）工具选项

● 面或平面：指定一个现有平面或面作为拆分平面。

● 新建平面：创建一个新的拆分平面。

● 拉伸：拉伸现有曲线或绘制曲线来创建工具体。

● 旋转：旋转现有曲线或绘制曲线来创建工具体。

（3）保留压印边

标记目标体与工具之间的交线。

4.4.3　分割面

"分割面"采用曲线、边、面、基准平面和/或实体之类的多个分割对象来分割某个现有体的一个或多个面。

1. 执行方式

● 菜单：选择"菜单"→"插入"→"修剪"→"分割面"命令。

● 功能区：单击"主页"选项卡，选择"特征"组，单击"更多"→"修剪"→"分割面"按钮 。

执行上述操作后，打开如图 4-186 所示"分割面"对话框。设置完成后，单击"确定"按钮，创建分割面特征。如图 4-187 所示。

2. 特殊选项说明

（1）要分割的面

选择一个或多个要分割的面。

（2）分割对象

选择曲线、边缘、面或基准平面作为分割对象。

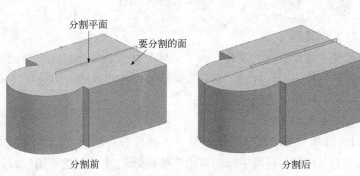

图 4-186 "分割面"对话框　　　　　　　　　　图 4-187 "分割面"示意

（3）投影方向

指定一个方向，以将所选对象投影到正在分割的曲面上。

- 垂直于面：使分割对象的投影方向垂直于要分割的一个或多个所选面。
- 垂直于曲线平面：将共面的曲线或边选作分割对象时，使投影方向垂直于曲线所在的平面。
- 沿矢量：指定用于分割面操作的投影矢量。

（4）设置

- 隐藏分割对象：勾选此复选框，执行分割面操作后隐藏分割对象。
- 不要对面上的曲线进行投影：勾选此复选框，控制位于面内并且被选为分割对象的任何曲线的投影。

4.5 综合实例——阀体

本节绘制阀体。首先绘制草图，通过拉伸绘制阀体主体，然后绘制阀体上的各凸出部分，再绘制孔，对孔端部进行倒斜角并添加螺纹，最后进行圆角处理。绘制流程如图 4-188 所示。

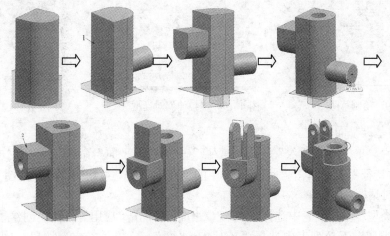

图 4-188　阀体绘制流程

光盘\动画演示\第 4 章\阀体.avi

（1）创建新文件

选择"菜单"→"文件"→"新建"命令或单击"主页"选项卡，选择"标准"组，单击"新建"按钮 🗋，打开"新建"对话框。在模板列表中选择"模型"，输入名称为 fati，单击"确定"按钮，进入建模环境。

（2）绘制草图

1）选择"菜单"→"插入"→"在任务环境中绘制草图"命令，或者单击"曲线"选项卡中的"在任务环境中绘制草图"按钮 🖼，在"创建草图"对话框中设置 XC-YC 平面为草图绘制平面，单击"确定"按钮。进入草图绘制界面。

2）绘制如图 4-189 所示的草图。单击"主页"选项卡，选择"草图"组，单击"完成"按钮 🔜，草图绘制完毕。

（3）拉伸操作

1）选择"菜单"→"插入"→"设计特征"→"拉伸"命令，或单击"主页"选项卡，选择"特征"组，单击"拉伸"按钮 🔲，打开如图 4-190 所示"拉伸"对话框。

2）选择上步绘制的草图为拉伸曲线。

3）在"指定矢量"下拉列表中选择"ZC 轴"为拉伸方向。

4）在"开始距离"和"结束距离"数值栏中输入 0，113，单击"确定"按钮，结果如图 4-191 所示。

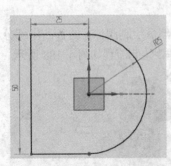

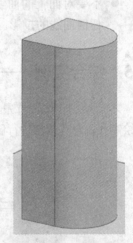

图 4-189　绘制草图　　　　图 4-190　"拉伸"对话框　　　　图 4-191　创建拉伸体

（4）创建基准平面

1）选择"菜单"→"插入"→"基准/点"→"基准平面"命令，或者单击"主页"选项卡，选择"特征"组，单击"基准/点"中的"基准平面"按钮 🗋，打开如图 4-192 所示"基准平面"对话框。

2）在"类型"下拉列表中选择"YC-ZC 平面"，单击"应用"按钮，创建基准平面 1。

3）在"类型"下拉列表中选择"XC-ZC 平面"，单击"确定"按钮，创建基准平面

2，如图 4-193 所示。

图 4-192 "基准平面"对话框

图 4-193 创建基准平面

（5）创建凸台

1）选择"菜单"→"插入"→"设计特征"→"凸台"命令，或者单击"主页"选项卡，选择"特征"→"更多"→"设计特征"，单击"凸台"按钮，打开如图 4-194 所示的"凸台"对话框。

2）选择 YC-ZC 平面为凸台放置面。

3）在"直径"和"高度"文本框中分别输入 30 和 58，单击"应用"按钮。

4）打开"定位"对话框，选择"垂直"定位方式，凸台与 XC-YC 平面的距离为 35，凸台与 XC-ZC 平面的距离为 0，单击"确定"按钮，创建凸台，如图 4-195 所示。

（6）绘制草图

1）选择"菜单"→"插入"→"在任务环境中绘制草图"命令，或者单击"曲线"选项卡中的"在任务环境中绘制草图"按钮，在"创建草图"对话框中选择图 4-195 中的面 1 为草图绘制平面，单击"确定"按钮。进入草图绘制界面。

2）绘制如图 4-196 所示的草图。单击"主页"选项卡，选择"草图"组，单击"完成"按钮，草图绘制完毕。

图 4-194 "凸台"对话框

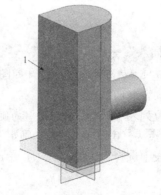

图 4-195 创建凸台

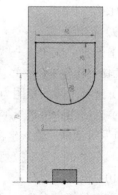

图 4-196 绘制草图

（7）拉伸操作

1）选择"菜单"→"插入"→"设计特征"→"拉伸"命令，或单击"主页"选项卡，选择"特征"组，单击"拉伸"按钮，打开如图 4-197 所示的"拉伸"对话框。

2）选择上步绘制的草图为拉伸曲线。

3）在"指定矢量"下拉列表中选择"-XC 轴"为拉伸方向。

4）在"开始"和"结束"的"距离"文本框中分别输入 0、35，在"布尔"下拉列表中选择"求和"，单击"确定"按钮，结果如图 4-198 所示。

图 4-197　"拉伸"对话框

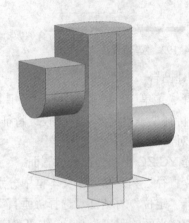

图 4-198　创建拉伸体

（8）绘制草图

1）选择"菜单"→"插入"→"在任务环境中绘制草图"命令，或者单击"曲线"选项卡中的"在任务环境中绘制草图"按钮，在"创建草图"对话框中设置 XC-ZC 平面为草图绘制平面，单击"确定"按钮。进入草图绘制界面。

2）绘制如图 4-199 所示的草图。单击"主页"选项卡，选择"草图"→"完成"按钮，草图绘制完毕。

（9）旋转操作

1）选择"菜单"→"插入"→"设计特征"→"旋转"命令，或者单击"主页"选项卡，选择"特征"组，单击"旋转"按钮，打开如图 4-200 所示的"旋转"对话框。

2）选择上步的草图为旋转截面。

3）在"指定矢量"下拉列表中选择"ZC 轴"为旋转轴，单击"点对话框"按钮，打开"点"对话框，输入坐标点为（0,0,0），单击"确定"按钮。

4）在"布尔"下拉列表中选择"求差"选项，单击"确定"按钮，如图 4-201 所示。

（10）创建简单孔

1）选择"菜单"→"插入"→"设计特征"→"孔"命令，或单击"主页"选项卡，选择"特征"组，单击"孔"按钮，打开如图 4-202 所示的"孔"对话框。

2）在"孔"对话框中的"类型"下拉列表中选择"常规孔"类型，在"形状和尺寸"选项组的"成形"下拉列表中选择"简单"。

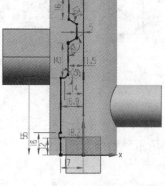

图 4-199　绘制草图

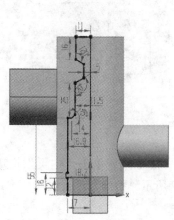

图 4-200　"旋转"对话框

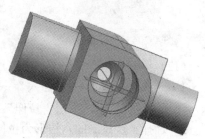

图 4-201　创建旋转孔

3）捕捉凸台的外表面圆心为孔放置位置，如图 4-203 所示。

图 4-202　"孔"对话框

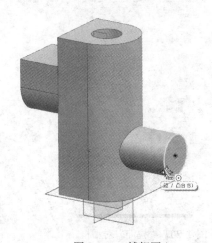

图 4-203　捕捉圆心

4）在"直径"文本框中输入 15，在"深度限制"下拉列表中选择"直至下一个"，单击"应用"按钮。

5）捕捉拉伸体的外表面圆心为孔放置位置，如图 4-204 所示。参数同上，单击"确定"按钮，结果如图 4-205 所示。

（11）绘制草图

1）选择"菜单"→"插入"→"在任务环境中绘制草图"命令，或者单击"曲线"选项卡中的"在任务环境中绘制草图"按钮，在"创建草图"对话框中设置图 4-205 中的面2 为草图绘制平面，单击"确定"按钮。进入草图绘制界面。

2）绘制如图 4-206 所示的草图。单击"主页"选项卡，选择"草图"组，单击"完成"按钮，草图绘制完毕。

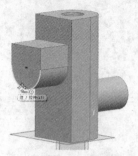

图 4-204　捕捉圆心

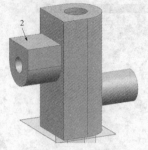

图 4-205　创建孔

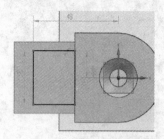

图 4-206　绘制草图

（12）拉伸操作

1）选择"菜单"→"插入"→"设计特征"→"拉伸"命令，或单击"主页"选项卡，选择"特征"组，单击"拉伸"按钮 ，打开如图 4-207 所示"拉伸"对话框。

2）选择上步绘制的六边形为拉伸曲线。

3）在"指定矢量"下拉列表中选择"ZC 轴"为拉伸方向。

4）在"开始"和"结束"的"距离"文本框中分别输入 0、50，在"布尔"下拉列表中选择"求和"，单击"确定"按钮，结果如图 4-208 所示。

图 4-207　"拉伸"对话框

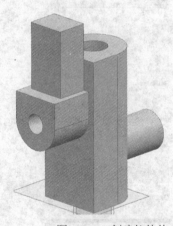

图 4-208　创建拉伸体

（13）倒圆角操作

1）选择"菜单"→"插入"→"细节特征"→"边倒圆"命令，或者单击"主页"选项卡，选择"特征"组，单击"边倒圆"按钮 ，打开如图 4-209 所示的"边倒圆"对话框。

2）选择如图 4-210 所示的边为圆角边，在"半径 1"文本框中输入 12，单击"确定"按钮，完成圆角操作，如图 4-211 所示。

（14）绘制草图

1）选择"菜单"→"插入"→"在任务环境中绘制草图"命令，或者单击"主页"选项卡中的"在任务环境中绘制草图"按钮 ，在"创建草图"对话框中设置图 4-211 中的面 3 为草图绘制平面，单击"确定"按钮。进入草图绘制界面。

2）绘制如图 4-212 所示的草图。单击"主页"选项卡，选择"草图"组，单击"完成"按钮，草图绘制完毕。

图4-209 "边倒圆"对话框

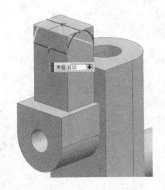

图4-210 选择圆角边

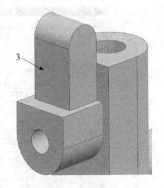

图4-211 圆角处理

（15）拉伸操作

1）选择"菜单"→"插入"→"设计特征"→"拉伸"命令，或单击"主页"选项卡，选择"特征"组，单击"拉伸"按钮，打开如图4-213所示的"拉伸"对话框。

2）选择上步绘制的草图为拉伸曲线。

3）在"指定矢量"下拉列表中选择"XC轴"为拉伸方向。

4）在"开始"和"结束"的"距离"文本框中分别输入0、24，在"布尔"下拉列表中选择"求差"，单击"确定"按钮，结果如图4-214所示。

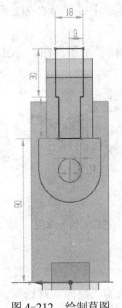

图4-212 绘制草图

图4-213 "拉伸"对话框

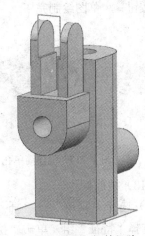

图4-214 拉伸切除

（16）创建简单孔

1）选择"菜单"→"插入"→"设计特征"→"孔"命令，或单击"主页"选项卡，选择"特征"组，单击"孔"按钮，打开如图4-215所示的"孔"对话框。

2）在"孔"对话框中的"类型"下拉列表中选择"常规孔"类型，在"形状和尺寸"选项组的"成形"下拉列表中选择"简单"。

3）捕捉凸台的外表面圆心为孔放置位置，如图 4-216 所示。

图 4-215 "孔"对话框

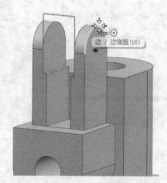

图 4-216 捕捉圆形

4）在"直径"文本框中输入 10，在"深度限制"下拉列表中选择"贯通体"，单击"确定"按钮，结果如图 4-217 所示。

（17）绘制草图

1）选择"菜单"→"插入"→"在任务环境中绘制草图"命令，或者单击"主页"选项卡中的"在任务环境中绘制草图"按钮，在"创建草图"对话框中设置 XC-ZC 平面为草图绘制平面，单击"确定"按钮。进入草图绘制界面。

2）绘制如图 4-218 所示的草图。单击"主页"选项卡，选择"草图"组，单击"完成"按钮，草图绘制完毕。

图 4-217 创建简单孔

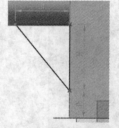

图 4-218 绘制草图

（18）拉伸操作

1）选择"菜单"→"插入"→"设计特征"→"拉伸"命令，或单击"主页"选项卡，选择"特征"组，单击"拉伸"按钮，打开如图 4-219 所示的"拉伸"对话框。

2）选择上步绘制的草图为拉伸曲线。

3）在"指定矢量"下拉列表中选择"YC轴"为拉伸方向。

4）在"结束"下拉列表中选择"对称值"，在"距离"文本框中输入 3，在"布尔"下拉列表中选择"求和"，单击"确定"按钮，结果如图 4-220 所示。

（19）绘制草图

1）选择"菜单"→"插入"→"在任务环境中绘制草图"命令，或者单击"主页"选项卡中的"在任务环境中绘制草图"按钮 🔛，在"创建草图"对话框中设置图 4-217 中的面 4 为草图绘制平面，单击"确定"按钮。进入草图绘制界面。

2）绘制如图 4-221 所示的草图。单击"主页"选项卡，选择"草图"组，单击"完成"按钮 🏁，草图绘制完毕。

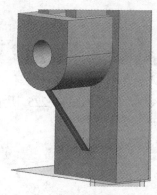

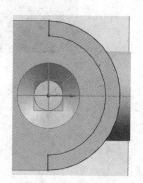

图 4-219 "拉伸"对话框   图 4-220 创建筋   图 4-221 绘制草图

（20）拉伸操作

1）选择"菜单"→"插入"→"设计特征"→"拉伸"命令，或单击"主页"选项卡，选择"特征"组，单击"拉伸"按钮 🔳，打开如图 4-222 所示"拉伸"对话框。

2）选择上步绘制的草图为拉伸曲线。

3）在"指定矢量"下拉列表中选择"-ZC 轴"为拉伸方向。

4）在"结束"下拉列表中选择"对称值"，在"距离"文本框中输入 23，在"布尔"下拉列表中选择"求差"，单击"确定"按钮，结果如图 4-223 所示。

图 4-222 "拉伸"对话框   图 4-223 拉伸切除

（21）创建倒斜角

1）选择"菜单"→"插入"→"细节特征"→"倒斜角"命令，或者单击"主页"选项卡，选择"特征"组，单击"倒斜角"按钮🔲，打开"倒斜角"对话框。

2）在对话框中选择横截面为对称，在"距离"文本框中输入1.5。

3）选择如图4-224所示的边为倒斜角边，单击"应用"按钮。

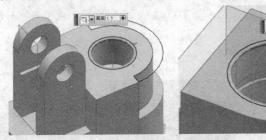

图4-224　选择倒角边

4）在"距离"文本框中输入1，选择如图4-225所示的边为倒斜角边，单击"确定"按钮，完成倒斜角，如图4-226所示。

图4-225　选择倒角边

图4-226　倒斜角操作

（22）倒圆角操作

1）选择"菜单"→"插入"→"细节特征"→"边倒圆"命令，或者单击"主页"选项卡，选择"特征"组，单击"边倒圆"按钮🔲，打开"边倒圆"对话框。

2）在视图中选择如图4-227所示的边为圆角边。

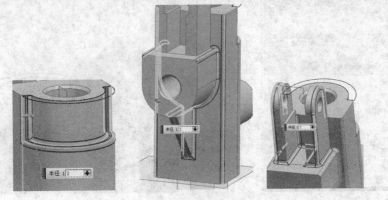

图4-227　选择圆角边

3）在"半径1"文本框中输入2，单击"确定"按钮，完成圆角操作，如图4-228所示。

（23）创建螺纹1

1）选择"菜单"→"插入"→"设计特征"→"螺纹"命令，或单击"主页"选项卡，选择"特征"组，单击 "更多"→"设计特征"→"螺纹"按钮▦，打开"螺纹"对话框。

2）选择"详细"单选按钮，选择圆柱体外表面为螺纹放置面，如图4-229所示。

3）打开"螺纹"对话框，选择如图4-229所示的起始面。

4）打开"螺纹"对话框，单击"螺纹轴反向"按钮，调整螺纹方向。单击"确定"按钮。

5）修改"螺距"为1.2，其他采用默认设置，单击"应用"按钮。

6）选择如图4-230所示的螺纹放置面和起始面，修改"长度"为20，"螺距"为1.2，其他采用默认设置，单击"应用"按钮。

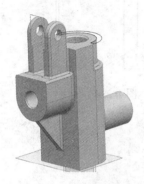 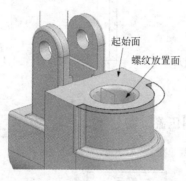 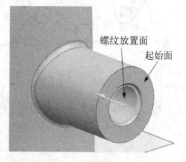

图4-228 圆角操作   图4-229 选择螺纹放置面和起始面   图4-230 选择螺纹放置面和起始面

7）选择如图4-231所示的螺纹放置面和起始面，修改"长度"为20.5，"螺距"为1.2，其他采用默认设置，单击"应用"按钮。

8）选择如图4-232所示的螺纹放置面和起始面，采用默认设置，单击"确定"按钮。

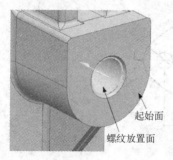 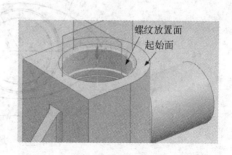

图4-231 选择螺纹放置面和起始面   图4-232 选择螺纹放置面和起始面

（24）隐藏基准平面和草图

1）选择"菜单"→"编辑"→"显示和隐藏"→"隐藏"命令，打开"类选择"对话框，单击"类型过滤器"按钮▦。

2）打开"根据类型选择"对话框，选择"草图"和"基准"选项，单击"确定"按钮。

3）返回到"类选择"对话框，单击"全选"按钮▦，单击"确定"按钮，隐藏视图中所有的草图和基准，结果如图4-188所示。

4.6　思考与练习

1. 绘制如图4-233所示的连接盘。
2. 绘制如图4-234所示的时针。

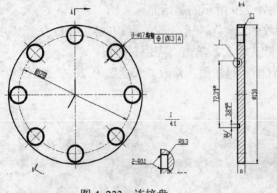

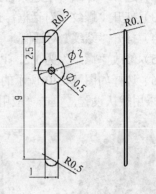

图 4-233　连接盘　　　　　　　　　　　图 4-234　时针

3. 绘制如图4-235所示的填料压盖。

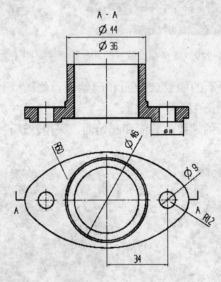

图 4-235　填料压盖

第5章 特征编辑与GC工具箱

特征编辑主要是完成特征创建以后，对需要修改的地方进行编辑的过程。用户可以重新调整尺寸、位置、先后顺序等，在多数情况下，保留与其他对象建立起来的关联性，以满足新的设计要求。

GC工具箱是UG NX中逐步增加的一些建模工具集，用于创建一些常见但用一般建模方法创建相对麻烦的零件，比如弹簧、齿轮等。

本章将讲述特征编辑与GC工具箱这两部分内容。

本章重点
- 编辑特征
- GC工具箱

5.1 特征编辑

本节简要讲述UG中一些基本的特征编辑命令。

注：如果在功能区找不到"编辑特征"组，可在功能区最右边的功能区选项中勾选"编辑特征"组，其中一些未显示的命令也可在其中勾选。

5.1.1 编辑特征参数

1. 执行方式
- 菜单：选择"菜单"→"编辑"→"特征"→"编辑参数"命令。
- 功能区：单击"主页"选项卡，选择"编辑特征"组，单击"编辑参数"按钮 。

执行上述操作后，打开如图5-1所示"编辑参数"对话框。

2. 操作示例
本例绘制连杆3。在连杆2的基础上修改基体的长度，结果如图5-2所示。

图5-1 "编辑参数"对话框

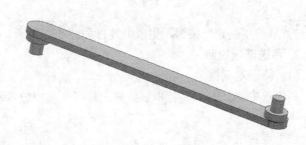

图5-2 连杆3

光盘\动画演示\第 5 章\连杆 3.avi

（1）打开文件

选择"菜单"→"文件"→"打开"命令或单击"主页"选项卡，选择"标准"组，单击"打开"按钮 📂，打开"打开"对话框。选择 link02 文件，单击"确定"按钮，进入建模环境。

（2）另存文件

选择"菜单"→"文件"→"另存为"命令，打开"另存为"对话框。输入文件名为 link03，单击"确定"按钮，保存文件。

（3）编辑参数

1）选择"菜单"→"编辑"→"特征"→"编辑参数"命令，或单击"主页"选项卡，选择"编辑特征"组，单击"编辑特征参数"按钮 🎁，打开"编辑参数"对话框，如图 5-3 所示。

2）在对话框中选择"块"特征，打开如图 5-4 所示"块"对话框，在"长度"文本框中输入 220。

图 5-3 "编辑参数"对话框

图 5-4 "块"对话框

3）单击"确定"按钮，生成的连杆如图 5-2 所示。

3. 特殊选项说明

（1）特征对话框

列出选中特征的参数名和参数值，并可在其中输入新值。所有特征都出现在此选项，如图 5-4 所示。

（2）重新附着

重新定义特征的特征参考，可以改变特征的位置或方向。可以重新附着的特征才出现此选项。其对话框如图 5-5 所示，部分选项功能如下。

- 指定目标放置面 ：给被编辑的特征选择一个新的附着面。
- 指定水平参考 ：给被编辑的特征选择新的水平参考。
- 重新定义定位尺寸 ：选择定位尺寸并能重新定义它的位置。
- 指定第一通过面 ：重新定义被编辑的特征的第一通过面/裁剪面。
- 指定第二个通过面 ：重新定义被编辑的特征的第二个通过面/裁剪面。

图 5-5 "重新附着"对话框

- 指定工具放置面 ：重新定义用户定义特征（UDF）的工具面。
- 方向参考：用它可以选择想定义一个新的水平特征参考还是竖直特征参考（默认始终是为已有参考设置的）。
- 反向：将特征的参考方向反向。
- 反侧：将特征重新附着于基准平面时，用它可以将特征的法向反向。
- 指定原点：将重新附着的特征移动到指定原点，可以快速重新定位它。
- 删除定位尺寸：删除选择的定位尺寸。如果特征没有任何定位尺寸，该选项就变灰。

5.1.2　特征尺寸

1. 执行方式

- 菜单：选择"菜单"→"编辑"→"特征"→"特征尺寸"命令。
- 功能区：单击"主页"选项卡，选择"编辑特征"组，单击"特征尺寸"按钮 。

执行上述操作后，打开如图 5-6 所示的"特征尺寸"对话框。

2. 操作示例

本例绘制连杆 4。在连杆 1 的基础上修改特征尺寸。结果如图 5-7 所示。

图 5-6 "特征尺寸"对话框

图 5-7　连杆 4

光盘\动画演示\第 5 章\连杆 4.avi

（1）打开文件

选择"菜单"→"文件"→"打开"命令或单击"主页"选项卡，选择"标准"组，单击"打开"按钮，打开"打开"对话框。选择 link01 文件，单击"确定"按钮，进入建模环境。

（2）另存文件

选择"菜单"→"文件"→"另存为"命令，打开"另存为"对话框。输入文件名为link04，单击"确定"按钮，保存文件。

（3）修改草图

1）选择"菜单"→"编辑"→"特征"→"特征尺寸"命令或单击"主页"选项卡，选择"编辑特征"组，单击"特征尺寸"按钮，打开如图 5-8 所示"特征尺寸"对话框。

2）在特征列表中选择拉伸特征，在尺寸列表中显示相关尺寸。

3）选择 P13=180 的尺寸，输入新的尺寸值为 260。

4）单击"应用"按钮，更新拉伸体，如图 5-9 所示。

图 5-8　"特征尺寸"对话框

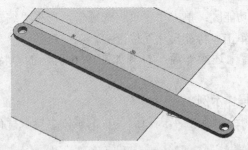

图 5-9　连杆 4

5）选择 P12=90，输入新的尺寸值为 130，单击"确定"按钮，完成连杆 4 的创建。

3. 特殊选项说明

（1）特征

1）选择特征：选择要编辑的特征，以便用特征尺寸编辑。

2）相关特征。

- 添加相关特征：添加选定特征的相关特征。
- 添加体中的全部特征：将选定体中的全部特征作为尺寸可查看和编辑的特征。

（2）尺寸

1）选择尺寸：为选定的特征或草图选择单个尺寸。

2）特征尺寸列表：显示选定特征或草图的可选尺寸的列表。

（3）PMI

将选定的特征尺寸转换为 PMI 尺寸。

5.1.3 编辑位置

通过编辑特征的定位尺寸可以移动特征。

1. 执行方式

- 菜单：选择"菜单"→"编辑"→"特征"→"编辑位置"命令。
- 功能区：单击"主页"选项卡，选择"编辑特征"组，单击"编辑位置"按钮 。
- 快捷菜单：在左侧"资源工具条"的"部件导航器"相应对象上右击，在打开的快捷菜单中选择"编辑位置"命令（如图 5-10 所示）。

执行上述操作后，打开如图 5-11 所示"编辑位置"对话框。

图 5-10　快捷菜单中的"编辑位置"

图 5-11　"编辑位置"对话框

2. 特殊选项说明

1）添加尺寸：为特征增加定位尺寸。

2）编辑尺寸值：通过改变选中的定位尺寸的特征值，来移动特征。

3）删除尺寸：从特征删除选中的定位尺寸。

5.1.4　移动特征

"移动特征"命令可将非关联的特征及非参数化的体移到新位置。

1. 执行方式

● 菜单：选择"菜单"→"编辑"→"特征"→"移动"命令。

● 功能区：单击"主页"选项卡，选择"编辑特征"组，单击"移动特征"按钮 。

执行上述操作后，打开如图 5-12 所示"移动特征"对
话框。

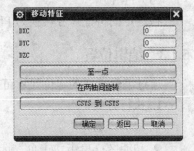

图 5-12　"移动特征"对话框

2. 特殊选项说明

1）DXC、DYC、DZC 增量：用矩形（XC 增量、YC 增量、ZC 增量）坐标指定距离和方向，可以移动一个特征。该特征相对于工作坐标系作移动。

2）至一点：将特征从参考点移动到目标点。

3）在两轴间旋转：通过在参考轴和目标轴之间旋转特征，来移动特征。

4）CSYS 到 CSYS：将特征从参考坐标系中的位置重定位到目标坐标系中。

5.1.5　特征重排序

"特征重排序"用于更改将特征应用于体的次序。在选定参考特征之前或之后可对所需要的特征重排序。

1. 执行方式

● 菜单：选择"菜单"→"编辑"→"特征"→"重排序"命令。

● 功能区：单击"主页"选项卡，选择"编辑特征"组，单击"特征重排序"按钮 。

执行上述操作后，打开如图 5-13 所示"特征重排序"对
话框。

图 5-13　"特征重排序"对话框

2. 特殊选项说明

（1）参考特征

列出部件中出现的特征。所有特征连同其圆括号中的时间
标记一起出现在列表框中。

（2）选择方法

指定如何重排序"重定位"特征，允许选择相对"参考"
特征来放置"重定位"特征的位置。

● 之前：选中的"重定位"特征将被移动到"参考"特征之前。

● 之后：选中的"重定位"特征将被移动到"参考"特征之后。

（3）重定位特征

允许选择相对于"参考"特征要移动的"重定位"特征。

5.1.6　抑制特征

允许临时从目标体及其显示中删除一个或多个特征，当抑制有关联的特征时，关联的特征也被抑制。抑制特征用于减少模型的大小，可加速创建、对象选择、编辑和显示时间。抑制的特征依然存在于数据库中，只是将其从模型中删除。

1. 执行方式

● 菜单：选择"菜单"→"编辑"→"特征"→"抑制"命令。

● 功能区：单击"主页"选项卡，选择"编辑特征"组，单击"抑制特征"按钮 。

执行上述方式后，打开如图 5-14 所示的"抑制特征"对话框。在特征列表中选择要抑制的特征，单击"确定"按钮，抑制特征。

2. 特殊选项说明

1）列出相关对象：勾选此复选框，选择特征后，相关的特征都显示到选定特征列表。

2）选定的特征：在列表中选择的特征添加到此列表，或者相关特征也添加到此列表。

5.1.7　由表达式抑制

利用表达式编辑器中的表达式来抑制特征，表达式编辑器中会提供一个可用于编辑的抑制表达式列表。

1. 执行方式

● 菜单：选择"菜单"→"编辑"→"特征"→"由表达式抑制"命令。

图 5-14　"抑制特征"对话框

● 功能区：单击"主页"选项卡，选择"编辑特征"组，单击"表达式抑制"按钮 。

执行上述方式后，打开如图 5-15 所示"由表达式抑制"对话框。

2. 特殊选项说明

（1）表达式选项

1）为每个创建：允许为每一个选中的特征生成单个的抑制表达式。对话框显示所有特征，可以是被抑制的，或者是被释放的以及无抑制表达式的特征。如果选中的特征被抑制，则其新的抑制表达式的值为 0，否则为 1。按升序自动生成抑制表达式（即 p22、p23、p24 …）。

2）创建共享的：允许生成被所有选中特征共用的单个抑制表达式。对话框显示所有特征，可以是被抑制的，或者是被释放的以及无抑制表达式的特征。所有选中的特征必须具有相同的状态，或者是被抑制的或者是被释放的。如果它们是被抑制的，则其抑制表达式的值为 0，否则为 1。

图 5-15　"由表达式抑制"对话框

当编辑表达式时，如果任何特征被抑制或被释放，则其他有相同表达式的特征也被抑制或被释放。

3）为每个删除：允许删除选中特征的抑制表达式。对话框显示具有抑制表达式的所有特征。

4）删除共享的：允许删除选中特征的共有的抑制表达式。对话框显示包含共有的抑制表达式的所有特征。如果选择特征，则对话框高亮显示共有此表达式的其他特征。

（2）显示表达式

在信息窗口中显示由抑制表达式控制的所有特征。

（3）选择特征

1）选择特征：选择一个或多个要为其指定抑制表达式的特征。

2）相关特征。

- 添加相关特征：选择相关特征和所选的父特征。父特征及其相关特征都由抑制表达式控制。

- 添加体中的全部特征：选择所选体中的所有特征。体和体中的任何特征都由抑制表达式控制。

- 候选特征：列出符合被选择条件的所有特征。

5.1.8 移除参数

允许从一个或多个实体和片体中删除所有参数。还可以从与特征相关联的曲线和点删除参数，使其成为非相关联。

执行方式

- 菜单：选择"菜单"→"编辑"→"特征"→"去除参数"命令。

- 功能区：单击"主页"选项卡，选择"编辑特征"组，单击"移除参数"按钮。

执行上述操作后，打开如图 5-16 所示"移除参数"对话框。

图 5-16 "移除参数"对话框

（！）提示

一般情况下，用户需要传送自己的文件，但不希望别人看到自己建模过程的具体参数，可以使用该方法去掉参数。

5.1.9 编辑实体密度

可以改变一个或多个已有实体的密度和/或密度单位。改变密度单位，让系统重新计算新单位的当前密度值，如果需要也可以改变密度值。

1. 执行方式

- 菜单：选择"菜单"→"编辑"→"特征"→"编辑实体密度"命令。

- 功能区：单击"主页"选项卡，选择"编辑特征"组，单击"编辑实体密度"按钮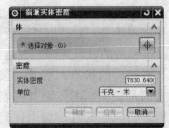。

执行上述方式后，打开如图 5-17 所示的"指派实体密度"对话框。

图 5-17 "指派实体密度"对话框

2. 特殊选项说明

（1）体

选择要编辑的一个或多个实体。

（2）密度

1）实体密度：指定实体密度的值。

2）单位：指定实体密度的单位。

5.1.10　特征回放

当模型更新时，也可以编辑模型。可以向前或向后移动任何特征，然后编辑它。或者随时都可以启动模型的更新，从当前特征开始，一直持续到模型完成或特征更新失败。

1. 执行方式

● 菜单：选择"菜单"→"编辑"→"特征"→"回放"命令。

● 功能区：单击"主页"选项卡，选择"编辑特征"组，单击"特征回放"按钮 。

执行上述操作后，打开如图 5-18 所示"更新时编辑"对话框。

图 5-18　"更新时编辑"对话

2. 特殊选项说明

（1）信息窗口

显示所有的应用错误或警告信息，还显示当前更新的特征是成功的还是失败的。

（2）显示失败的区域

临时显示失败的几何体。此选项只有当失败牵涉到的对象（如工具体）可用于显示时才可用。

（3）显示当前模型

显示模型成功地重新建立的部分。有些特征，比如阵列中的引用，直到重新建立了最后相关的特征之后，才出现在当前模型中。

（4）后处理恢复更新状态

指定完成所选的图标选项后需要进行的操作。

1）继续：从停止的地方重新开始自动更新进程。

2）暂停：选择其他的"更新时编辑"选项，而不是自动恢复更新。

（5）图标选项

可用于模型的查看和编辑选项。

● 撤销 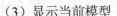：开始更新前，撤销对模型做的最后一次修改。

● 回到 ：从模型中移回到从"更新选择"对话框选择需要的特征。对话框含有在当前特征之前生成的特征列表，列表按生成的顺序排列。

● 单步后退 ：在模型中一次后退一个特征。

● 步进 ：在模型中一次前进一个特征。

● 单步向前 ：从模型移动到选定的特征。这种情况下，"更新选择"对话框列出还没

175

有重新建立的特征。

- 继续 ▶：启动更新进程，一直继续到模型完全重新建立或特征失败为止。出现失败时，如果选择"继续"，就跳过该特征。
- 接受 ✔：将更新进程中失败或停止的当前特征标记为"过时"，忽略问题，让系统继续执行，完成更新进程。
- 接受保留的 ✔：将所有更新失败的特征和它们的依附标记为"过时"，忽略问题，让系统继续执行，完成更新进程。
- 删除 ✗：删除更新失败的特征。
- 抑制 ✗：抑制当前被更新的特征。
- 抑制保留的 ✗：抑制当前被更新的特征和所有的后续特征。
- 审核模型 ？：利用菜单中的"选项"分析（但不能编辑）重新建立的模型。
- 编辑 ✐：改变当前被更新的特征的参数或重定位选中的或失败的特征。

5.2 GC 工具箱

本节主要讲述齿轮和弹簧两种常用零件的创建工具。

5.2.1 圆柱齿轮建模

1. 执行方式

选择"菜单"→"GC 工具箱"→"齿轮建模"→"圆柱齿轮建模"命令，打开"渐开线圆柱齿轮建模"对话框，如图 5-19 所示。

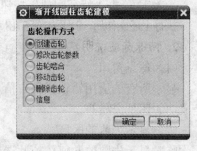

图 5-19 "渐开线圆柱齿轮建模"对话框

2. 操作示例

本例绘制直齿圆柱齿轮。首先利用 GC 工具箱中的圆柱齿轮命令创建圆柱齿轮的主体，然后创建轴孔，再创建减重孔，最后创建键槽。绘制流程如图 5-20 所示。

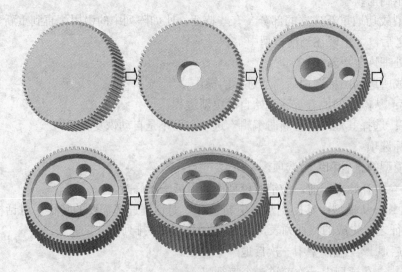

图 5-20 直齿圆柱齿轮绘制流程

光盘\动画演示\第 5 章\直齿圆柱齿轮.avi

（1）创建齿轮基体

1）选择"菜单"→"GC 工具箱"→"齿轮建模"→"圆柱齿轮"命令，"渐开线圆柱齿轮建模"对话框。

2）选择"创建齿轮"单选按钮，单击"确定"按钮，打开如图 5-21 所示"渐开线圆柱齿轮类型"对话框。选择"直齿轮""外啮合齿轮"和"滚齿"单选按钮，单击"确定"按钮。

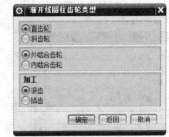

图 5-21 "渐开线圆柱齿轮类型"对话框

3）打开如图 5-22 所示的"渐开线圆柱齿轮参数"对话框。选择"标准齿轮"选项卡，在"模数""牙数""齿宽"和"压力角"文本框中分别输入 3、80、60 和 20，单击"确定"按钮。

4）打开如图 5-23 所示的"矢量"对话框。在矢量"类型"下拉列表中选择"ZC 轴"，单击"确定"按钮，打开如图 5-24 所示的"点"对话框。输入坐标点为（0,0,0），单击"确定"按钮，生成圆柱直齿轮如图 5-25 所示。

图 5-22 "渐开线圆柱齿轮参数"对话框

图 5-23 "矢量"对话框

图 5-24 "点"对话框

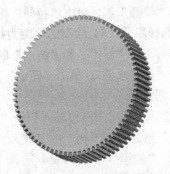

图 5-25 创建圆柱直齿轮

（2）创建孔

1）选择"菜单"→"插入"→"设计特征"→"孔"命令或单击"主页"选项卡，选择"特征"组，单击"孔"按钮，打开如图 5-26 所示"孔"对话框。

2）在"类型"下拉列表中选择"常规孔"，在"成形"下拉列表中选择"简单"，在"直径"文本框中输入58，在"深度限制"下拉列表中选择"贯通体"。

3）捕捉如图 5-27 所示的齿根圆圆心为孔位置，单击"确定"按钮，完成孔的创建，如图 5-28 所示。

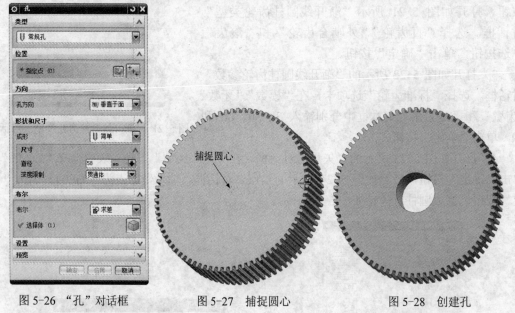

图 5-26　"孔"对话框　　　　图 5-27　捕捉圆心　　　　图 5-28　创建孔

（3）绘制草图

1）选择"菜单"→"插入"→"在任务环境中绘制草图"命令，或者单击"曲线"选项卡中的"在任务环境中绘制草图"按钮，进入草图绘制界面，选择圆柱齿轮的外表面为工作平面绘制草图。

2）绘制后的草图如图 5-29 所示。单击"主页"选项卡，选择"草图"组，单击"完成"按钮，草图绘制完毕。

（4）创建轴孔

1）选择"菜单"→"插入"→"设计特征"→"拉伸"命令，或者单击"主页"选项卡，选择"特征"组，单击"拉伸"按钮，打开如图 5-30 所示"拉伸"对话框。

2）选择步骤（3）绘制的草图为拉伸曲线，在"指定矢量"下拉列表中选择"ZC 轴"为拉伸方向，在"开始"和"结束"的"距离"文本框中分别输入 0 和 22.5，在"布尔"下拉列表中选择"求差"，单击"确定"按钮，生成如图 5-31 所示圆柱齿轮。

（5）创建孔

1）选择"菜单"→"插入"→"设计特征"→"孔"命令或单击"主页"选项卡，选择"特征"组，单击"孔"按钮，打开如图 5-32 所示"孔"对话框。

2）在"类型"下拉列表中选择"常规孔"，在"成形"下拉列表中选择"简单"，在"直径"文本框中输入35，在"深度限制"下拉列表中选择"贯通体"。

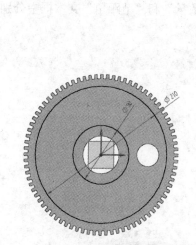

图 5-29　绘制草图

图 5-30　"拉伸"对话框

图 5-31　创建轴孔

3）单击"绘制截面"按钮，打开"创建草图"对话框，选择长方体的上表面为孔放置面，进入草图绘制环境。打开"草图点"对话框，创建点，如图 5-33 所示。单击"主页"选项卡，选择"草图"组，单击"完成"按钮，草图绘制完毕。

4）返回到"孔"对话框，单击"确定"按钮，完成孔的创建，如图 5-34 所示。

图 5-32　"孔"对话框

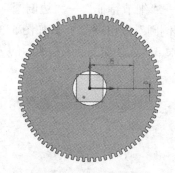

图 5-33　绘制草图

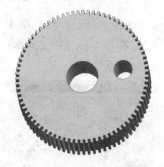

图 5-34　创建孔

（6）阵列孔特征

1）选择"菜单"→"插入"→"关联复制"→"阵列特征"命令，或单击"主页"选项卡，选择"特征"组，单击"阵列特征"按钮，打开如图 5-35 所示的"阵列特征"对话框。

2）选择步骤（5）创建的简单孔为要阵列的特征。

3）在"布局"下拉列表中选择"圆形"，在"指定矢量"下拉列表中选择"ZC 轴"，指定坐标原点为旋转点。

4）在"间距"下拉列表中选择"数量和节距"，在"数量"和"节距角"文本框中分别输入 6 和 60，单击"确定"按钮，结果如图 5-36 所示。

图 5-35 "阵列特征"对话框

图 5-36 创建轴孔

（7）边倒圆

1）选择"菜单"→"插入"→"细节特征"→"边倒圆"命令，或者单击"主页"选项卡，选择"特征"组，单击"边倒圆"按钮，打开如图 5-37 所示"边倒圆"对话框。

2）在"半径 1"文本框中输入 3，选择如图 5-38 所示的边线，单击"确定"按钮。结果如图 5-39 所示。

图 5-37 "边倒圆"对话框

图 5-38 选择边线

图 5-39 边倒圆

（8）创建倒角

1）选择"菜单"→"插入"→"细节特征"→"倒斜角"命令，或单击"主页"选项卡，选择"特征"组，单击"倒斜角"按钮 ，打开如图 5-40 所示"倒斜角"对话框。

2）在"横截面"下拉列表中选择"对称"，选择如图 5-41 所示的倒角边。在"距离"文本框中输入 2.5。

3）单击"确定"按钮，生成倒角特征，如图 5-42 所示。

图 5-40 "倒斜角"对话框

图 5-41 选择倒角边

图 5-42 生成倒角特征

（9）镜像特征

1）选择"菜单"→"插入"→"关联复制"→"镜像特征"命令，或单击"主页"选项卡，选择"特征"组，单击"镜像特征"按钮 ，打开如图 5-43 所示"镜像特征"对话框。

2）在设计树中选择拉伸特征，边倒圆和倒斜角为镜像特征。

3）在"平面"下拉列表中选择"新平面"，在指定平面中选择"XC-YC 平面"，在"距离"文本框中输入 30，如图 5-44 所示，单击"确定"按钮，镜像特征如图 5-45 所示。

图 5-43 "镜像特征"对话框

图 5-44 选择平面

图 5-45 镜像特征

（10）创建基准平面

1）选择"菜单"→"插入"→"基准/点"→"基准平面"命令或单击"主页"选项卡，选择"特征"组，单击"基准/点"中的"基准平面"按钮 ，打开如图 5-46 所示"基准平面"对话框。

2）选择"YC-ZC 平面"类型，选中"WCS"单选按钮，在"距离"文本框中输入 33.3，单击"应用"按钮，生成与所选基准面平行的基准平面。

3）选择"YC-ZC 平面"类型，选中"WCS"单选按钮，在"距离"文本框中输入 0，单击"应用"按钮。

4）选择"XC-YC 平面"类型，选中"WCS"单选按钮，在"距离"文本框中输入 0，单击"应用"按钮。

5）选择"XC-ZC 平面"类型，选中"WCS"单选按钮，在"距离"文本框中输入 0，单击"确定"按钮，结果如图 5-47 所示。

图 5-46 "基准平面"对话框

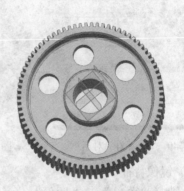

图 5-47 基准平面

（11）创建腔体

1）选择"菜单"→"插入"→"设计特征"→"腔体"命令，或单击"主页"选项卡，选择"特征"组，单击"更多"→"设计特征"→"腔体"按钮，打开如图 5-48 所示"腔体"对话框。

2）单击"矩形"按钮，打开"矩形腔体"放置面对话框，选择步骤（10）创建的基准平面作为腔体的放置面。打开如图 5-49 所示的默认边对话框。单击"接受默认边"按钮，使腔体的生成方向与默认方向相同，打开"水平参考"对话框。单击 XC-ZC 基准平面作为水平参考，打开"矩形腔体"参数对话框，如图 5-50 所示。

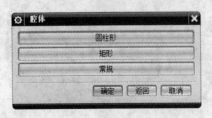

图 5-48 "腔体"对话框

图 5-49 默认边对话框

3）在"长度""宽度""深度"文本框中分别输入 60、16、30，其他参数保持默认值，单击"确定"按钮。

4）打开"定位"对话框。选择"垂直"定位方式，选择 XC-ZC 基准平面和腔体的长中心线，在"距离"文本框中输入 0。选择 XC-YC 基准平面和腔体的短中心线，在"距离"

文本框中输入 30。生成最终的键槽，如图 5-51 所示。

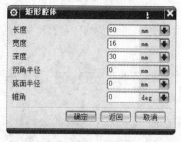

图 5-50 "矩形腔体"参数对话框

图 5-51 生成的键槽

（12）隐藏基准平面和草图

1）选择"菜单"→"编辑"→"显示和隐藏"→"隐藏"命令，打开"类选择"对话框，单击"类型过滤器"按钮 .

2）打开"按类型选择"对话框，选择"草图"和"基准"选项，单击"确定"按钮。

3）返回到"类选择"对话框，单击"全选"按钮 ，单击"确定"按钮，隐藏视图中所有的草图和基准，结果如图 5-20 所示。

3. 特殊选项说明

（1）创建齿轮

创建新的齿轮。选择该单选按钮，单击"确定"按钮，打开如图 5-21 所示"渐开线圆柱齿轮类型"对话框。

1）直齿轮：创建轮齿平行于齿轮轴线的齿轮。

2）斜齿轮：创建轮齿与轴线成一角度的齿轮。

3）外啮合齿轮：创建齿顶圆直径大于齿根圆直径的齿轮。

4）内啮合齿轮：创建齿顶圆直径小于齿根圆直径的齿轮。

5）加工。

● 滚齿：用齿轮滚刀按展成法加工齿轮的齿面。

● 插齿：用插齿刀按展成法或成形法加工内、外齿轮或齿条等的齿面。

选择适当参数后，单击"确定"按钮，打开如图 5-22 所示的"渐开线圆柱齿轮参数"对话框。

● 标准齿轮：根据标准的模数、齿宽以及压力角创建的齿轮为标准齿轮。

● 变位齿轮：选项卡如图 5-52 所示。改变刀具和轮坯的相对位置来切制变位齿轮。

（2）修改齿轮参数

选择此选项，单击"确定"按钮，打开"选择齿轮进行操作"对话框，选择要修改的齿轮，在"渐开线圆柱齿轮参数"对话框中修改齿轮参数。

（3）齿轮啮合

选择此选项，单击"确定"按钮，打开如图 5-53 所示的"选择齿轮啮合"对话框，选择要啮合的齿轮，分别设置为主动齿轮和从动齿轮。

（4）移动齿轮

选择要移动的齿轮，将其移动到适当位置。

图 5-52 "变位齿轮"选项卡

图 5-53 "选择齿轮啮合"对话框

（5）删除齿轮

删除绘图中不需要的齿轮。

（6）信息

显示选择的齿轮的信息。

5.2.2 圆柱压缩弹簧

1. 执行方式

选择"菜单"→"GC 工具箱"→"齿轮建模"→"圆柱压缩弹簧"命令，打开"圆柱压缩弹簧"对话框，如图 5-54 所示。选择类型和创建方式，并输入弹簧名称。单击"下一步"按钮，输入弹簧参数，如图 5-55 所示。单击"下一步"按钮，显示结果，如图 5-56 所示。单击"完成"按钮，创建圆柱压缩弹簧。

图 5-54 "圆柱压缩弹簧"对话框（一）

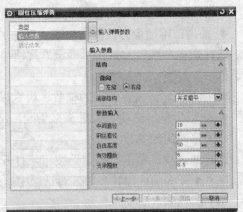

图 5-55 "圆柱压缩弹簧"对话框（二）

2. 操作示例

利用 GC 工具箱中的圆柱压缩弹簧命令，在相应的对话框中输入弹簧参数，直接创建弹簧，如图 5-57 所示。

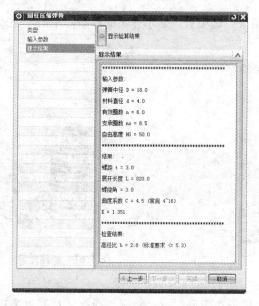

图 5-56 "圆柱压缩弹簧"对话框

图 5-57 弹簧

参见 光盘 光盘\动画演示\第 5 章\弹簧.avi

（1）创建弹簧

1）选择"菜单"→"GC 工具箱"→"弹簧设计"→"圆柱压缩弹簧"命令，打开"圆柱压缩弹簧"对话框。

2）选择"输入参数"类型，选择"在工作部件中"创建方式，指定矢量为 ZC 轴，指定坐标原点为弹簧起始点，名称采用默认，如图 5-58 所示，单击"下一步"按钮。

3）打开如图 5-59 所示的"输入参数"选项页，选择旋向为"右旋"，在端部结构下拉列表中选择"并紧磨平"，在"中间直径""钢丝直径""自由高度""有效圈数"和"支承圈数"文本框中分别输入 18、4、50、6、8.5，单击"下一步"按钮。

图 5-58 "圆柱压缩弹簧"对话框

图 5-59 "输入参数"选项页

4）打开如图 5-60 所示的"显示结果"选项页，显示弹簧的参数，单击"完成"按钮，生成弹簧如图 5-61 所示。

图 5-60 "显示结果"选项页

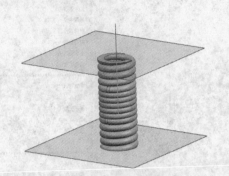

图 5-61 创建弹簧

（2）隐藏基准平面和草图

1）选择"菜单"→"编辑"→"显示和隐藏"→"隐藏"命令，打开"类选择"对话框，单击"类型过滤器"按钮 ⊕。

2）打开"根据类型选择"对话框，选择"基准"选项，单击"确定"按钮。

3）返回到"类选择"对话框，单击"全选"按钮 ⊕ ，再单击"确定"按钮，隐藏视图中所有的基准，结果如图 5-57 所示。

3. 特殊选项说明

● 类型：选择类型和创建方式。

● 输入参数：输入弹簧的各个参数。

● 显示结果：显示设计好的弹簧的各个参数。

5.3 思考与练习

1. 绘制图 5-62 所示的齿轮。

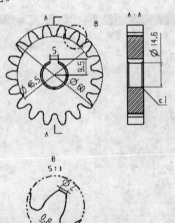

图 5-62 齿轮

2．打开光盘文件：yuanwenjian\5\exercise\ book_07_01.prt，如图 5-63a 所示，完成如图 5-63b 所示特征抑制操作。

图 5-63　特征抑制

a) 抑制前　b) 抑制后

3．打开光盘文件：yuanwenjian\5\exercise\ book_07_02.prt，如图 5-64 所示。按如图 5-65a 所示变量表进行特征参数移除操作，结果如图 5-65b 所示。

图 5-64　零件示意

a)　　　　　　　　　　　b)

图 5-65　"表达式"对话框

a) 移除参数前　b) 移除参数后

第6章 曲面功能

UG 中不仅提供了基本的特征建模模块，同时提供了强大的自由曲面特征建模。UG 中提供了 20 多种自由曲面造型的创建方式，用户可以利用他们完成各种复杂曲面及非规则实体的创建。

本章重点
- 曲面绘制
- 曲面编辑

6.1 曲面绘制

本节中主要介绍最基本的曲面命令，即通过点和曲线构建曲面。再进一步介绍由曲面创建曲面的命令功能，掌握最基本的曲面造型方法。

6.1.1 通过点生成曲面

由点生成的曲面是非参数化的，即生成的曲面与原始构造点不关联，当构造点编辑后，曲面不会发生更新变化，但绝大多数命令所构造的曲面都具有参数化的特征。通过点构建的曲面通过全部用来构建曲面的点。

1. 执行方式
- 菜单：选择"菜单"→"插入"→"曲面"→"通过点"命令。
- 功能区：单击"曲面"选项卡，选择"曲面"组，单击"更多"→"曲面"→"通过点"按钮◈。

执行上述操作后，打开如图 6-1 所示"通过点"对话框。选择一种"补片类型"，选择封闭方式来创建片体，输入行/列的阶次，通过"点"对话框来指定点的创建方式。单击"确定"按钮，创建曲面，如图 6-2 所示。

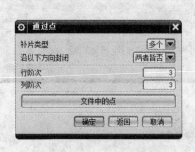

图6-1 "通过点"对话框

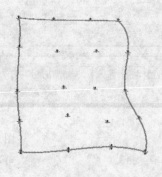

图6-2 "通过点"示意

2. 特殊选项说明

（1）补片的类型

样条曲线可以由单段或者多段曲线构成，片体也可以由单个补片或者多个补片构成。

- 单个：创建的片体只包含单一的补片。单个补片的片体是由一个曲面参数方程来表达的。
- 多个：创建的片体是一系列单补片的阵列。多个补片的片体是由两个以上的曲面参数方程来表达的。一般创建较精密片体时采用多个补片的方法。

（2）沿以下方向封闭

设置一个多个补片片体是否封闭及它的封闭方式，相关 4 个选项如下。

- 两者皆否：片体以指定的点开始和结束，列方向与行方向都不封闭。
- 行：点的第一列变成最后一列。
- 列：点的第一行变成最后一行。
- 两者皆是：指的是在行方向和列方向上都封闭。如果选择在两个方向上都封闭，则生成的将是实体。

（3）行阶次/列阶次

- 行阶次：为多补片指定行阶次（1~24）。对于单补片而言，系统默认行阶次从点数最高的行开始。
- 列阶次：为多补片指定列阶次（最多为指定行的阶次减 1）。对于单补片而言，系统将此设置为指定行的阶次减 1。

（4）文件中的点

通过选择包含点的文件来定义这些点。

单击"文件中的点"按钮，然后单击"确定"按钮，打开如图 6-3 所示"过点"对话框，用户可利用该对话框选择定义点。

- 全部成链：链接窗口中已存在的定义点，单击后打开如图 6-4 所示"指定点"对话框，用来定义起点和终点，自动快速获取起点与终点之间链接的点。

图 6-3 "过点"对话框　　　　　　图 6-4 "指定点"对话框

- 在矩形内的对象成链：通过拖动鼠标形成矩形方框来选择定义的点，矩形方框内所包含的所有点将被链接。
- 在多边形内的对象成链：通过鼠标定义多边形框来选择定义点，多边形框内的所有点将被链接。

- 点构造器：通过"点"对话框来选择定义点的位置，打开如图 6-5 所示的"点"对话框，需要一个点一个点地选择，所要选择的点都要单击到。每指定一列点后，系统都会打开对话框，提示是否确定当前所定义的点。

另外，还有"四点曲面"的曲面绘制方法，与"通过点"的方法类似，这里不再赘述。

6.1.2 直纹面

使用直纹命令可在两个截面之间创建体，其中直纹形状是截面之间的线性过渡。直纹面可用于创建曲面，该曲面无需拉伸或撕裂便可展平在平面上。

图 6-5 "点"对话框

1. 执行方式

- 菜单：选择"菜单"→"插入"→"曲面"→"直纹"命令。
- 功能区：单击"曲面"选项卡，选择"曲面"组，单击"更多"→"曲面网格划分"→"直纹"按钮 。

执行上述操作后，打开如图 6-6 所示"直纹"对话框。先选择截面线串 1 和截面线串 2，然后选择对齐方法，最后单击"确定"按钮，创建直纹面如图 6-7 所示。

图 6-6 "直纹"对话框

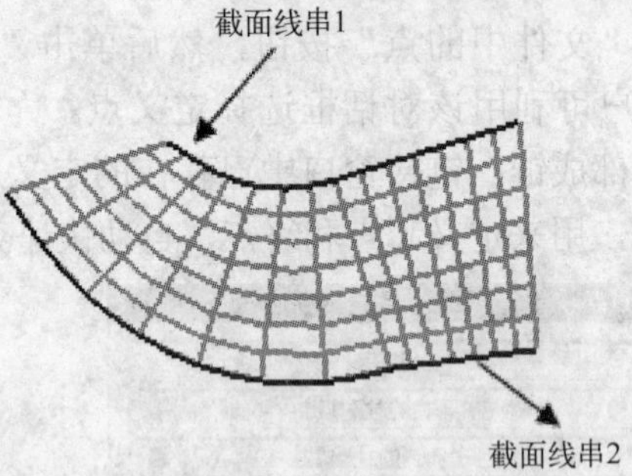

图 6-7 "直纹面"示意

2. 特殊选项说明

（1）截面线串 1

选择第一组截面曲线。

（2）截面线串 2

选择第二组截面曲线。

（3）对齐

- 参数：在构建曲面特征时，两条截面曲线上所对应的点是根据截面曲线的参数方程进行计算的。所以两组截面曲线对应的直线部分，是根据等距离来划分连接点的；

两组截面曲线对应的曲线部分，是根据等角度来划分连接点的。

● 根据点：在两组截面线串上选取对应的点（同一点允许重复选取）作为强制的对应点，选取的顺序决定着片体的路径走向。一般在截面线串中含有角点时选择应用"根据点"方式。

（4）体类型

为直纹特征指定片体实体。

另外，还有"过渡"以及"修补开口"的曲面绘制方法，与"直纹面"的方法类似，这里不再赘述。

6.1.3 通过曲线组

"通过曲线组"可通过同一方向上的一组曲线轮廓线生成一个体。这些曲线轮廓称为截面线串。用户选择的截面线串定义体的行。截面线串可以由单个对象或多个对象组成。每个对象可以是曲线、实边或实面。

1. 执行方式

● 菜单：选择"菜单"→"插入"→"网格曲面"→"通过曲线组"命令。

● 功能区：单击"曲面"选项卡，选择"曲面"组，单击"通过曲线组"按钮。

执行上述操作后，打开如图6-8所示"通过曲线组"对话框。选择曲线并单击鼠标中键以完成选择第一个截面，选择其他曲线并添加为新截面。单击"确定"按钮，创建曲面如图6-9所示。

图6-8 "通过曲线组"对话框

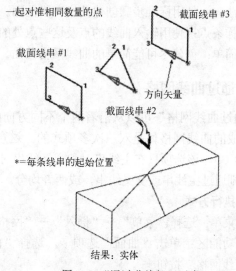

图6-9 "通过曲线组"示意

2. 特殊选项说明

（1）截面

1）选择曲线或点：选择截面线串时，一定要注意选择的次序，而且每选择一条截面线，都要单击鼠标中键，直到所选择线串出现在"截面线串列表框"中为止，也可对该列表框中的所选截面线串进行删除、上移、下移等操作，以改变选择次序。

2）指定原始曲线：更改闭环中的原始曲线。

3）列表：向模型中添加截面集时，列出这些截面集。

（2）连续性

1）全部应用：将为一个截面选定的连续性约束施加于第一个和最后一个截面。

2）第一截面：选择约束面并指定所选截面的连续性。

3）最后截面：指定连续性。

4）流向：指定与约束曲面相关的流动方向。

（3）对齐

通过定义 NX 沿截面隔开新曲面的等参数曲线的方式，可以控制特征的形状。

1）参数：沿截面以相等的参数间隔来隔开等参数曲线连接点。

2）根据点：对齐不同形状的截面线串之间的点。

3）弧长：沿截面以相等的弧长间隔来分隔等参数曲线连接点。

4）距离：在指定方向上沿每个截面以相等的距离隔开点。

5）角度：在指定的轴线周围沿每条曲线以相等的角度隔开点。

6）脊线：将点放置在所选截面与垂直于所选脊线的平面的相交处。

（4）输出曲面选项

1）补片类型：指定 V 方向的补片是单个还是多个。

2）V 向封闭：沿 V 方向的各个封闭第一个与最后一个截面之间的特征。

3）垂直于终止截面：使输出曲面垂直于两个终止截面。

4）构造：指定创建曲面的构建方法。

- 法向：使用标准步骤创建曲线网格曲面。

- 样条点：使用输入曲线的点及这些点处的相切值来创建体。

- 简单：创建尽可能简单的曲线网格曲面。

6.1.4　通过曲线网格

"通过曲线网格"可以从沿着两个不同方向的一组现有的曲线轮廓（称为线串）上生成体。生成的曲线网格体是双三次多项式的。这意味着它在 U 向和 V 向的次数都是三次的（阶次为 3）。该选项只在主线串对和交叉线串对不相交时才有意义。如果线串不相交，生成的体会则通过主线串或交叉线串，或两者均分。

1. 执行方式

- 菜单：选择"菜单"→"插入"→"网格曲面"→"通过曲线网格"命令。

- 功能区：单击"曲面"选项卡，选择"曲面"组，单击"网格曲面"中的"通过曲线网格"按钮 。

执行上述后，系统打开如图 6-10 所示"通过曲线网格"对话框。选择曲线作为第一个主集和第二个主集，单击鼠标中键两次以完成对主曲线的选择。选择交叉曲线集，并在选择每个集之后单击鼠标中键，单击"确定"按钮创建网格曲面，如图 6-11 所示。

2. 特殊选项说明

（1）主曲线

选择包含曲线、边或点的主截面集。

图 6-10 "通过曲线网格"对话框

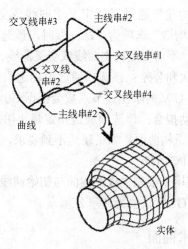

图 6-11 "通过曲线网格"示意

（2）交叉线串

选择包含曲线或边的横截面集。

（3）连续性

在第一主截面和最后主截面以及第一横截面与最后横截面处选择约束面，并指定连续性。

1）全部应用：将相同的连续性设置应用于第一个及最后一个截面。

2）第一个主线串：为第一个与最后一个主截面及横截面设置连续性约束，以控制与输入曲线有关的曲面精度。

3）最后主线串：约束该实体使得它和一个或多个选定的面或片体在最后一条主线串处相切或曲率连续。

4）第一交叉线串：约束该实体使得它和一个或多个选定的面或片体在第一交叉线串处相切或曲率连续。

5）最后交叉线串：约束该实体使得它和一个或多个选定的面或片体在最后一条交叉线串处相切或曲率连续。

（4）输出曲面选项

1）着重：控制线串对曲线网格体形状的影响。

● 两个皆是：主线串和交叉线串（即横向线串）有同样效果。

● 主线串：主线串更有影响。

● 交叉线串：交叉线串更有影响。

2）构造。

● 法向：使用标准过程建立曲线网格曲面。

193

- 样条点：通过为输入曲线使用点和这些点处的斜率值来生成实体。对于此选项，选择的曲线必须是有相同数目定义点的单根 B 曲线。这些曲线通过它们的定义点临时地重新参数化（保留所有用户定义的斜率值）。然后这些临时的曲线用于创建曲面。这可以创建含较少补片的简单曲面。
- 简单：建立尽可能简单的曲线网格曲面。

（5）重新构建

"重新构建"通过重新定义主曲线或交叉曲线的阶次和节点数来帮助用户构建光滑曲面。仅当"构造"选项为"法向"时，该选项可用。

1）无：不需要重构主曲线或交叉曲线。

2）阶次和公差：该选项通过手动选取主曲线或交叉曲线来替换原来曲线，并为生成的曲面其指定 U/V 向阶次。节点数会依据 G0、G1、G2 的公差值按需求插入。

3）自动拟合：该选项通过指定最小阶次和分段数来重构曲面，系统会自动尝试是利用最小阶次来重构曲面，如果还达不到要求，则会再利用分段数来重构曲面。

（6）G0/G1/G2

该数值用来限制生成的曲面与初始曲线间的公差。G0 默认值为位置公差；G1 默认值为相切公差；G2 默认值为曲率公差。

6.1.5 艺术曲面

1. 执行方式

- 菜单：选择"菜单"→"插入"→"网格曲面"→"艺术曲面"命令。
- 功能区：单击"曲面"选项卡，选择"曲面"组，单击"网格曲面"中的"艺术曲面"按钮 。

执行上述操作后，打开如图 6-12 所示"艺术曲面"对话框。选择截面曲线和引导曲线，设置其他参数。单击"确定"按钮创建艺术曲面，如图 6-13 所示。

图 6-12 "艺术曲面"对话框

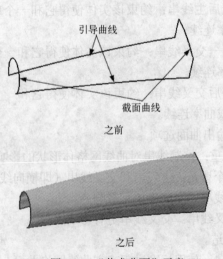

图 6-13 "艺术曲面"示意

2. 操作示例

本节绘制牙膏管，绘制流程如图 6-14 所示。

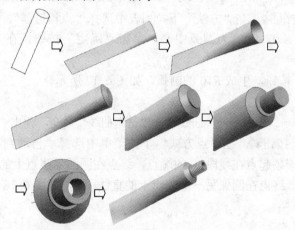

图 6-14 牙膏管绘制流程

 光盘\动画演示\第 6 章\牙膏管.avi

（1）创建新文件

1）选择"菜单"→"文件"→"新建"选项或单击"主页"选项卡，选择"标准"组，单击"新建"按钮 📄，弹出"新建"对话框。

2）单位设置为毫米，在"模板"中单击"模型"选项，在"新文件名"→"名称"中输入文件名 yagaoguan，然后在"新文件名"→"文件夹"中选择文件存盘的位置。

3）完成后单击"确定"按钮，进入建模模式。

（2）创建直线

1）选择"菜单"→"插入"→"曲线"→"基本曲线"命令，弹出如图 6-15 所示"基本曲线"对话框。

2）单击"直线"按钮 📏，在"方法"下拉列表中选择"点构造器"，弹出"点"对话框。

3）在对话框中输入（0,0,0），单击"确定"按钮，创建线段起始点，输入（20,0,0）。

4）单击"确定"按钮，完成线段 1 的创建，如图 6-16 所示。

图 6-15 "基本曲线"对话框

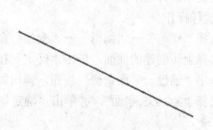

图 6-16 绘制直线

（3）创建圆

1）选择"菜单"→"插入"→"曲线"→"基本曲线"命令，弹出"基本曲线"对话框。

2）单击"圆"按钮○，在"方法"下拉列表中选择"点构造器"，弹出"点"对话框，在对话框中输入（10，0，90）为圆弧中心，单击"确定"按钮，在"点"对话框中输入（20，0，90）。

3）单击"确定"按钮，生成 R10 的圆弧，如图 6-17 所示。

（4）创建直线

1）选择"菜单"→"插入"→"曲线"→"基本曲线"命令，弹出"基本曲线"对话框。

2）单击"直线"按钮 ╱，在"点方式"下拉菜单中选择"自动判断的点" ╱，不选择线串模式，分别创建一条起点在线段 1 的端点，终点在圆弧象限点上的直线段 2，和起点在线段 1 的另一端点上，终点在圆弧另一象限点上的直线段 3，如图 6-18 所示。

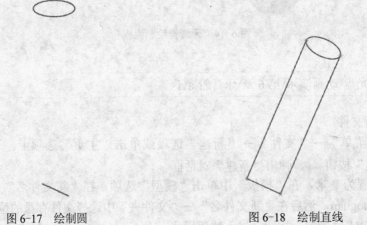

图 6-17　绘制圆　　　　　　　　　　图 6-18　绘制直线

（5）创建曲面

1）选择"菜单"→"插入"→"网格曲面"→"艺术曲面"命令，或者单击"曲面"选项卡，选择"曲面"→"网格曲面"，单击"艺术曲面"按钮 ，系统弹出如图 6-19 所示的"艺术曲面"对话框。

2）按系统提示选择截面 1，选择直线段 2，单击鼠标中键，系统提示选择截面 2，选择直线段 3，单击鼠标中键，如图 6-20 所示。

3）单击"引导线"按钮，按系统提示选择引导线 1，选择直线段 1，单击鼠标中键，按系统提示选择引导线 2，选择圆弧，单击鼠标中键，如图 6-21 所示。

4）接受系统其他默认设置，单击"确定"按钮，生成如图 6-22 所示曲面。

（6）镜像操作

1）选择"菜单"→"编辑"→"变换"命令，弹出如图 6-23 所示的"变换"对话框。

2）选择上步创建的曲面，单击"确定"按钮，弹出"变换"对话框，如图 6-24 所示。

3）单击"通过一平面镜像"按钮，弹出如图 6-25 所示的"平面"对话框。

4）选择"XC-ZC 平面"，并单击"确定"按钮，进入如图 6-26 所示的"变换"结果对话框。

5）单击"复制"按钮，生成镜像曲面，然后单击"取消"按钮，结果如图 6-27 所示。

图 6-19 "艺术曲面"对话框

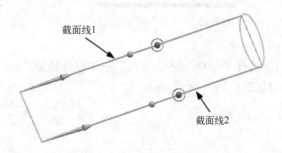

图 6-20 截面线串的选择

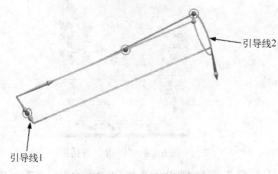

图 6-21 引导线的选择

图 6-22 曲面模型

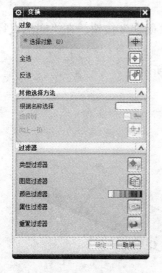

图 6-23 "变换"对话框（一）

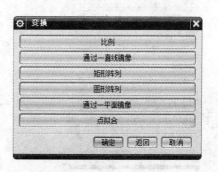

图 6-24 "变换"对话框（二）

图 6-25 "平面"对话框

图 6-26 "变换"结果对话框

（7）创建圆锥

1）选择"菜单"→"插入"→"设计特征"→"圆锥"命令，弹出如图 6-28 所示"圆锥"对话框。

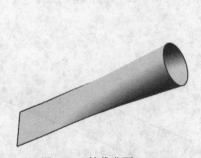

图 6-27 镜像曲面

图 6-28 "圆锥"对话框

2）选择"直径和高度"类型，在"指定矢量"下拉列表中选择"ZC 轴"，单击"确定"按钮，弹出如图 6-29 所示的"点"对话框。

3）按系统提示输入（10,0,90）为圆锥原点，单击"确定"按钮，在"底部直径""顶部直径"和"高度"文本框中分别输入 20、12 和 3。

4）单击"确定"按钮完成圆锥的创建，如图 6-30 所示。

图 6-29 "点"对话框

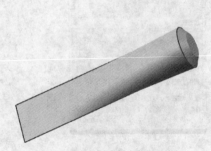

图 6-30 创建圆锥

（8）拉伸操作

1）选择"菜单"→"插入"→"设计特征"→"拉伸"命令或单击"主页"选项卡，选择"特征"组，单击"拉伸"按钮■，弹出如图 6-31 所示的"拉伸"对话框。

2）在"开始"和"结束"的"距离"文本框中输入 0、1，选择圆台小端面圆弧曲线，如图 6-32 所示。

图 6-31 "拉伸"对话框

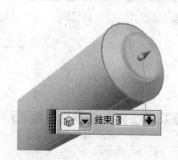

图 6-32 选择拉伸的曲线

3）单击"确定"按钮，完成拉伸操作，如图 6-33 所示。

（9）创建圆台

1）选择"菜单"→"插入"→"设计特征"→"凸台"命令或单击"主页"选项卡，选择"特征"组，单击"更多"→"设计特征"→"凸台"按钮■，弹出如图 6-34 所示的"凸台"对话框。

2）在"直径""高度"和"拔锥角"文本框中分别输入 10、12 和 0，选择上步创建的圆台小端面为放置面，如图 6-35 所示。

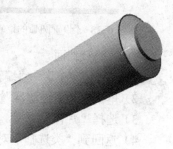

图 6-33 拉伸结果

图 6-34 "凸台"对话框

图 6-35 选择放置面

3）单击"确定"按钮，弹出如图 6-36 所示的"定位"对话框。

4）选择"点落在点上" 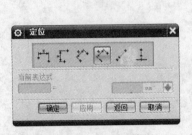，选择放置面圆弧曲线，如图 6-37 所示，弹出如图 6-38 所示的"设置圆弧的位置"对话框。

图 6-36 "定位"对话框　　　　　　　图 6-37 选择定位曲线

5）单击"圆弧中心"按钮，完成凸台的创建。生成模型如图 6-39 所示。

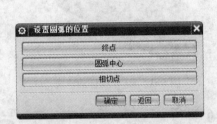

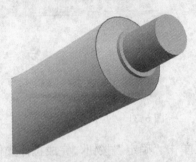

图 6-38 "设置圆弧的位置"对话框　　　　图 6-39 圆台模型

（10）隐藏曲面

1）选择"菜单"→"编辑"→"显示和隐藏"→"隐藏"命令，弹出"类选择"对话框。

2）单击"类型过滤器"按钮，弹出如图 6-40 所示的"根据类型选择"对话框。

3）选择"片体"类型，单击"确定"按钮。

4）返回到"类选择"对话框，单击"全选"按钮，单击"确定"按钮，视图中的曲面被隐藏，如图 6-41 所示。

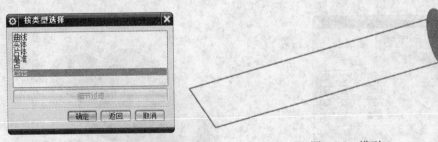

图 6-40 "根据类型选择"对话框　　　　图 6-41 模型

（11）抽壳操作

1）选择"菜单"→"插入"→"偏置/缩放"→"抽壳"命令或单击"主页"选项卡，选择"特征"组，单击"抽壳"按钮，弹出如图 6-42 所示的"抽壳"对话框。

2）在"厚度"文本框中输入0.2，选择圆台大端面为移除面，如图6-43所示。

3）单击"确定"按钮，完成对圆台的抽壳操作。生成模型如图6-44所示。

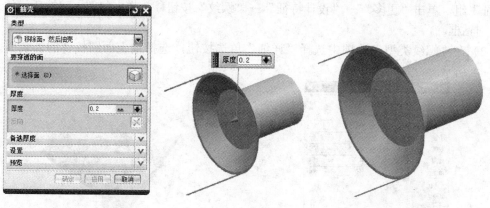

图6-42 "抽壳"对话框 　　　图6-43 选择移除面 　　　图6-44 抽壳操作

（12）合并实体

选择"菜单"→"插入"→"组合"→"求和"命令或单击"主页"选项卡，选择"特征""组合"，单击"求和"按钮🔧，弹出"求和"对话框，将绘图区的所有实体进行求和操作。

（13）创建孔

1）选择"菜单"→"插入"→"设计特征"→"孔"命令或单击"主页"选项卡，选择"特征"组，单击"孔"按钮📦，弹出如图6-45所示的"孔"对话框。

2）选择"常规孔"类型，选择"简单"成形方式，在"直径""深度"和"顶锥角"文本框中分别输入6，20，0。

3）捕捉圆台上表面圆弧中心为孔位置，单击"确定"按钮，完成孔操作，如图6-46所示。

图6-45 "孔"对话框

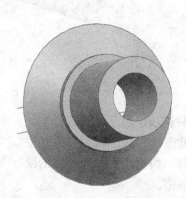

图6-46 创建孔

（14）创建螺纹

1）选择"菜单"→"插入"→"设计特征"→"螺纹"或单击"主页"选项卡，选择"特征"组，单击"更多"→"设计特征"→"螺纹"按钮，弹出如图 6-47 所示的"螺纹"对话框。

2）在"螺纹类型"选项中选择"详细"单选按钮，选择最上面圆柱体的外表面，如图 6-48 所示。

图 6-47 "螺纹"对话框

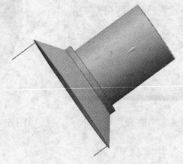

图 6-48 选择螺纹放置面

3）激活对话框中各选项，接受系统默认各选项，单击"确定"按钮，完成螺纹的创建，如图 6-49 所示。

（15）隐藏实体模型中曲线

选择"菜单"→"编辑"→"显示和隐藏"→"全部显示"命令，生成如图 6-50 所示模型，将视图中的曲线全部隐藏，结果如图 6-51 所示。

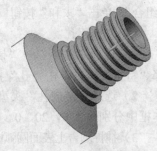

图 6-49 创建螺纹

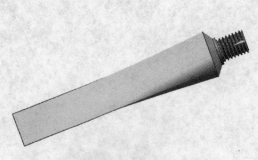

图 6-50 模型

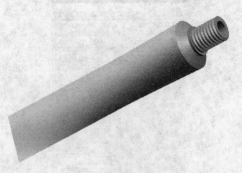

图 6-51 牙膏管

3. 特殊选项说明

（1）截面（主要）曲线

每选择一组曲线可以通过单击鼠标中键完成选择，如果方向相反可以单击该面板中的"反向"按钮。

（2）引导（交叉）曲线

在选择交叉线串的过程中，如果选择的交叉曲线方向与已经选择的交叉线串的曲线方向相反，可以通过单击"反向"按钮将交叉曲线的方向反向。如果选择多组引导曲线，那么该面板的"列表"中能够将所有选择的曲线都通过列表方式表示出来。

（3）连续性

1）G0（位置）方式，通过点连接方式和其他部分相连接。

2）G1（相切）方式，通过该曲线的艺术曲面与其相连接的曲面通过相切方式进行连接。

3）G2（曲率）方式，通过相应曲线的艺术曲面与其相连接的曲面通过曲率方式逆行连接，在公共边上具有相同的曲率半径，且通过相切连接，从而实现曲面的光滑过渡。

（4）输出曲面选项

1）对齐。

- 参数：截面曲线在生成艺术曲面时（尤其是在通过截面曲线生成艺术曲面时），系统将根据所设置的参数来完成各截面曲线之间的连接过渡。
- 弧长：截面曲线将根据各曲线的圆弧长度来计算曲面的连接过渡方式。
- 根据点：可以在连接的几组截面曲线上指定若干点，两组截面曲线之间的曲面连接关系将会根据这些点来进行计算。

2）过渡控制。

- 垂直于终止截面：连接的平移曲线在终止截面处，将垂直于此处截面。
- 垂直于所有截面线串：连接的平移曲线在每个截面处都将垂直于此处截面。
- 三次：系统构造的这些平移曲线是三次曲线，所构造的艺术曲面即通过截面曲线组合这些平移曲线来连接和过渡。
- 线形和倒角：系统将通过线形方式并对连接生成的曲面进行倒角。

另外，还有"剖切曲面"以及"N 边曲面"的曲面绘制方法，与"艺术曲面"的方法类似，这里不再赘述。

6.2　曲面编辑

有些相对复杂的曲面造型，仅仅通过上面所述的命令很难直接创建，通常需要通过延伸、规律延伸、轮毂线弯边、扫掠等命令来创建。

6.2.1　延伸曲面

从现有的基片体上生成切向延伸片体、曲面法向延伸片体、角度控制的延伸片体或圆弧控制的延伸片体。

1. 执行方式

- 菜单：选择"菜单"→"插入"→"弯边曲面"→"延伸"命令。
- 功能区：单击"曲面"选项卡，选择"曲面"组，单击"更多"→"弯边曲面"→"延伸曲面"按钮 。

执行上述操作后，打开如图 6-52 所示"延伸曲面"对话框。在"类型"下拉列表中选择类型，在视图中选择靠近要延伸边的第一个面，设置延伸参数。单击"确定"按钮，创建延伸曲面，如图 6-53 所示。

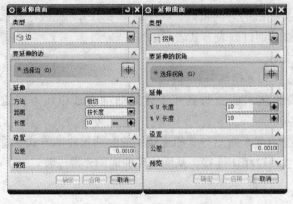

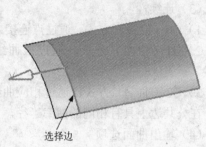

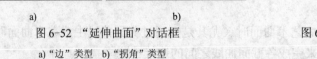

图 6-52 "延伸曲面"对话框   图 6-53 "延伸曲面"示意

a)"边"类型   b)"拐角"类型

2. 特殊选项说明

（1）边

选择要延伸的边后，选择延伸方法并输入延伸的长度或百分比延伸曲面。

1）选择边：选择要延伸的边。

2）相切：生成相切于面、边或拐角的体。"相切"延伸通常是在相邻于现有基面的边或拐角处生成，是一种扩展基面的方法。这两个体在相应的点处拥有公共的切面，因而，它们之间的过渡是平滑的。

3）圆形：从光顺曲面的边上生成一个圆弧的延伸。要生成圆弧的边界延伸，选定的基曲线必须是面的未裁剪的边。

（2）拐角

选择要延伸的曲面，在%U 和%V 长度输入拐角长度。

1）选择拐角：选择与要指定的拐角接近的面。

2）"%U"长度和"%V"长度：设置 U 和 V 方向上的拐角延伸曲面的长度。

另外，还有"规律延伸"的曲面绘制方法，与"延伸"的方法类似，这里不再赘述。

6.2.2 轮廓线弯边

"轮廓线弯边"可创建具备光顺边细节、最优化美形状和斜率连续性的 A 类曲面。

1. 执行方式

- 菜单：选择"菜单"→"插入"→"弯边曲面"→"轮廓线弯边"命令。
- 功能区：单击"曲面"选项卡，选择"曲面"组，单击"更多"→"弯边曲面"→"轮廓线弯边"按钮 。

执行上述操作后，打开如图 6-54 所示"轮廓线弯边"对

图 6-54 "轮廓线弯边"对话框

话框。在"类型"下拉列表中选择基本尺寸类型，选择要定义基本曲线的曲线或边，选择要定义基本面的面，指定参考矢量，沿管道中心线添加一个额外的弯边控制点，设置相关参数。单击"确定"按钮，创建轮廓线弯边特征。

2. 特殊选项说明

（1）类型

1）基本尺寸：创建第一条弯边和第一个圆角方向，而不需要现有的轮廓线弯边。

2）绝对差：相对现有弯边创建第一弯边，但采用恒定缝隙来分隔弯边元素。

3）视觉差：相对于现有弯边创建第一条弯边，但通过视觉差属性来分隔弯边元素。

（2）基本曲线

选择曲面边、面上的曲线或修剪边界，以定义管道的附着点。

（3）基本面

选择要放置管道曲面的面。

（4）参考方向

1）方向：定义弯边相对于基本面的方向。

● 面法向：生成垂直于所选面的管道曲面和弯边延伸段。

● 矢量：根据指定的矢量，生成管道曲面和弯边延伸段。

● 垂直拔模：沿基本面的法向在弯边和基本面之间创建管道，同时将指定的矢量用于弯边方向。

● 矢量拔模：根据指定的矢量确定管道的位置，并垂直于曲面构建管道。

2）反转弯边方向 ：将管道曲面和弯边延伸切换到定义曲线的对侧。

3）反转弯边侧 ：将弯边延伸段切换到管道的对侧，指定要保存基本曲线的一侧。

（5）弯边参数

"半径""长度"和"角度"这 3 个选项类似，分别处理弯边的半径、长度和角度。

（6）连续性

指定基本曲面和管道，或弯边和管道之间的连续性约束。

6.2.3 扫掠

"扫掠"是用预先描述的方式沿一条空间路径移动的曲线轮廓线将扫掠体定义为扫掠外形轮廓。移动曲线轮廓线称为截面线串。该路径称为引导线串，因为它引导运动。

1. 执行方式

● 菜单：选择"菜单"→"插入"→"扫掠"→"扫掠"命令。

● 功能区：单击"曲面"选项卡，选择"曲面"组，单击"扫掠"按钮 。

执行上述操作后，打开如图 6-55 所示"扫掠"对话框。先选择截面线串，单击鼠标中键确认，然后选择引导线串，单击鼠标中键确认，单击"确定"按钮创建扫掠曲面。如图 6-56 所示。

图 6-55 "扫掠"对话框

引导线1

截面线

引导线2

a)   b)

图 6-56 "扫掠"示意

a) 选择曲线   b) 扫掠造型

2. 特殊选项说明

（1）截面

1）选择曲线：选择截面线串，可以多达 150 条。

2）指定原始曲线：更改闭环中的原始曲线。

（2）引导线（最多 3 条）

选择最多 3 条线串来引导扫掠操作。

（3）脊线

可以控制截面线串的方位，并避免在导线上不均匀分布参数导致的变形。

（4）截面选项

1）定位方法：在截面引导线移动时控制该截面的方位。

- 固定：在截面线串沿引导线移动时保持固定的方位，且结果是平行的或平移的简单
  扫掠。
- 面的法向：将局部坐标系的第二根轴与在引导线串长度上指定的矢量对齐。
- 矢量方向：可以将局部坐标系的第二根轴与在引导线串长度上指定的矢量对齐。
- 另一条曲线：使用通过联结引导线上相应的点和其他曲线获取的局部坐标系的第二
  根轴，来定向截面。
- 一个点：与另一条曲线相似，不同之处在于获取第二根轴的方法是通过引导线串和
  点之间的三面直纹片体的等价物。
- 强制方向：用于在截面线串沿引导线串扫掠时通过矢量来固定剖切平面的方位。

2）缩放方法：在截面沿引导线进行扫掠时，可以增大或减少该截面的大小。

- 恒定：指定沿整条引导线保持恒定的比例因子。
- 倒圆功能：在指定的起始与终止比例因子之间允许或三次缩放。
- 面积规律：通过规律子函数来控制扫掠体的横截面积。
- 周长规律：通过规律子函数来控制扫掠体的横截面周长。

另外，还有"变化扫掠"的曲面绘制方法，与"扫掠"的方法类似，这里不再赘述。

6.2.4 偏置曲面

"偏置曲面"是沿选定面的法向偏置点的方法来生成正确的偏置曲面。指定的距离称为偏置距离，已有面称为基面。可以选择任何类型的面作为基面。如果选择多个面进行偏置，则会产生多个偏置体。

1. 执行方式

● 菜单：选择"菜单"→"插入"→"偏置/缩放"→"偏置曲面"命令。

● 功能区：单击"曲面"选项卡，选择"曲面工序"组，单击"偏置曲面"按钮 。

执行上述操作后，打开如图 6-57 所示"偏置曲面"对话框。选择要偏置的面，在"偏置 1"文本框输入偏置值，单击"确定"按钮创建偏置曲面，如图 6-58 所示。

图 6-57 "偏置曲面"对话框

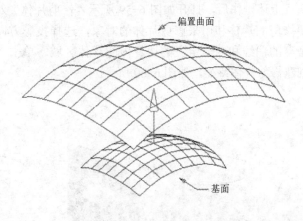

图 6-58 "偏置曲面"示意

2. 特殊选项说明

（1）要偏置的面

选择面：选择要偏置的面。

（2）特征

输出：确定输出特征的数量。

● 所有面对应一个特征：为所有选定并相连的面创建单个偏置曲面特征。

● 每个面对应一个特征：为每个选定的面创建偏置曲面的特征。

（3）部分结果

● 启用部分偏置：无法从指定的几何体获取完整结果时，提供部分偏置结果。

● 动态更新排除列表：在偏置操作期间检测到问题对象会自动添加到排除列表中。

● 要排除的最大对象数：在获取部分结果时控制要排除的问题对象的最大数量。

● 局部移除问题顶点：使用具有球形刀具半径中指定半径的刀具球头，从部件中减去问题顶点。

● 球形刀具半径：控制用于切除问题顶点的球头的大小。

（4）相切边

● 在相切边添加支撑面：在以有限距离偏置的面和以零距离偏置的相切面之间的相切边处创建步进面。

● 不添加支撑面：将不在相切边处创建任何支撑面。

另外，还有"大致偏移"以及"可变偏移"的曲面编辑方法，与"偏移曲面"的方法类似，这里不再赘述。

6.2.5 修剪片体

使用"修剪片体"命令可将片体修剪为相交面与基准，以及投影曲线和边。

1. 执行方式

- 菜单：选择"菜单"→"插入"→"修剪"→"修剪片体"命令。

- 功能区：单击"曲面"选项卡，选择"曲面工序"组，单击"修剪片体"按钮  。

执行上述操作后，打开如图 6-59 所示"修剪片体"对话框。选择要修剪的片体和用来修剪片体的对象，选择投影方向，选择由要舍弃的曲线和曲面定义的边界内的片体区域。单击"确定"按钮创建修剪片体特征，如图 6-60 所示。

图 6-59 "修剪片体"对话框

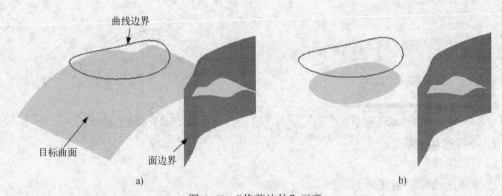

图 6-60 "修剪片体"示意

a) 选择片体　b) 修剪后

2. 特殊选项说明

（1）目标

选择片体：选择要修剪的目标片体。

（2）边界对象

- 选择对象：选择修剪的工具对象，该对象可以是面、边、曲线和基准平面。

- 允许目标边作为工具对象：帮助将目标片体的边作为修剪对象过滤掉。

（3）投影方向

投影方向：可以定义要作标记的曲面/边的投影方向。

- 垂直于面：通过曲面法向投影选定的曲线或边。

- 垂直于曲线平面：将选定的曲线或边投影到曲面上，该曲面将修剪为垂直于这些曲线或边的平面。

- 沿矢量：定义沿矢量方向定义为投影方向。

（4）区域

可以定义在修剪曲面时选定的区域是保留还是舍弃。

- 选择区域：选择在修剪曲面时将保留或舍弃的区域。

- 保留：在修剪曲面时保留选定的区域。

- 舍弃：在修剪曲面时舍弃选定的区域。

6.2.6 缝合

"缝合"命令可将两个或多个片体连接成单个片体。如果选择的片体包围一定的体积，则成为一个实体。

1. 执行方式

- 菜单：选择"菜单"→"插入"→"组合"→"缝合"命令。
- 功能区：单击"主页"选项卡，选择"特征"组，单击"更多"→"组合"→"缝合"按钮 。

执行上述操作后，打开如图 6-61 所示"缝合"对话框。选择一个片体或实体为目标体，选择一个或多个要缝合到目标的片体或实体。单击"确定"按钮，缝合曲面。

图 6-61 "缝合"对话框

2. 特殊选项说明

（1）类型

1）片体：选择曲面作为缝合对象。

2）实体：选择实体作为缝合对象。

（2）目标

- 选择片体：当类型为片体时目标为选择片体，用来选择目标片体，但只能选择一个片体作为目标片体。
- 选择面：当类型为实体时目标为选择面，用来选择目标实体面。

（3）刀具

- 选择片体：当类型为片体时刀具为选择片体，用来选择工具片体，但可以选择多个片体作为工具片体。
- 选择面：当类型为实体时刀具为选择面，用来选择工具实体面。

（4）设置

- 输出多个片体：勾选此复选框，缝合的片体为封闭时，缝合后生成的是片体；不勾选此复选框，缝合后生成的是实体。
- 公差：设置缝合公差。

6.2.7 加厚

使用"加厚"命令可将一个或多个相连面或片体偏置实体。加厚是通过将选定面沿着其法向进行偏置然后创建侧壁而生成。

1. 执行方式

- 菜单：选择"菜单"→"插入"→"偏置/缩放"→"加厚"命令。
- 功能区：单击"主页"选项卡，选择"特征"组，单击"更多"→"偏置/缩放"→"加厚"按钮 。

执行上述操作后，打开如图 6-62 所示"加厚"对话框，选择要加厚的面，在"偏置 1"/"偏置 2"文本框中输入厚度值，单击"确定"按钮创建加厚特征，如图 6-63 所示。

图 6-62 "加厚"对话框

a)   b)

图 6-63 "加厚"示意

a) 加厚之前 b) 加厚之后

2. 特殊选项说明

- 面：选择要加厚的面或片体。
- 偏置 1/偏置 2：指定一个或两个偏置值。
- Check-Mate：如果出现加厚片体错误，则此按钮可用。单击此按钮会识别导致加厚片体操作失败的可能的面。

6.2.8 X 成形

使用 X 成形命令可通过动态操控极点位置来编辑曲面或样条曲线。

1. 执行方式

- 菜单：选择"菜单"→"编辑"→"曲面"→"X 成形"命令。
- 功能区：单击"曲面"选项卡，选择"编辑曲面"组，单击"X 成形"按钮 。

执行上述操作后，打开如图 6-64 所示"X 成形"对话框。选择曲面后，在"极点选择"的"操控"下拉列表选择所要移动的对象的类型，在选择完需要被移动的点的类型后，输入参数；选择改变点的方法，然后拖动点进行改变。单击"确定"按钮，编辑曲面，如图 6-65 所示。

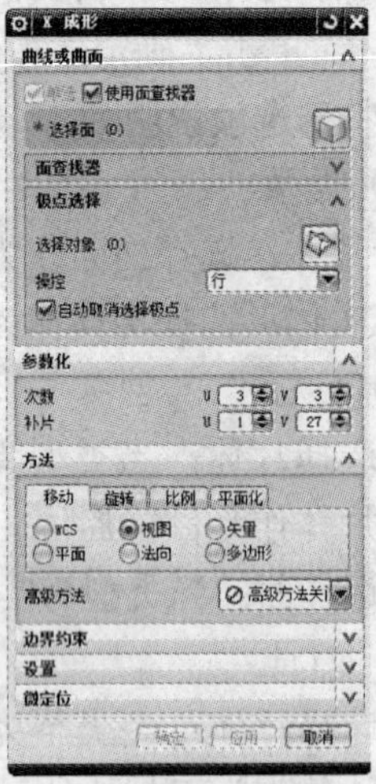

图 6-64 "X 成形"选取编辑面对话框

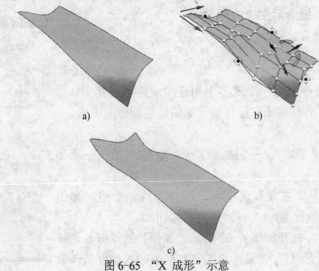

a)   b)

c)

图 6-65 "X 成形"示意

a) 原始曲面 b) 选择点 c) X 成形后的曲面

2. 特殊选项说明

（1）极点选择

可以选择"行""极点"或者"任意"3 个选项。

（2）参数化

改变 U/V 向的次数和补片数从而调节曲面。

- U/V 向次数：调节 U 向和 V 向片体的阶次。
- U/V 向补片：指定各个方向的补片的数目。各个方向的阶次和补片数的结合控制着输入点和生成的片体之间的距离误差。

（3）方法

根据需要应用"移动""旋转""比例"和"平面化"编辑曲面。

（4）边界约束

调节 U 最小值（或 U 最大值）和 V 最小值（或 V 最大值）来约束曲面的边界。

（5）恢复父面选项

可以恢复曲面到编辑之前的状态，以便在编辑错误后恢复原状。

（6）微定位

指定使用微调选项时动作的速率。速率的级别有 0.01%、0.1%、1%、2%、5%、10%、25%、50%、100%。小数位置序号越大，拖动极点时所能达到的动作精细度越高（注意选中速率选项后此功能才可用）。拖动时按住〈Ctrl〉键+左键，即可进行微调。

6.3 综合实例——咖啡壶

创建咖啡壶造型，绘制流程如图 6-66 所示。

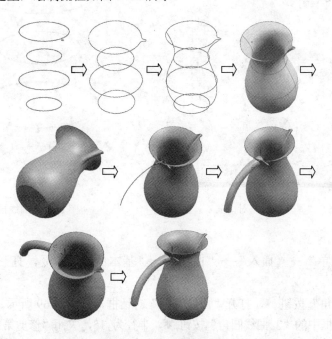

图 6-66 咖啡壶绘制流程

光盘\动画演示\第 6 章\咖啡壶.avi

（1）创建新文件

1）选择"菜单"→"文件"→"新建"选项或单击"主页"选项卡，选择"标准"→"新建" 命令，弹出"新建"对话框。

2）单位设置为毫米，在"模板"中单击"模型"选项，在"新文件名"→"名称"中输入文件名"kafeihu"，然后在"新文件名"→"文件夹"中选择文件存盘的位置，完成后单击"确定"按钮进入建模模式。

（2）创建圆

1）选择"菜单"→"插入"→"曲线"→"基本曲线"命令，打开如图 6-67 所示"基本曲线"对话框。

2）单击"圆"按钮，在"跟踪条"中输入圆中心点（0,0,0），R100 后按〈Enter〉键，每输入完一个坐标值按〈tab〉键可转换到下一个值的输入，或者在"点方式"下拉菜单中单击"点构造器"，弹出"点"对话框，输入圆中心点（0,0,0），单击"确定"按钮。系统提示选择对象以自动判断点，输入（100,0,0），单击"确定"按钮完成圆 1 的创建。

3）按照上面的步骤创建圆心为（0,0,-100），R70 的圆 2；圆心为（0,0,-200），R100 的圆 3；圆心为（0,0,-300），R70 的圆 4；圆心为（115,0,0），R5 的圆 5。生成的曲线模型如图 6-68 所示。

图 6-67　"基本曲线"对话框

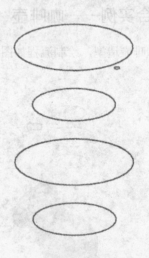

图 6-68　曲线模型

（3）创建圆角

1）选择"菜单"→"插入"→"曲线"→"基本曲线"命令，打开"基本曲线"对话框。

2）单击"圆角"按钮，打开"曲线倒圆"对话框，如图 6-69 所示。

3）单击对话框中的"2 曲线圆角"按钮，半径为 15，关闭"修剪第一条曲线"和"修剪第二条曲线"两个选项，分别选择圆 1 和圆 5 进行倒圆角，生成的曲线模型如图 6-70 所示。

图 6-69 "曲线倒圆"对话框

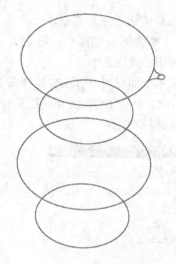

图 6-70 曲线模型

（4）修剪曲线

1）选择"菜单"→"编辑"→"曲线"→"修剪"命令，或单击"曲线"选项卡，选择"编辑曲线"组，单击"修剪曲线"按钮，打开"修剪曲线"对话框，如图 6-71 所示。

2）选择要修剪的曲线为圆 5，边界对象 1 和边界曲线 2 分别为圆角 1 和圆角 2，取消"设置"中的"关联"复选框的勾选，单击"确定"按钮完成对圆 5 的修剪。

3）按照上面的步骤，选择要修剪的曲线为圆 1，边界对象 1 和边界对象 2 分别为圆角 1 和圆角 2，单击"确定"按钮完成对圆 1 的修剪。生成的曲线模型如图 6-72 所示。

图 6-71 "修剪曲线"对话框

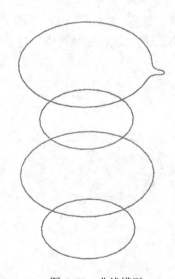

图 6-72 曲线模型

（5）创建艺术样条

1）选择"菜单"→"插入"→"曲线"→"艺术样条"命令，或单击"曲线"选项卡，选择"曲线"组，单击"艺术样条"按钮，打开如图 6-73 所示"艺术样条"对话框。

2）选择"通过点"类型，阶次为 3，制图平面选择"视图"，选择通过的点如图 6-74 所示，第 1 点为圆 4 的圆心。第 2、3、4 点分别为圆 4、圆 3、圆 2、圆 1 的象限点。单击"确定"按钮生成样条 1。

3）采用上面相同的方法构建样条 2，选择通过的点如图 6-75 所示，第 1 点为圆 4 的圆心。第 2、3、4 点分别为圆 4、圆 3、圆 2、圆 5 的象限点。单击"确定"按钮生成样条 2。生成的曲线模型如图 6-76 所示。

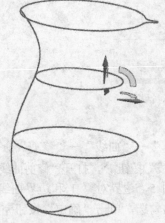
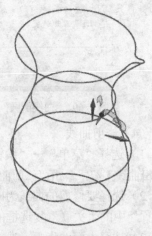

图 6-73　"艺术样条"对话框　　　图 6-74　样条 1 通过点的选择　　　图 6-75　样条 2 通过点的选择

（6）创建通过曲线网格曲面

1）选择"菜单"→"插入"→"网格曲面"→"通过曲线网格"命令，或者单击"曲面"选项卡，选择"曲面"组，单击"网格曲面"中的"通过曲线网格"按钮，打开如图 6-77 所示的"通过曲线网格"对话框。

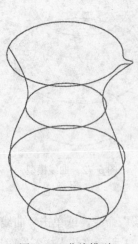

图 6-76　曲线模型　　　　　　　　图 6-77　"通过曲线网格"对话框

214

2）选择主线串和交叉线串如图 6-78 所示，其余选项保持默认状态，单击"确定"按钮生成曲面，结果如图 6-79 所示。

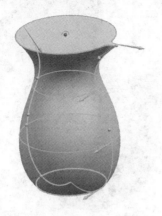

图 6-78　选择主曲线和交叉曲线

图 6-79　曲面模型

（7）创建 N 边曲面

1）选择"菜单"→"插入"→"网格曲面"→"N 边曲面"命令，或者单击"曲面"选项卡，选择"曲面"组，单击"N 边曲面"按钮 ⦶，打开如图 6-80 所示的"N 边曲面"对话框。

2）选择类型为"已修剪"，选择"外环"为圆 4，其余选项保持默认状态，单击"确定"按钮生成底部曲面，如图 6-81 所示。

图 6-80　"N 边曲面"对话框

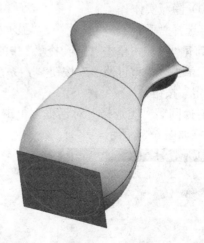

图 6-81　曲面模型

（8）修剪曲面

1）选择"菜单"→"插入"→"修剪"→"修剪片体"命令，打开如图 6-82 所示的"修剪片体"对话框。

2）选择 N 边曲面为目标体，选择网格曲面为边界对象，选择"舍弃"选项，其余选项保持默认状态，单击"确定"按钮修剪底部曲面，结果如图 6-83 所示。

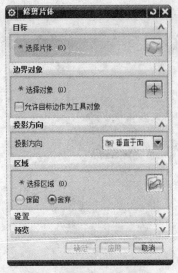

图 6-82 "修剪片体"对话框

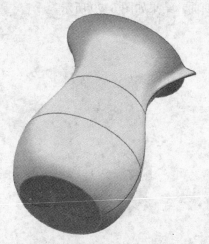

图 6-83 修剪曲面

（9）创建加厚曲面

1）选择"菜单"→"插入"→"偏置/缩放"→"加厚"命令，或单击"主页"选项卡，选择"特征"组，单击"更多"→"偏置/缩放"→"加厚"按钮，打开如图 6-84 所示的"加厚"对话框。

2）选择加厚面为曲线网格曲面和 N 边曲面，"偏置 1"设置为 2，"偏置 2"设置为 0，如图 6-85 所示，单击"确定"按钮生成模型。

（10）隐藏实体

1）选择"菜单"→"编辑"→"显示和隐藏"→"隐藏"命令，或单击"视图"选项卡，选择"可见性"组，单击"显示/掩藏"中的"隐藏"，打开"类选择"对话框。

2）单击"类型过滤器"按钮，系统弹出"根据类型选择"对话框，选择"片体"单击"确定"按钮。

3）返回到"类选择"对话框，单击"全选"按钮，单击"确定"按钮，片体被隐藏，模型如图 6-86 所示。

图 6-84 "加厚"对话框

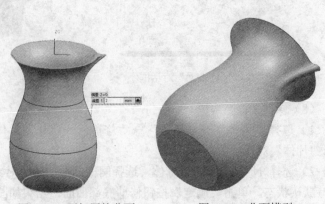

图 6-85 要加厚的曲面　　　　图 6-86 曲面模型

（11）改变 WCS

1）选择"菜单"→"格式"→"WCS"→"旋转"命令，打开如图 6-87 所示的"旋转 WCS 绕"对话框。

2）选择"+XC 轴：YC-->ZC"选项，在"角度"文本框中输入 90，单击"确定"按钮，将绕 XC 轴，旋转 YC 轴到 ZC 轴，新坐标系位置如图 6-88 所示。

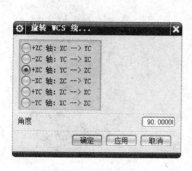

图 6-87 "旋转 WCS 绕"对话框

图 6-88 旋转坐标系结果

（12）创建样条曲线

1）选择"菜单"→"插入"→"曲线"→"艺术样条"命令，打开如图 6-89 所示"艺术样条"对话框。

2）选择"类型"为"通过点"，"制图平面"选择为"视图"。

3）单击"点对话框"按钮，打开如图 6-90 所示"点"对话框。输入艺术样条通过点，分别为（-50,-48,0），（-98,-48,0），（-167,-77,0），（-211,-120,0），（-238,-188,0），单击"确定"按钮生成艺术样条曲线。生成的曲线模型如图 6-91 所示。

图 6-89 "样条"对话框

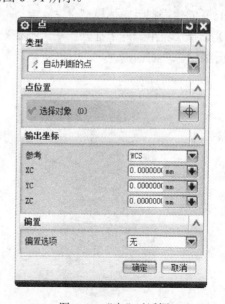

图 6-90 "点"对话框

（13）改变 WCS

1）选择"菜单"→"格式"→"WCS"→"动态"命令，或单击"工具"选项卡，选择"实用程序"组，单击"更多"→"WCS"→"WCS 动态"按钮 。

2）拖动坐标圆点到壶把手样条曲线端点，然后绕 YC 轴，旋转 XC 轴到 ZC 轴，新坐标系位置如图 6-92 所示。

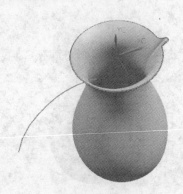

图 6-91　曲线模型

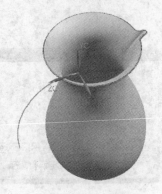

图 6-92　坐标模型

（14）创建圆

1）选择"菜单"→"插入"→"曲线"→"基本曲线"命令，打开"基本曲线"对话框。

2）单击"圆"按钮 ，在"点方法"下拉菜单中单击"点构造器"，打开"点构造器"对话框，输入圆中心点（0,0,0），单击"确定"按钮。

3）系统提示选择对象以自动判断点，输入（16,0,0），单击"确定"按钮完成圆 6 的创建，如图 6-93 所示。

（15）创建壶把手实体模型

1）选择"菜单"→"插入"→"扫掠"→"沿引导线扫掠"命令，打开如图 6-94 所示"沿引导线扫掠"对话框。

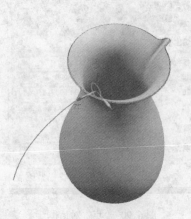

图 6-93　创建圆

图 6-94　"沿引导线扫掠"对话框

2）选择圆 6 为截面线，选择壶把手样条曲线为引导线，在"第一偏置"和"第二偏置"文本框中都输入 0，单击"确定"按钮，生成模型如图 6-95 所示。

（16）隐藏曲线

1）选择"菜单"→"编辑"→"显示和隐藏"→"隐藏"命令，或单击"视图"选项卡，选择"可见性"组，单击"显示/隐藏"中的"隐藏"按钮，打开"类选择"对话框。

2）单击"类型过滤器"按钮，打开"按类型选择"对话框，选择"曲线"选项后单击"确定"按钮。

3）返回到"类选择"对话框中单击"全选"按钮。单击"确定"按钮，曲线被隐藏，显示结果如图 6-96 所示。

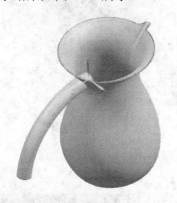 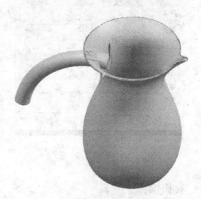

图 6-95　模型　　　　　　　　　　　　　　　图 6-96　显示实体

（17）修剪体

1）选择"菜单"→"插入"→"修剪"→"修剪体"命令，或单击"主页"选项卡，选择"特征"组，单击"修剪体"按钮，打开如图 6-97 所示"修剪体"对话框。

2）选择目标体，选择扫掠实体壶把手，单击鼠标中键，进入刀具的选取，提示行中的"面规则"设置为单个面，选择咖啡壶外表面，方向指向咖啡壶内侧如图 6-98 所示，单击"确定"按钮，生成的模型如图 6-99 所示。

图 6-97　"修剪体"对话框　　　　图 6-98　修剪方向　　　　图 6-99　创建把手

（18）创建球体

1）选择"菜单"→"插入"→"设计特征"→"球"命令；打开如图 6-100 所示

"球"对话框。

2）选择"中心点和直径"类型，在"直径"文本框中输入 32。

3）单击"中心点"按钮 ⊞，打开"点"对话框，输入圆心为（0,-140,188），连续单击"确定"按钮，生成的模型如图 6-101 所示。

图 6-100 "球"对话框

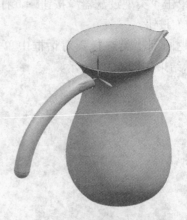

图 6-101 创建把手上的球体

（19）求和操作

1）选择"菜单"→"插入"→"组合"→"求和"命令，或单击"主页"选项卡，选择"特征"组，单击"组合"中的"求和"按钮 🔧，打开如图 6-102 所示"求和"对话框。

2）选择目标体为壶把手实体，选择工具体为球实体和壶实体，单击"确定"按钮，生成的模型如图 6-66 所示。

图 6-102 "求和"对话框

6.4 思考与练习

1. 创建如图 6-103 所示的叶轮模型。
2. 创建如图 6-104 所示的灯罩模型。

图 6-103 叶轮

图 6-104 灯罩

第 7 章 装 配 建 模

　　UG 的装配模块不仅能快速组合零部件成为产品，而且在装配中，可以参考其他部件进行部件的关联设计，并可以对装配建模型进行间隙分析、重量管理等相关操作。在完成装配模型后，还可以建立爆炸视图和动画。

本章重点
- 装配导航器
- 组件装配
- 装配爆炸图

7.1 装配基础

　　本节中主要介绍 UG NX 9.0 中装配的基础用法。

7.1.1 进入装配环境

　　1）选择"菜单"→"文件"→"新建"命令或单击"主页"选项卡，选择"标准"组，单击"新建"按钮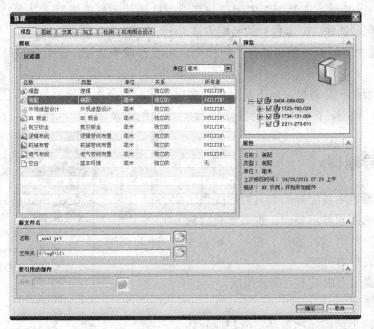，打开如图 7-1 所示的"新建"对话框。

图 7-1 "新建"对话框

2）选择"装配"模板，单击"确定"按钮，打开"添加组件"对话框。

3）在"添加组件"对话框，单击"打开"按钮，打开装配零件后进入装配环境。

7.1.2 装配相关术语和概念

以下主要介绍装配中的常用术语。

1）装配：是指在装配过程中建立部件之间的连接功能。由装配部件和子装配组成。

2）装配部件：由零件和子装配构成的部件。在 UG 中允许向任何一个 prt 文件中添加部件构成装配，因此任何一个 prt 文件都可以作为装配部件。UG 中零件和部件不必严格区分。需要注意的是：当存储一个装配时，各部件的实际几何数据并不是存储在装配部件文件中，而是存储在相应的部件（即零件文件）中。

3）子装配：是在高一级装配中被用做组件的装配，子装配也拥有自己的组件。子装配是一个相对概念，任何一个装配可在更高级的装配中作为子装配。

4）组件对象：是一个从装配部件链接到部件主模型的指针实体。一个组件对象记录的信息有部件名称、层、颜色、线型、线宽、引用集和配对条件等。

5）组件部件：也就是装配中组件对象所指的部件文件。组件部件可以是单个部件（即零件），也可以是子装配。需要注意的是：组件部件是装配体的引用而不是复制到装配体中来。

6）单个零件：是指在装配外存在的零件几何模型，它可以添加到一个装配中去，但它本身不能含有下级组件。

7）主模型：利用 Master Model 功能来创建的装配模型，它是由单个零件组成的装配组件，是供 UG 模块共同引用的部件模型。同一主模型，可同时被工程图、装配、加工、机构分析和有限元分析等模块引用，当主模型修改时，相关引用自动更新。

8）自顶向下装配：在装配级中创建与其他部件相关的部件模型，是在装配部件的顶级向下生成子装配和部件（即零件）的装配方法。

9）自底向上装配：先创建部件几何模型，再组合成子装配，最后生成装配部件的装配方法。

10）混合装配：是将自顶向下装配和自底向上装配结合在一起的装配方法。例如，先创建几个主要部件模型，再将其装配到一起，然后在装配中设计其他部件，即为混合装配。

7.2 装配导航器

装配导航器也叫装配导航工具，它提供了一个装配结构的图形显示界面，也被称为"树形表"，如图 7-2 所示，掌握了装配导航器才能灵活地运用装配的功能。

装配导航器主要由以下几部分组成。

（1）节点显示

采用装配树形结构显示，非常清楚地表达了各个组件之间的装配关系。

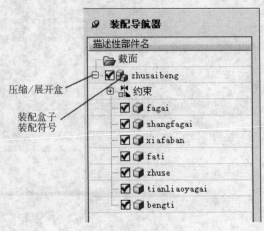

图 7-2 装配导航器

（2）图标

装配导航器中用不同的图标来表示装配中子装配和组件的不同。同时，各零部件不同的装载状态也用不同的图标表示。

1）：表示装配或子装配。

● 如果图标是黄色，则此装配在工作部件内。

● 如果是黑色实线图标，则此装配不在工作部件内。

● 如果是灰色虚线图标，则此装配已被关闭。

2）：表示装配结构树组件。

● 如果图标是黄色，则此组件在工作部件内。

● 如果是黑色实线图标，则此组件不在工作部件内。

● 如果是灰色虚线图标，则此组件已被关闭。

（3）检查盒

检查盒提供了快速确定部件工作状态的方法，允许用户用一个非常简单的方法装载并显示部件。部件工作状态用检查盒指示器表示。

：表示当前组件或子装配处于关闭状态。

：表示当前组件或子装配处于隐藏状态，此时检查框显灰色。

：表示当前组件或子装配处于显示状态，此时检查框显红色。

（4）打开菜单选项

如果将指针移动到装配树的一个节点或选择若干个节点并右击，则打开快捷菜单，其中提供了很多便捷命令，以方便用户操作（如图 7-3 所示）。

图 7-3　打开的快捷菜单

（5）"预览"面板

"预览"面板是装配导航器的一个扩展区域，显示装载或未装载的组件。此功能在处理大装配时，有助于用户根据需要打开组件，更好地掌握其装配性能。

（6）"依附"面板

"依附性"面板是装配导航器和部件导航器的一个特殊扩展。装配导航器的依附性面板允许查看部件或装配内选定对象的依附性，包括配对约束和 WAVE 依附性，可以用它来分析修改计划对部件或装配的潜在影响。

7.3 引用集

在装配中，各部件含有草图、基准平面及其他辅助图形对象，如果在装配中列出显示所有对象不但容易混淆图形，而且还会占用大量内存，不利于装配工作的进行。通过"引用集"命令能够限制加载于装配图中的装配部件的不必要信息量。

引用集是用户在零部件中定义的部分几何对象，它代表相应的零部件参与装配。引用集可以包含下列数据对象：零部件名称、原点、方向、几何体、坐标系、基准轴、基准平面和属性等。创建完引用集后，就可以单独装配到部件中。一个零部件可以有多个引用集。

1. 执行方式

- 菜单：选择"菜单"→"格式"→"引用集"命令。
- 功能区：单击"装配"选项卡，选择"更多"→"其他"→"引用集"命令。

执行上述操作后，打开如图7-4所示"引用集"对话框。

2. 特殊选项说明

- 创建□：可以创建新的引用集。输入使用于引用集的名称，并选取对象。
- 删除☒：已创建的引用集的项目中可以选择性的删除，删除引用集只不过是在目录中被删除而已。
- 设置当前的▦：把对话框中选取的引用集设定为当前的引用集。
- 编辑属性▨：编辑引用集的名称和属性。
- 信息ⅰ：显示工作部件的全部引用集的名称和属性、个数等信息。

图7-4 "引用集"对话框

7.4 组件

自底向上装配的设计方法是常用的装配方法，即先设计装配中的部件，再将部件添加到装配中，由底向上逐级进行装配。

7.4.1 添加组件

1. 执行方式

- 菜单：选择"菜单"→"装配"→"组件"→"添加组件"命令。

- 功能区：单击"主页"选项卡，选择"装配"组，单击"组件"中的"添加组件"按钮 。

执行上述方式后，打开如图 7-5 所示"添加组件"对话框。如果要进行装配的部件还没有打开，可以选择"打开"按钮，从磁盘目录选择；已经打开的部件名字会出现在"已加载的部件"列表框中，可以从中直接选择。设置相关选项后，单击"确定"按钮，添加组件。

2. 特殊选项说明

（1）部件

指定要添加到组件中的部件。

1）选择部件：选择要添加到工作中的一个或多个部件。

2）已加载的部件：列出当前已加载的部件。

3）最近访问的部件：列出最近添加的部件。

4）打开：单击此按钮，打开"部件名"对话框，选择要添加到工作部件中的一个或多个部件。

（2）定位

1）绝对原点：按照绝对定位方式确定部件在装配图中的位置。

2）选择原点：按绝对定位方式添加组件到装配的操作，指定组件在装配中的目标位置。

图 7-5 "添加组件"对话框

3）通过约束：按照几何对象之间的配对关系指定部件在装配图中的位置。

4）移动：在部件添加到装配图以后，重新对其进行定位。

（3）多重添加

1）无：仅添加一个组件实例。

2）添加后重复：用于添加一个新添加组件的其他组件。

3）添加后创建阵列：用于创建新添加组件的阵列。

（4）设置

1）名称：将当前所选组件的名称设置为指定的名称。

2）引用集：设置已添加组件的引用集。

3）图层选项：指定部件放置的目标层。

- 工作的：将指定部件放置到装配图的工作层中。
- 原始的：将部件放置到部件原来的层中。
- 按指定的：将部件放置到指定的层中。选择该选项，在其下的"图层"文本框中输入需要的层号即可。

7.4.2 新建组件

1. 执行方式

- 菜单：选择"菜单"→"装配"→"组件"→"新建组件"命令。
- 功能区：单击"主页"选项卡，选择"装配"组，单击"组件"中的"新建组件"按钮 。

执行上述操作后，打开如图 7-6 所示"新建组件"对话框，设置相关参数后，单击"确定"按钮，新建组件。

2. 特殊选项说明

（1）对象

1）选择对象：允许选择对象，以创建为包含几何体的组件。

2）添加定义对象：勾选此复选框，可以在新组件部件文件中包含所有参数对象。

图 7-6 "新建组件"对话框

（2）设置

1）组件名：指定新组件名称。

2）引用集：在要添加所有选定几何体的新组件中指定引用集。

3）引用集名称：指定组件引用集的名称。

4）图层选项：该选项用于指定部件放置的目标层。

5）组件原点：指定绝对坐标系在组件部件内的位置。

- WCS：指定绝对坐标系的位置和方向与显示部件的 WCS 相同。
- 绝对坐标系：指定对象保留其绝对坐标位置。

（3）删除原对象

如勾选此复选框，则删除原始对象，同时将选定对象移至新部件。

7.4.3 替换组件

使用此命令，移除现有组件，并用另一个类型为 prt 文件的组件将其替换。

1. 执行方式

- 菜单：选择"菜单"→"装配"→"组件"→"替换组件"命令。
- 功能区：单击"主页"选项卡，选择"装配"组，单击"组件"中的"替换组件"按钮 ✕。

执行上述操作后，打开如图 7-7 所示"替换组件"对话框。选择一个或多个要替换的组件，单击"确定"按钮，替换组件。

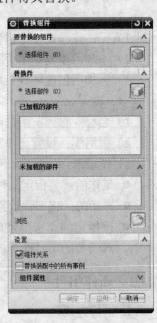

2. 特殊选项说明

（1）要替换的组件

选择组件：选择一个或多个要替换的组件。

（2）替换件

- 选择部件：在图形窗口、已加载列表或未加载列表中选择替换组件。
- 已加载的部件：在列表中显示所有加载的组件。
- 未加载的部件：显示候选替换部件列表的组件。
- 浏览 🔲：浏览到包含部件的目录。

图 7-7 "替换组件"对话框

（3）设置

- 维持关系：指定在替换组件后是否尝试维持关系。

- 替换装配中的所有事例：在替换组件时是否替换所有事例。
- 组件属性：允许指定替换部件的名称、引用集和图层属性。

7.4.4 阵列组件

使用"阵列组件"命令为装配中的组件创建命名的关联阵列。

1. 执行方式

- 菜单：选择"菜单"→"装配"→"组件"→"阵列组件"命令。
- 功能区：单击"主页"选项卡，选择"装配"组，单击"组件"中的"阵列组件"按钮。

图 7-8 "阵列组件"对话框

执行上述操作后，打开如图 7-8 所示"阵列组件"对话框。选择阵列定义类型，并输入组件阵列名，单击"确定"按钮。

2. 特殊选项说明

（1）要形成阵列的组件

选择组件：选择一个或多个要形成阵列的特征。

（2）阵列定义

1）线性：将一个或多个选择的特征生成图样的线性阵列。线性阵列既可以是二维的（在 XC 和 YC 方向上，即几行特征），也可以是一维的（在 XC 或 YC 方向上，即一行特征）。

- 方向 1：设置阵列第一方向的参数。
- 指定矢量：设置第一方向的矢量方向。
- 间距：指定间距方式。包括数量和节距、数量和跨距、节距和跨距 3 种。
- 方向 2：设置阵列第二方向的参数。其他参数同上。

2）圆形：将一个或多个选择的特征生成圆形图样的阵列。

- 数量：输入阵列中成员特征的总数目。
- 节距角：输入相邻两成员特征之间的环绕间隔角度。

7.5 组件装配

组件装配可通过移动和装配约束方式进行装配，在装配过程中，用户可根据实际装配的需要，灵活运用移动和装配约束。

7.5.1 移除组件

使用"移除组件"命令，可在装配中移动并有选择地复制组件，也可以选择并移动具有同一父项的多个组件。

1. 执行方式

- 菜单：选择"菜单"→"装配"→"组件位置"→"移动组件"命令。

● 功能区：单击"主页"选项卡，选择"装配"组，单击"移动组件"按钮 。

执行上述操作后，打开如图 7-9 所示"移动组件"对话框。在对话框中选择运动类型，选择一个或多个要移动的组件，在"设置"选项组中使用或修改默认值。单击"确定"按钮，完成组件移动。

2. 特殊选项说明

（1）变换

1）运动：具有以下几种形式。

● 动态 ：通过拖动、使用图形窗口中的输入框或通过"点"对话框来重定位组件。

● 通过约束 ：通过创建移动组件的约束来移动组件。

● 点到点 ：采用点到点的方式移动组件。单击该图标，打开"点"对话框，提示先后选择两个点，系统根据这两点构成的矢量和两点间的距离，来沿着这个矢量方向移动组件。

图 7-9 "移动组件"对话框

● 增量 XYZ ：沿 X、Y 和 Z 坐标轴方向移动一个距离。如果输入的值为正，则沿坐标轴正向移动。反之，沿负向移动。

● 角度 ：指定矢量和轴点旋转组件。在"角度"文本框输入要旋转的角度值。

● CSYS 到 CSYS ：采用移动坐标方式移动所选组件。选择一种坐标定义方式定义参考坐标系和目标坐标系，则组件从参考坐标系的相对位置移动到目标坐标系中的对应位置。

● 将轴与矢量对齐 ：在选项的两轴之间旋转所选的组件。

● 根据三点旋转 ：在两点间旋转所选的组件。单击此按钮，系统会打开"点"对话框，要求先后指定 3 个点，WCS 将原点落到第一个点，同时计算 1、2 点构成的矢量和 1、3 点构成的矢量之间的夹角，按照这个夹角旋转组件。

2）只移动手柄：选中此复选框，用于只拖动 WCS 手柄。

（2）复制

"模式"下拉列表包括以下几个选项。

1）不复制：在移动过程中不复制组件。

2）复制：在移动过程中自动复制组件。

3）手动复制：在移动过程中复制组件，并允许控制副本的创建时间。

（3）设置

1）仅移动选定的组件：移动选定的组件。约束到所选组件的其他组件不会移动。

2）布置：指定约束如何影响其他布置中的组件定位。

3）动画步骤：在图形窗口中设置组件移动的步数。

4）动态定位：勾选此复选框，对约束求解并移动组件。

5）移动曲线和管线布置对象：勾选此复选框，对对象和非关联曲线进行布置，使其在用于约束中进行移动。

6）动态更新管线布置实体：勾选此复选框，可以在移动对象时动态更新管线布置对象位置。

7）碰撞检查：用于设置碰撞动作选项。该下拉列表框包括"无""高亮显示碰撞"和"在碰撞前停止"3 个选项。

7.5.2 组件的装配约束

约束关系是指组件的点、边、面等几何对象之间的配对关系，以此确定组件在装配中的相对位置。这种装配关系是由一个或者多个关联约束组成，通过关联约束来限制组件在装配中的自由度。对组件的约束效果有以下两种。

● 完全约束：组件的全部自由度都被约束，在图形窗口中看不到约束符号。

● 欠约束：组件还有自由度没被限制，称为欠约束，在装配中允许欠约束存在。

1. 执行方式

● 菜单：选择"菜单"→"装配"→"组件位置"→"装配约束"命令。

● 功能区：单击"主页"选项卡，选择"装配"组，单击"装配约束"按钮 。

图 7-10 "装配约束"对话框

执行上述操作或在"添加组件"对话框中选择"通过约束"定位方式，打开如图 7-10 所示"装配约束"对话框。选择装配类型，在视图中选择装配对象，单击"确定"按钮，完成装配约束。

2. 特殊选项说明

本例装配球摆。首先将支架装配到坐标原点，然后将球摆和支架进行接触、距离和角度装配。装配流程如图 7-11 所示。

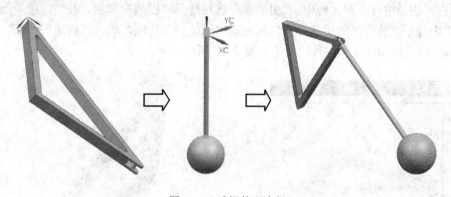

图 7-11 球摆装配流程

参见
光盘

光盘\动画演示\第 7 章\球摆装配.avi

（1）添加支架零件到坐标原点

1）选择"菜单"→"装配"→"组件"→"添加组件"命令，或单击"主页"选项卡，选择"装配"组，单击"组件"中的"添加组件"按钮 ，打开"添加组件"对话框，如图7-12所示。

在没有进行装配前，此对话框的"已加载的部件"列表是空的，但是随着装配的进行，该列表中将显示所有加载的零部件的名称，便于管理和使用。单击"打开"按钮，打开"部件名"对话框，如图7-13所示。

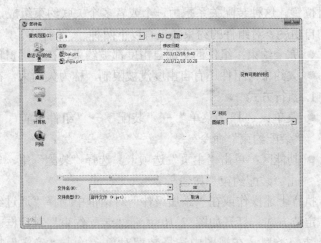

图7-12 "添加组件"对话框　　　　　　　　图7-13 "部件名"对话框

2）选择已有的零部件文件，选中"预览"复选框，可以预览已有的零部件。选择"zhijia.prt"文件，右侧预览窗口中显示出该文件中保存的支架实体，单击"OK"按钮。打开"组件预览"窗口，如图7-14所示。

3）在"添加组件"对话框中，"引用集"选项选择"模型"选项，在"定位"下拉列表中选择"绝对原点的"，"图层选择"选项选择"原始的"选项，单击"确定"按钮，完成按绝对坐标定位方法添加支架零件，结果如图7-15所示。

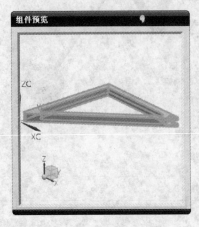

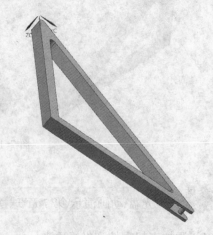

图7-14 支架预览　　　　　　　　　　　图7-15 添加支架

（2）添加球摆零件并装配

1）选择"菜单"→"装配"→"组件"→"添加已存的"命令，或者单击"主页"选项卡，选择"装配"组，单击"组件"中的"添加组件"按钮 🔧，打开"添加组件"对话框。单击"打开"按钮，打开"部件名"对话框，选择"bai.prt"文件，右侧预览窗口中显示出球摆实体的预览图。单击"确定"按钮，打开"组件预览"对话框，如图7-16所示。

2）在"添加组件"对话框中，"引用集"选项选择"模型"选项，在"定位"下拉列表中选择"通过约束"，"图层选择"选项选择"原始的"选项，单击"确定"按钮，打开"装配约束"对话框，如图7-17所示。

3）选择"距离"类型，选择支架端面和球摆端面，如图7-18所示。在"距离"文本框中输入3.5，单击"应用"按钮。

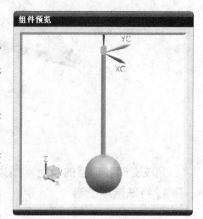

图7-16　球摆预览

图7-17　"装配约束"对话框

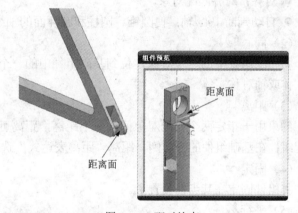

图7-18　配对约束

4）选择"接触对齐"类型，在"方位"下拉列表中选择"自动判断中心/轴"，选择支架圆台圆柱面和球摆孔的圆柱面，如图7-19所示。单击"应用"按钮。

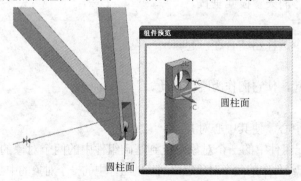

图7-19　中心约束

5）选择"角度"类型，选择支架的前端面和球摆圆柱面，如图7-20所示，在"角度"文本框中输入90，单击"确定"按钮。

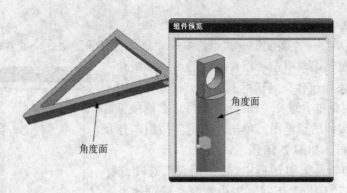

图 7-20　角度约束

完成支架和球摆的装配，结果如图 7-11 所示。

3. 特殊选项说明

（1）接触对齐

● 接触：定义两个同类对象相一致。

● 对齐：对齐匹配对象。

● 自动判断中心/轴：使圆锥、圆柱和圆环面的轴线重合。

（2）同心

将相配组件中的一个对象定位到基础组件中的一个对象的中心上，其中一个对象必须是圆柱体或轴对称实体。

（3）距离

约束用于指定两个相配对象间的最小距离，距离可以是正值也可以是负值，正负号确定相配组件在基础组件的哪一侧。距离"距离表达式"选项的数值确定。

（4）固定

将组件固定在其当前位置上。

（5）平行

约束两个对象的方向矢量彼此平行。

（6）垂直

约束两个对象的方向矢量彼此垂直。

（7）等尺寸配对

将半径相等的两个圆柱面结合在一起。

（8）胶合

将组件焊接在一起，使它们作为刚体移动。

（9）中心

约束两个对象的中心，使其中心对齐。

● 1对2：将相配组件中的一个对象定位到基础组件中的两个对象的中心上。

● 2对1：将相配组件中的两个对象定位到基础组件中的一个对象的中心上，并与其对称。

● 2对2：将相配组件中的两个对象定位到基础组件中的两个对象并成对称布置。

（10）角度

在两个对象之间定义角度，用于约束匹配组件到正确的方向上。

7.5.3　显示和隐藏约束

使用"显示和隐藏约束"命令可以控制选定的约束、与选定组件相关联的所有约束和选定组件之间的约束。

1. 执行方式

● 菜单：选择"菜单"→"装配"→"组件位置"→"显示和隐藏约束"命令。
● 功能区：单击"装配"选项卡，选择"组件位置"组，单击"显示和隐藏约束"按钮 ⁂ 。

执行上述操作后，打开如图 7-21 所示"显示和隐藏约束"对话框。选择要显示或隐藏的约束所属组件，在"设置"选项组中设置相关参数，单击"确定"按钮，完成装配约束的显示和隐藏。

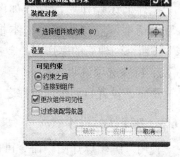

图 7-21　"显示和隐藏约束"对话框

2. 特殊选项说明

（1）装配对象

选择组件或约束：选择操作中使用的约束所属组件或各个约束。

（2）设置

● 可见约束：指定在操作之后可见约束是为选定组件之间的约束（选中"约束之间"单选按钮），还是与任何选定组件相连接的所有约束（选中"连接到组件"单选按钮）。
● 更改组件可见性：指定是否仅仅是操作结果中涉及的组件可见。
● 过滤装配导航器：指定是否在装配导航器中过滤操作结果中未涉及的组件。

7.6　装配爆炸图

爆炸图是在装配环境下把组成装配的组件拆分开来，更好地表达整个装配的组成状况，便于观察每个组件的一种方法。爆炸图是一个已经命名的视图，一个模型中可以有多个爆炸图。UG 默认的爆炸图名为 Explosion，后加数字后缀。用户也可根据需要指定爆炸图名称。

7.6.1　新建爆炸图

使用此命令可创建新的爆炸图，组件将在其中以可见方式重定位，生成爆炸图。

执行方式

● 菜单：选择"菜单"→"装配"→"爆炸图"→"新建爆炸图"命令。
● 功能区：单击"装配"选项卡，选择"爆炸图"组，单击"新建爆炸图"按钮 ⁂ 。

执行上述操作，打开如图 7-22 所示"新建爆炸图"对话框。在"名称"文本框中输入名称，单击"确定"按钮，创建新的爆炸图。

图 7-22　"新建爆炸图"对话框

7.6.2 自动爆炸视图

使用"自动爆炸视图"命令可以定义爆炸图中一个或多个选定组件的位置。沿基于组件的装配约束的矢量,偏置每个选定的组件。

1. 执行方式

● 菜单:选择"菜单"→"装配"→"爆炸图"→"自动爆炸组件"命令。
● 功能区:单击"装配"选项卡,选择"组件位置"组,单击"自动爆炸组件"按钮 。

执行上述操作后,打开如图 7-23 所示"自动爆炸组件"对话框,在"距离"文本框中输入距离值,单击"确定"按钮,创建新的爆炸图。

图 7-23 "自动爆炸组件"对话框

2. 特殊选项说明

距离:设置自动爆炸组件之间的距离。

7.6.3 编辑爆炸图

使用"编辑爆炸图"命令可以重新定位爆炸图中选定的一个或多个组件。

1. 执行方式

● 菜单:选择"菜单"→"装配"→"爆炸图"→"编辑爆炸图"命令。
● 功能区:单击"装配"选项卡,选择"组件位置"组,单击"编辑爆炸图"按钮 。

执行上述操作后,打开如图 7-24 所示"编辑爆炸图"对话框,选择需要编辑的组件和编辑方式,再选择"点选择"类型,单击"确定"按钮,编辑爆炸图。

2. 特殊选项说明

● 选择对象:选择要爆炸的组件。
● 移动对象:移动选定的组件。
● 只移动手柄:移动拖动手柄而不移动任何其他对象。
● 距离/角度:设置距离或角度以重新定位所选组件。
● 捕捉增量:选中此复选框,可以在拖动手柄时,设置移动的距离或旋转的角度的捕捉增量。
● 取消爆炸:将选定的组件移回其未爆炸的位置。
● 原始位置:将所选组件移回它在装配中的原始位置。

图 7-24 "编辑爆炸图"对话框

7.7 对象干涉检查

装配的干涉分析是分析装配中的各零部件之间的几何关系之间是否存在干涉现象,以确定装配是否可行。

1. 执行方式

选择"菜单"→"分析"→"简单干涉"命令,打开如图 7-25 所示"简单干涉"对话框。选择"第一体"和

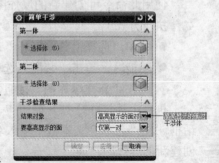

图 7-25 "简单干涉"对话框

"第二体"，在"干涉检查结果"选项组中设置参数，单击"确定"按钮，完成干涉检查。

2. 特殊选项说明

1)"干涉体"：该选项用于以产生干涉体的方式显示给用户发生干涉的对象。在选择了要检查的实体后，则会在工作区中产生一个干涉实体，以便用户快速地找到发生干涉的对象。

2)高亮显示的面对干涉体：加亮表面的方式显示存在干涉的表面。

7.8 部件族

部件族提供通过一个模板零件快速定义一类类似的组件（零件或装配）族方法。该命令主要用于建立一系列标准件，可以一次生成所有的相似组件。

1. 执行方式

- 菜单：选择"菜单"→"工具"→"部件族"命令。
- 功能区：单击"工具"选项卡，选择"实用程序"组，单击"部件族"按钮 ⬛。

执行上述操作后，打开如图 7-26 所示"部件族"对话框。

2. 特殊选项说明

（1）电子表格列

可用的列：该下拉列表框中列出了用来驱动系列组件的参数选项。

- 表达式：选择表达式作为模板，使用不同的表达式值来生成系列组件。
- 属性：将定义好的属性值设为模板，可以为系列件生成不同的属性值。
- 组件：选择装配中的组件作为模板，用以生成不同的装配。
- 镜像：选择镜像体作为模板，同时可以选择是否生成镜像体。

图 7-26 "部件族"对话框

- 密度：选择密度作为模板，可以为系列件生成不同的密度值。
- 特征：选择特征作为模板，同时可以选择是否生成指定的特征。

（2）操作

将可用列的组件添加到选定列。

- 在末尾添加：将可用的列的组件添加到选定的列的末尾。
- 在选定的列后添加：将可用的列的组件添加到指定的选定的列的后面。

（3）部件族电子表格

控制生成系列件。

- 创建：选中该选项后，系统会自动调用 Excel 表格，选中的相应条目会被列举在其中，如图 7-27 所示。
- 编辑：保存生成的 Excel 表格后，返回 UG 中，单击该按钮可以重新打开 Excel

表格进行编辑。

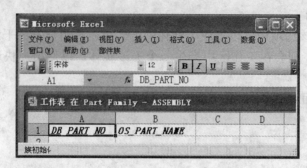

图 7-27　创建 Excel 表格

- 删除：删除已定义的 Part Family 文件。
- 恢复：在切换到 UG 环境后，单击该选项可以再回到 Excel 编辑环境。
- 取消：用于取消对 Excel 的当前编辑操作，Excel 中还保持上次保存过的状态。一般在"确认部件"以后发现参数不正确，可以利用该选项取消这编辑。

（4）可导入部件族模板

连接 UG/Manager 和 IMAN 进行产品管理，一般情况下，保持默认选项即可。

（5）族保存目录

可以利用"浏览"按钮来指定生成的系列件的存放目录。

7.9　装配序列化

装配序列化的功能主要有两个：一个是规定一个装配的每个组件的时间与成本特性；另一个是用于演示装配顺序，指导装配人员进行现场装配。

完成组件装配后，可建立序列化来表达装配各组件间的装配顺序。

1. 执行方式

- 菜单：选择"菜单"→"装配"→"序列"命令。
- 功能区：单击"装配"选项卡，选择"常规"组，单击"序列"按钮。

执行上述操作后，打开如图 7-28 所示序列的"主页"选项卡。

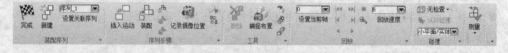

图 7-28　序列的"主页"选项卡

2. 特殊选项说明

（1）完成

退出序列化环境。

（2）新建

创建一个序列。系统会自动为这个序列命名为序列_1，以后新建的序列为序列_2、序列_3 等依次增加。用户也可以自己修改名称。

（3）插入运动

单击此按钮，打开如图 7-29 所示"录制组件运动"工具栏。该工具栏用于建立一段装配动画模拟。

- 选择对象：单击该按钮，选择需要运动的组件对象。
- 移动对象：单击该按钮，用于移动组件。
- 只移动手柄：单击该按钮，用于移动坐标系。
- 运动录制首选项：单击该按钮，打开如图 7-30 所示"首选项"对话框。该对话框用于指定步进的精确程度和运动动画的帧数。

图 7-29 "录制组件运动"工具栏　　　　图 7-30 "首选项"对话框

- 拆卸：单击该按钮，拆卸所选组件。
- 摄像机：单击该按钮，用来捕捉当前的视角，以便于回放的时候在合适的角度观察运动情况。

（4）装配

单击"装配"按钮，打开"类选择"对话框，按照装配步骤选择需要添加的组件，该组件会自动出现在绘图区右侧。用户可以依次选择要装配的组件，生成装配序列。

（5）一起装配

选择多个组件，一次全部进行装配。"装配"功能只能一次装配一个组件，该功能在"装配"功能选中之后可选。

（6）拆卸

选择要拆卸的组件，该组件会自动恢复到绘图区左侧。该功能主要是模拟反装配的拆卸序列。

（7）一起拆卸

一起装配的反过程。

（8）记录摄像位置

为每一步序列生成一个独特的视角。当序列演变到该步时，自动转换到定义的视角。

（9）插入暂停

系统会自动插入暂停并分配固定的帧数，当回放的时候，系统看上去像暂停一样，直到走完这些帧数。

（10）删除

删除一个序列步。

（11）在序列中查找

打开"类选择"对话框，可以选择一个组件，然后查找应用了该组件的序列。

（12）显示所有序列

显示所有的序列。

（13）捕捉布置

可以把当前的运动状态捕捉下来，作为一个装配序列。用户可以为这个排列取一个名字，系统会自动记录这个排列。

定义完成序列以后，用户就可以通过如图 7-31 所示的"序列回放"组来播放装配序列。在最左边的是设置当前帧数，在最右边的是播放速度调节，从 1~10，数字越大，播放的速度就越快。

图 7-31 "序列回放"组

7.10 综合实例——手压阀装配

本节装配手压阀。首先将底座定位于坐标原点，然后按照从下往上的装配模式依次装配各个零件，最后完成手压阀的装配。装配流程如图 7-32 所示。

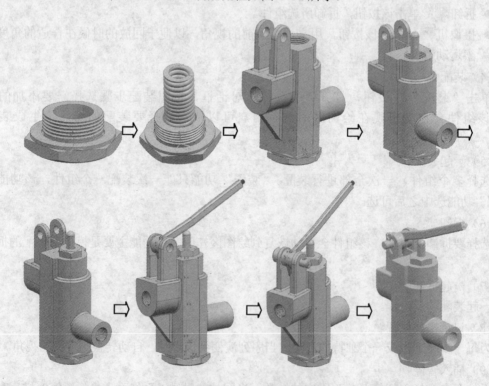

图 7-32 手压阀装配流程

（1）创建新文件图标

选择"菜单"→"文件"→"新建"命令或单击"主页"选项卡，选择"标准"组，单击"新建"按钮 ，打开"新建"对话框。在模板列表中选择"装配"，输入名称为 shouyafa，单击"确定"按钮，进入装配环境。

（2）添加底座

1）选择"菜单"→"装配"→"组件"→"添加组件"命令或单击"主页"选项卡，选择"装配"组，单击"组件"中的"添加组件"按钮 ，打开"添加组件"对话框，如图 7-33 所示。

2）单击"打开"按钮，打开"部件名"对话框，根据部件的存放路径选择部件 dizuo，打开"组件预览"窗口，底座预览如图 7-34 所示。

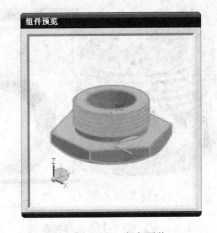

图 7-33　"添加组件"对话框　　　　　　　　　图 7-34　底座预览

3）在"定位"下拉列表中选择"绝对原点"，单击"确定"按钮，将 dizuo 添加到装配环境原点处。

（3）装配胶垫

1）选择"菜单"→"装配"→"组件"→"添加组件"命令或单击"主页"选项卡，选择"装配"组，单击"组件"中的"添加组件"按钮 ，打开"添加组件"对话框。

2）单击"打开"按钮，打开"部件名"对话框，根据部件的存放路径选择部件 jiaodian，打开"组件预览"窗口。

3）在对话框的"定位"下拉列表中选择"通过约束"，单击"确定"按钮，打开如图 7-35 所示的"装配约束"对话框。

4）在"类型"下拉列表中选择"接触对齐"，在"方位"下拉列表中选择"自动判断中心/轴"，依次选择如图 7-36 所示底座圆柱面和胶垫圆柱面，单击"确定"按钮。

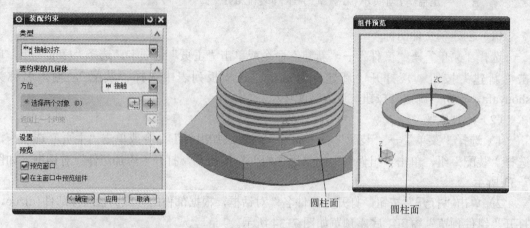

图 7-35 "装配约束"对话框　　　　　　　　　　图 7-36 选择圆柱面

5）在"方位"下拉列表中选择"接触"，依次选择如图 7-37 所示底座的端面和胶垫端面，单击"应用"按钮，完成面接触约束，完成底座和胶垫的装配，如图 7-38 所示。

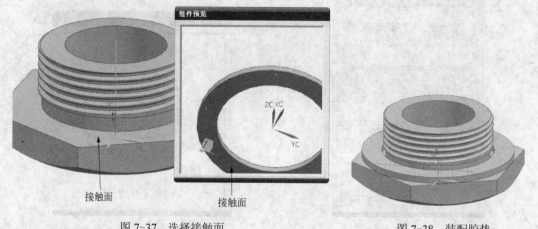

图 7-37 选择接触面　　　　　　　　　　　　　图 7-38 装配胶垫

（4）装配弹簧

1）选择"菜单"→"装配"→"组件"→"添加组件"命令或单击"主页"选项卡，选择"装配"组，单击"组件"中的"添加组件"按钮🔩，打开"添加组件"对话框。

2）单击"打开"按钮，打开"部件名"对话框，根据部件的存放路径选择部件 tanhuang，打开"组件预览"窗口。

3）在对话框的"定位"下拉列表中选择"选择原点"，单击"确定"按钮，打开如图 7-39 所示"点"对话框。输入坐标为（0,0,25），连续单击"确定"按钮，结果如图 7-40 所示。

（5）装配阀体

1）选择"菜单"→"装配"→"组件"→"添加组件"命令或单击"主页"选项卡，选择"装配"组，单击"组件"中的"添加组件"按钮🔩，打开"添加组件"对话框。

图 7-39 "点"对话框

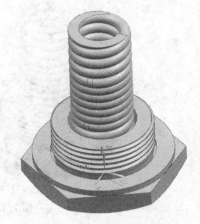

图 7-40 装配弹簧

2）单击"打开"按钮，打开"部件名"对话框，根据部件的存放路径选择部件 fati，打开"组件预览"窗口。

3）在对话框的"定位"下拉列表中选择"通过约束"，单击"确定"按钮，打开"装配约束"对话框。

4）在"类型"下拉列表中选择"接触对齐"，在"方位"下拉列表中选择"接触"，选择如图 7-41 所示的垫圈端面和阀体下端面，单击"应用"按钮。

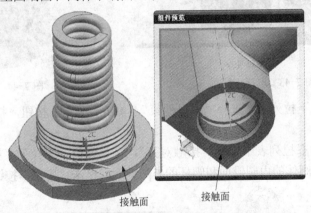

图 7-41 选择接触面

5）在"方位"下拉列表中选择"自动判断中心/轴"，选择如图 7-42 所示的底座圆柱面和阀体圆柱面，单击"应用"按钮。

6）在"类型"下拉列表中选择"平行"类型，选择如图 7-43 所示的底座侧面和阀体侧面，单击"确定"按钮，装配阀体如图 7-44 所示。

（6）装配阀杆

1）选择"菜单"→"装配"→"组件"→"添加组件"命令或单击"主页"选项卡，选择"装配"组，单击"组件"中的"添加组件"按钮，打开"添加组件"对话框。

2）单击"打开"按钮，打开"部件名"对话框，根据部件的存放路径选择部件 fagan，打开"组件预览"窗口。

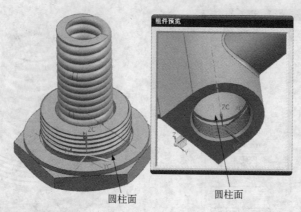

圆柱面   圆柱面

图 7-42   选择圆柱面

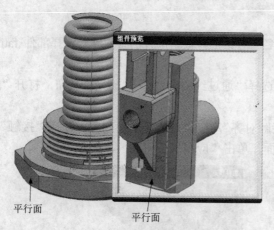

平行面   平行面

图 7-43   选择平行面

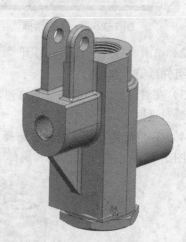

图 7-44   装配阀体

3）在"定位"下拉列表中选择"通过约束"，单击"确定"按钮，打开"装配约束"对话框。

4）在"类型"下拉列表中选择"接触对齐"，在"方位"下拉列表中选择"接触"，选择如图 7-45 所示的阀体的内圆锥面和阀杆的外圆锥面，单击"应用"按钮。

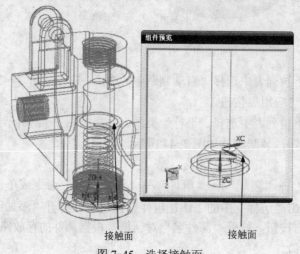

接触面   接触面

图 7-45   选择接触面

5）在"方位"下拉列表中选择"自动判断中心/轴"，选择如图 7-46 所示的阀体外圆柱面和阀杆圆柱面，单击"确定"按钮，装配阀杆如图 7-47 所示。

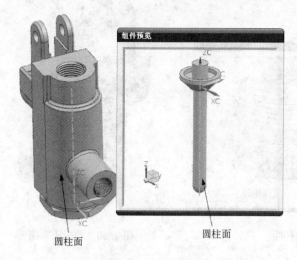

圆柱面

圆柱面

图 7-46　选择圆柱面

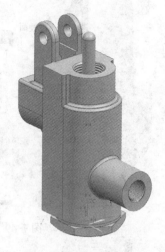

图 7-47　装配阀杆

（7）装配压紧螺母

1）选择"菜单"→"装配"→"组件"→"添加组件"命令或单击"主页"选项卡，选择"装配"组，单击"组件"中的"添加组件"按钮 ，打开"添加组件"对话框。

2）单击"打开"按钮，打开"部件名"对话框，根据部件的存放路径选择部件 yajinluomu，打开"组件预览"窗口。

3）在"定位"下拉列表中选择"通过约束"，单击"确定"按钮，打开"装配约束"对话框。

4）在"类型"下拉列表中选择"接触对齐"，在"方位"下拉列表中选择"接触"，选择如图 7-48 所示的阀体上表面和压紧螺母端面，单击"应用"按钮。

接触面

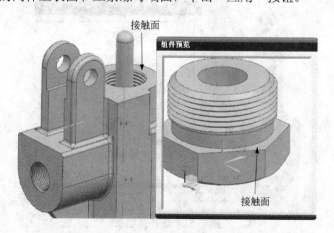

接触面

图 7-48　选择接触面

5）在"类型"下拉列表中选择"接触对齐"，在"方位"下拉列表中选择"自动判断中心/轴"，选择如图 7-49 所示的阀体圆柱面和压紧螺母圆柱面，单击"确定"按钮，装配压紧螺母，如图 7-50 所示。

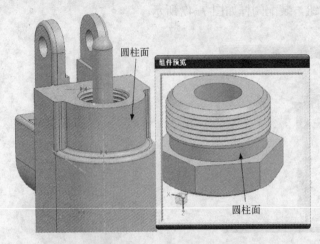

图 7-49　选择圆柱面

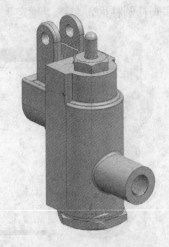

图 7-50　装配压紧螺母

（8）装配把手

1）选择"菜单"→"装配"→"组件"→"添加组件"命令，或单击"主页"选项卡，选择"装配"组，单击"组件"中的"添加组件"按钮，打开"添加组件"对话框。

2）单击"打开"按钮，打开"部件名"对话框，根据部件的存放路径选择部件 bashou，打开"组件预览"窗口。

3）在"定位"下拉列表中选择"通过约束"，单击"确定"按钮，打开"装配约束"对话框。

4）在"类型"下拉列表中选择"接触对齐"，在"方位"下拉列表中选择"接触"，选择如图 7-51 所示的阀体侧和把手端面，单击"应用"按钮。

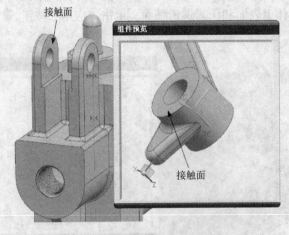

图 7-51　选择接触面

5）在"类型"下拉列表中选择"接触对齐"，在"方位"下拉列表中选择"自动判断中心/轴"，选择如图 7-52 所示的阀体内圆柱面和把手内圆柱面，单击"应用"按钮。

6）在"类型"下拉列表中选择"接触对齐"，在"方位"下拉列表中选择"接触"，选择阀杆球面和把手底面,单击"确定"按钮,装配把手如图 7-53 所示。

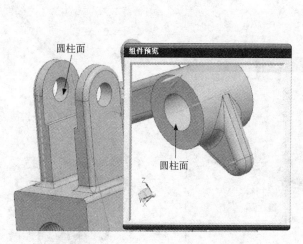

图 7-52 选择圆柱面

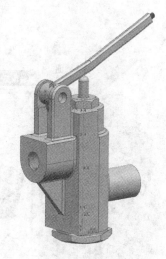

图 7-53 装配把手

(9)装配销轴

1)选择"菜单"→"装配"→"组件"→"添加组件"命令或单击"主页"选项卡,选择"装配"组,单击"组件"中的"添加组件"按钮,打开"添加组件"对话框。

2)单击"打开"按钮,打开"部件名"对话框,根据部件的存放路径选择部件 xiaozhou,打开"组件预览"窗口。

3)在对话框的"定位"下拉列表中选择"通过约束",单击"确定"按钮,打开"装配约束"对话框。

4)在"类型"下拉列表中选择"接触对齐",在"方位"下拉列表中选择"接触",选择如图 7-54 所示的销轴的端面和阀体的端面,单击"应用"按钮。

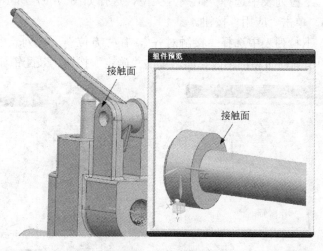

图 7-54 选择接触面

5)在"类型"下拉列表中选择"接触对齐",在"方位"下拉列表中选择"自动判断中心/轴",选择如图 7-55 所示的阀体圆柱面和销轴外圆柱面,单击"确定"按钮,装配销轴如图 7-56 所示。

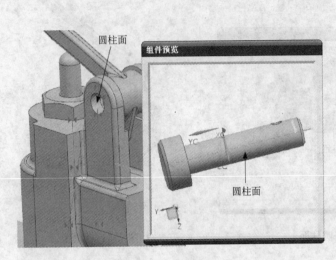

圆柱面

圆柱面

图 7-55　选择圆柱面　　　　　　　　　　　　　图 7-56　装配销轴

（10）装配销

1）选择"菜单"→"装配"→"组件"→"添加组件"命令或单击"主页"选项卡，选择"装配"组，单击"组件"中的"添加组件"按钮，打开"添加组件"对话框。

2）单击"打开"按钮，打开"部件名"对话框，根据部件的存放路径选择部件 xiao，打开"组件预览"窗口。

3）在"定位"下拉列表中选择"通过约束"，单击"确定"按钮，打开"装配约束"对话框。

4）在"类型"下拉列表中选择"距离"类型，选择如图 7-57 所示的销端面和阀体端面，输入距离为 26，单击"应用"按钮。

5）在"类型"下拉列表中选择"接触对齐"，在"方位"下拉列表中选择"接触"，选择如图 7-58 所示的销圆柱面和销轴内孔面，单击"确定"按钮，装配销如图 7-59 所示。

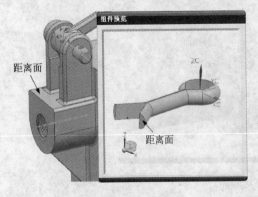

距离面

距离面

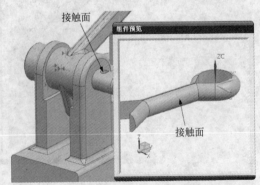

接触面

接触面

图 7-57　选择距离面　　　　　　　　　　　　　图 7-58　选择接触面

（11）装配胶木球

1）选择"菜单"→"装配"→"组件"→"添加组件"命令或单击"主页"选项卡，选择"装配"组，单击"组件"中的"添加组件"按钮 ，打开"添加组件"对话框。

2）单击"打开"按钮，打开"部件名"对话框，根据部件的存放路径选择部件 jiaomuqiu，打开"组件预览"窗口。

3）在"定位"下拉列表中选择"通过约束"，单击"确定"按钮，打开"装配约束"对话框。

4）在"类型"下拉列表中选择"接触对齐"，在"方位"下拉列表中选择"接触"，选择如图 7-60 所示的插头圆柱面和适配器的圆孔面，单击"应用"按钮。

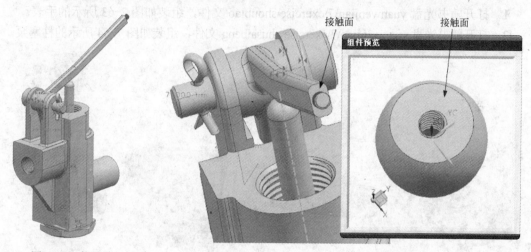

图 7-59　装配销　　　　　　　　　　　　　　　　　图 7-60　选择接触面

5）在"类型"下拉列表中选择"接触对齐"，在"方位"下拉列表中选择"自动判断中心/轴"，选择如图 7-61 所示的插头接触面和适配器接触面，单击"确定"按钮，装配胶木球如图 7-62 所示。

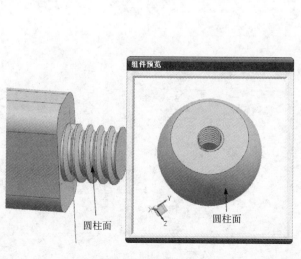

图 7-61　选择圆柱面　　　　　　　　　　　图 7-62　装配胶木球

（12）隐藏基准平面和草图

1）选择"菜单"→"编辑"→"显示和隐藏"→"隐藏"命令，打开"类选择"对话框，单击"类型过滤器"按钮 。

2）打开"按类型选择"对话框，选择"装配约束"选项，单击"确定"按钮。

3）返回到"类选择"对话框，单击"全选"按钮 ，单击"确定"按钮，隐藏视图中所有的约束，结果如图 7-32 所示。

7.11 思考与练习

1. 打开随书光盘 yuanwenjian\7\exercise\shoubiao 文件，组装如图 7-63 所示的手表。

2. 打开随书光盘 yuanwenjian\7\exercise\zhusaibeng 文件，组装如图 7-64 所示的柱塞泵。

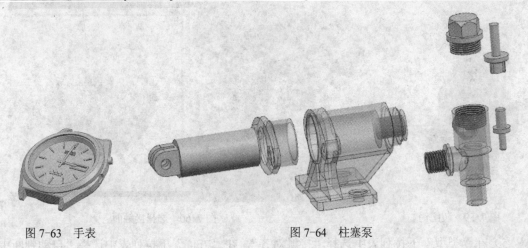

图 7-63 手表   图 7-64 柱塞泵

第8章 工程图绘制

利用 UG 建模模块中创建的零件和装配模型，可以被引用到 UG 工程图模块中快速生成二维工程图，UG 工程图模块建立的工程图是由三维实体模型投影得到的，因此，二维工程图与三维实体模型完全关联。模型的任何修改都会引起工程图的相应变化。

本章重点
- 进入工程图环境
- 图纸管理
- 视图管理
- 视图编辑

8.1 进入工程图环境

在 UG NX 中，可以运用"工程图"模块，在建模基础上生成平面工程图。由于建立的平面工程图是由三维实体模型投影得到的，因此，平面工程图与三维实体完全相关，实体模型的尺寸、形状，以及位置的任何改变都会引起平面工程图的相应更新，更新过程可由用户控制。

工程图一般可实现如下功能。

1）对于任何一个三维模型，可以根据不同的需要，使用不同的投影方法、不同的图幅尺寸，以及不同的视图比例建立模型视图、局部放大视图、剖视图等各种视图；各种视图能自动对齐；完全相关的各种剖视图能自动生成剖面线并控制隐藏线的显示。

2）可半自动对工程图进行各种标注，且标注对象与基于它们所创建的视图对象相关；当模型变化和视图对象变化时，各种相关的标注都会自动更新。标注的建立与编辑方式基本相同，其过程也是即时反馈的，使得标注更容易和有效。

3）可在工程图中加入文字说明、标题栏、明细栏等。UG NX 提供了多种绘图模板，也可自定义模板，使标号参数的设置更容易、方便和有效。

4）可用打印机或绘图仪输出工程图。

5）拥有更直观和容易使用的图形用户接口，使得图纸的建立更加容易和快捷。

进入工程图环境的步骤如下。

1）选择"菜单"→"文件"→"新建"命令或单击"主页"选项卡，选择"标准"组，单击"新建"按钮，打开如图 8-1 所示"新建"对话框。

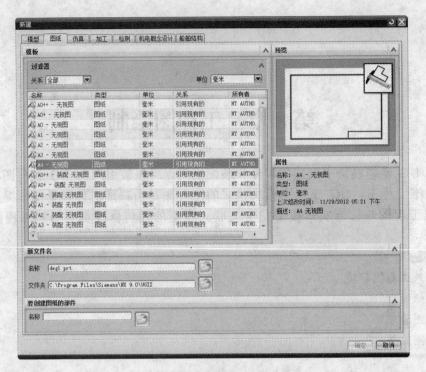

图 8-1 "新建"对话框

2）选择"图纸"选项卡，在"模板"列表框中选择适当的模板，并输入文件名称和路径。

3）单击"要创建图纸的部件"中的"打开"按钮 ，打开"选择主模型部件"对话框，如图 8-2 所示。

图 8-2 "选择主模型部件"对话框

4）单击"打开"按钮，打开"部件名"对话框，选择要创建图纸的零件，连续单击

"确定"按钮，进入工程图环境，如图 8-3 所示。

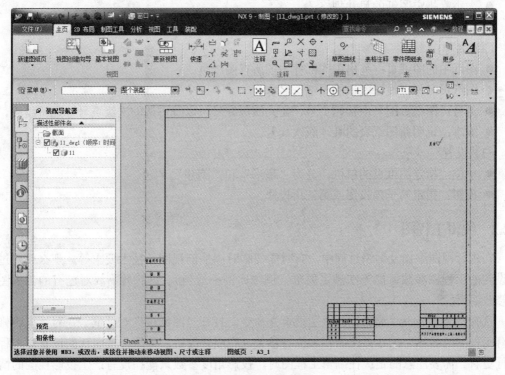

图 8-3　进入工程图环境

8.2　图纸管理

在 UG 中，任何一个三维模型，都可以通过不同的投影方法、不同的图样尺寸和不同的比例创建灵活多样的二维工程图。

8.2.1　新建工程图

1. 执行方式

- 菜单：选择"菜单"→"插入"→"图纸页"命令。
- 功能区：单击"主页"选项卡，选择"标准"组，单击"新建图纸"按钮 。

执行上述操作后，打开如图 8-4 所示"图纸页"对话框。选择适当的模板，单击"确定"按钮，则新建工程图。

2. 特殊选项说明

（1）大小

- 使用模板：选择 UG 中已有的模板。
- 标准尺寸：设置标准图纸的大小和比例。

图 8-4　"图纸页"对话框

- 定制尺寸：自定义设置图纸的大小和比例。
- 大小：指定图纸的尺寸规格。
- 比例：设置工程图中各类视图的比例大小，系统默认的设置比例为 1∶1。
（2）名称
- 图纸中的图纸页：列出工作部件中的所有图纸页。
- 图纸页名称：设置默认的图纸页名称。
- 页号：图纸页编号由初始页号、初始次级编号，以及可选的次级页号分隔符组成。
- 版本：说明新图纸页的唯一版次代号。
（3）设置
- 单位：指定图纸页的单位，分为"毫米"和"英寸"。
- 投影：指定第一角投影或第三角投影。

8.2.2 编辑工程图

在进行视图添加及编辑过程中，有时需要临时添加剖视图、技术要求等，那么新建过程中设置的工程图参数可能无法满足要求（例如比例不适当），这时就需要对已有的工程图进行修改编辑。

选择"菜单"→"编辑"→"图纸页"命令，打开"图纸页"对话框。在对话框中修改已有工程图的名称、尺寸、比例和单位等参数。完成修改后，系统会按照新的设置对工程图进行更新。需要注意的是：在编辑工程图时，投影角度参数只能在没有产生投影视图的情况下进行修改，否则，需要删除所有的投影视图后执行投影视图的编辑。

8.3 视图管理

UG 工程图模块提供了各种视图的管理功能，包括添加各种视图、对齐视图和编辑视图等。

8.3.1 基本视图

使用"基本视图"命令可将保存在部件中的任何标准建模或定制视图添加到图纸页中。

1. 执行方式
- 菜单：选择"菜单"→"插入"→"视图"→"基本视图"命令。
- 功能区：单击"主页"选项卡，选择"视图"组，单击"基本视图"按钮。

执行上述操作后，打开如图 8-5 所示"基本视图"对话框。在图形窗口中将指针移动到所需的位置，在绘图区中单击放置视图，单击鼠标中键关闭"基本视图"对话框。

2. 操作示例
本例创建阀体的主视图，如图 8-6 所示。

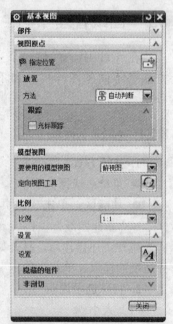

图 8-5 "基本视图"对话框

252

1）选择"菜单"→"插入"→"视图"→"基本"命令或单击"主页"选项卡，选择"视图"组，单击"基本视图"按钮，打开如图 8-7 所示的"基本视图"对话框。

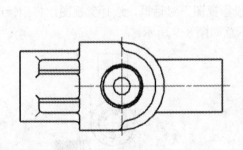

图 8-6　阀体主视图

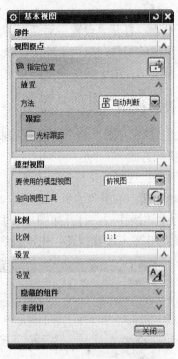

图 8-7　"基本视图"对话框

2）在"要使用的模型视图"下拉列表中选择"俯视图"，在"比例"下拉列表中选择 1:1。

3）在图纸中适当的地方放置基本视图，如图 8-6 所示。单击"关闭"按钮，关闭"基本视图"对话框。

3. 特殊选项说明

（1）部件

1）已加载的部件：显示所有已加载部件的名称。

2）最近访问的部件：选择最近访问的一个部件，以便为该部件加载并添加视图。

3）打开：浏览或打开其他部件，并为这些部件添加视图。

（2）视图原点

1）指定位置：指定放置位置。

2）放置：建立视图的位置。

● 方法：选择对齐视图选项。

● 光标跟踪：开启 XC 和 YC 跟踪。

（3）模型视图

1）要使用的模型视图：选择一个要用作基本视图的模型视图。

2）定向视图工具：打开"定向视图"工具并且可用于定制基本视图的方位。

（4）比例

为制图视图指定一个特定的比例。

（5）设置

1）设置：打开"设置"对话框并且可用于设置视图的显示样式。

2）隐藏的组件：只用于装配图纸。能够控制一个或多个组件在基本视图中的显示。

3）非剖切：用于装配图纸。指定一个或多个组件为未切削组件。

8.3.2 投影视图

通过"投影视图"命令从现有基本、图纸、正交视图或辅助视图投影视图。

1. 执行方式

● 菜单：选择"菜单"→"插入"→"视图"→"投影"命令。

● 功能区：单击"主页"选项卡，选择"视图"组，单击"投影视图"按钮。

执行上述操作后，打开如图 8-8 所示"投影视图"对话框，选择父视图，将指针放到需要的位置，并单击放置视图，生成投影视图示意如图 8-9 所示。

图 8-8 "投影视图"对话框

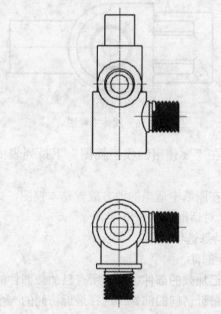

图 8-9 "投影视图"示意

2. 特殊选项说明

（1）父视图

在绘图区选择视图作为基本视图（父视图），并从它投影出其他视图。

（2）铰链线

1）矢量选项：包括自动判断和已定义。

- 自动判断：为视图自动判断铰链线和投影方向。
- 已定义：允许为视图手工定义铰链线和投影方向。

2）反转投影方向：镜像铰链线的投影箭头。

3）关联：当铰链线与模型中平的面平行时，将铰链线自动关联该面。

"视图原点"的设置和基本视图中的设置相同，在此就不详细介绍。

8.3.3 局部放大图

局部放大图包含一部分现有视图。局部放大图的比例可根据需要进行调整，以便更容易地查看在视图中显示的对象并对其进行注释。

1. 执行方式

- 菜单：选择"菜单"→"插入"→"视图"→"局部放大图"命令。
- 功能区：单击"主页"选项卡，选择"视图"组，单击"局部放大图"按钮🔍。

执行上述操作后，打开如图 8-10 所示"局部放大图"对话框。在对话框中选择类型，在父视图上选择一个点作为局部放大图中心，将指针移出中心点，然后单击以定义局部放大图的圆形边界的半径，将视图拖动到图纸上所需位置，单击放置视图，如图 8-11～图 8-13 所示。

图 8-10 "局部放大图"对话框

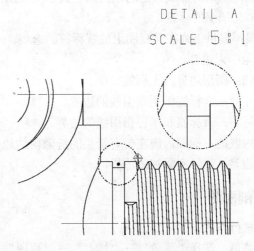

图 8-11 "圆形"边界

2. 特殊选项说明

（1）类型

1）圆形：创建有圆形边界的局部放大图。

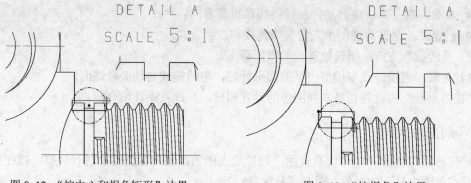

图 8-12 "按中心和拐角矩形"边界 图 8-13 "按拐角"边界

2）按拐角：通过选择对角线上的两个拐角点创建矩形局部放大图边界。

● 指定拐角点 1：定义矩形边界的第一个拐角点。

● 指定拐角点 2：定义矩形边界的第二个拐角点。

3）按中心和拐角矩形：通过选择一个中心点和一个拐角点创建矩形局部放大图边界。

● 指定中心点：定义圆形边界的中心。

● 指定边界点：定义圆形边界的半径。

（2）父视图

选择视图：选择一个父视图。

（3）原点

● 指定位置：指定局部放大图的位置。

● 移动视图：在局部放大图的过程中移动现有视图。

（4）比例

比例：默认局部放大图的比例因子大于父视图的比例因子。

（5）父项上的标签

标签：提供下列在父视图上放置标签的选项。

● 无：无边界。

● 圆：圆形边界，无标签。

● 注释：有标签但无指引线的边界。

● 标签：有标签和半径指引线的边界。

● 内嵌的：标签内嵌在带有箭头的缝隙内的边界。

● 边界：显示实际视图边界。

8.3.4 剖视图

1. 执行方式

● 菜单：选择"菜单"→"插入"→"视图"→"截面"→"简单/阶梯剖"命令。

● 功能区：单击"主页"选项卡，选择"视图"组，单击"剖视图"中的"剖视图"按钮 。

执行上述操作后，打开如图 8-14 所示"剖视图"工具栏。选择父视图后，打开如图 8-15 所示的"剖视图"工具栏，在视图几何体上选择一个点，将动态截面线移至剖切位置点，然后选择一个点放置截面线符号，移出视图并放在所需位置，单击放置视图，如图 8-16 所示。

图 8-14 "剖视图"工具栏

图 8-15 "剖视图"工具栏

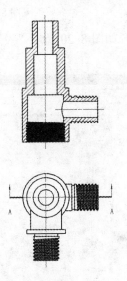

图 8-16 "剖视图"示意

2. 操作示例

本例接 8.3.1 节的操作示例,创建阀体工程图的剖视图。绘制流程如图 8-17 所示。

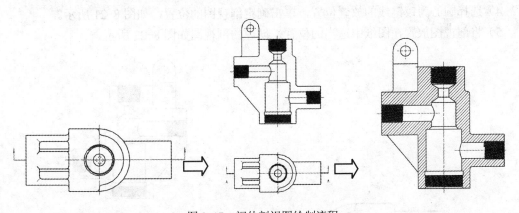

图 8-17 阀体剖视图绘制流程

参见
光盘

光盘\动画演示\第 8 章\阀体剖视图.avi

(1)创建剖视图

1)选择"菜单"→"插入"→"视图"→"截面"→"简单/阶梯剖"命令或单击"主页"选项卡,选择"视图"组,单击"剖视图"中的"剖视图"按钮 ⚙,打开如图 8-18 所示"剖视图"工具栏。

2）选择上步创建的基本视图为父视图，打开如图 8-19 所示"剖视图"工具栏。

图 8-18 "剖视图"工具栏

图 8-19 "剖视图"工具栏

3）单击"设置"按钮 ，打开如图 8-20 所示"设置"对话框，取消"创建剖面线"复选框的勾选，单击"确定"按钮。

图 8-20 "设置"对话框

4）选择圆心为铰链线的放置位置，单击确定剖视图的位置，如图 8-21 所示。

5）将剖视图放置在图纸中适当的位置，创建的剖视图如图 8-22 所示。

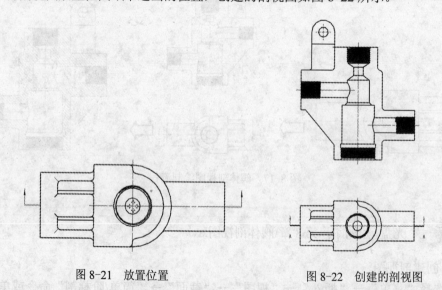

图 8-21 放置位置　　　　　　　　图 8-22 创建的剖视图

（2）填充剖面线

1）选择左视图并右击，在弹出的快捷菜单中选择"活动草图视图"命令。

2）单击"主页"选项卡，选择"草图"→"草图曲线"→"曲线"，单击"直线"按钮
，打开"直线"对话框，绘制两条直线，如图 8-23 所示。

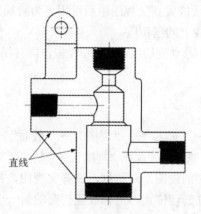

直线

图 8-23　绘制直线

3）选择"菜单"→"插入"→"注释"→"剖面线"命令，或单击"主页"选项卡，
选择"注释"组，单击"剖面线"按钮，打开如图 8-24 所示"剖面线"对话框，选择填
充区域，如图 8-25 所示。

图 8-24　"剖面线"对话框

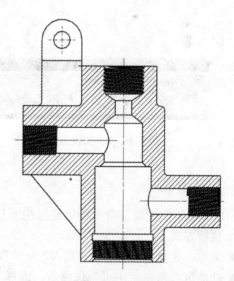

图 8-25　绘制剖面线

3. 特殊选项说明

- 选择父视图：在当前图纸页中选择视图，视图中将显示剖切线符号。
- 截面线设置：单击此按钮，打开"设置"对话框，设置截面线参数。
- 自动判断铰链线：放置剖切线。

- 定义铰链线 ：单击此按钮在自动判断的矢量列表中选择矢量来定义关联铰链线。
- 反向 ：反转剖切线箭头的方向。
- 添加段 ：在将剖切线放置到父视图中后可用，为阶梯剖视图添加剖切段。
- 删除段 ：删除剖切线上的剖切段。
- 移除段 ：在父视图中移动剖切线符号的单个段，同时保留与相邻段的角度和连接。

8.3.5 半剖视图

1. 执行方式

- 菜单：选择"菜单"→"插入"→"视图"→"截面"→"半剖"命令。
- 功能区：单击"主页"选项卡，选择"视图"→"剖视图"，单击"半剖视图"按钮 。

执行上述操作后，打开"剖视图"对话框，选择父视图，打开如图 8-26 所示"半剖视图"工具栏。选择一个点定位剖切位置，选择放置折弯的另一个点，然后移动指针确定截面线符号的方向，单击放置视图，如图 8-27 所示。

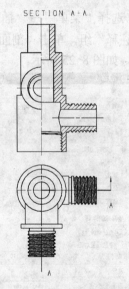

图 8-26 "半剖视图"工具栏   图 8-27 "半剖视图"示意

8.3.6 旋转剖视图

利用"旋转剖视图"命令可创建围绕圆柱形或锥形部件的公共轴旋转的剖视图。

1. 执行方式

- 菜单：选择"菜单"→"插入"→"视图"→"截面"→"旋转剖"命令。
- 功能区：单击"主页"选项卡，选择"视图"组，单击"剖视图"中的"旋转剖视图"按钮 。

执行上述操作后，打开如图 8-28 所示"旋转剖视图"工具栏，选择父视图，打开如图 8-29 所示"旋转剖视图"工具栏。选择一个旋转点以放置截面线符号，为第一段选择一个点，然后选择第二段的点，拖动视图到所需位置并单击放置视图，如图 8-30 所示。

图 8-28 "旋转剖视图"工具栏（一）　　　　　图 8-29 "旋转剖视图"工具栏（二）

此外还可以使用"旋转剖视图"命令创建含有多个段剖切而没有折弯的视图，这里不再赘述。

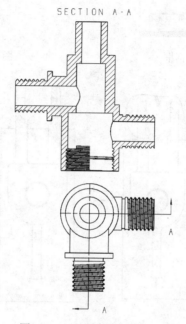

图 8-30 "旋转剖视图"示意

8.3.7　局部剖视图

通过"局部剖视图"命令可移除部件的某个外部区域来查看其部件内部。

1. 执行方式

● 菜单：选择"菜单"→"插入"→"视图"→"截面"→"局部剖"命令。

● 功能区：单击"主页"选项卡，选择"视图"组，单击"局部剖视图"按钮 。

执行上述操作后，打开如图 8-31 所示"局部剖"对话框。选择要剖切的视图，指定基点和矢量方向，选择与视图相关的曲线以表示局部剖的边界，如图 8-32 所示。

2. 操作示例

本例接 8.3.4 节的操作示例，创建阀体的局部剖视图，绘制流程如图 8-33 所示。

光盘\动画演示\第 8 章\阀体局部剖视图.avi

（1）创建投影视图

1）选择"菜单"→"插入"→"视图"→"投影视图"命令或单击"主页"选项卡，选择"视图"组，单击"投影视图"按钮 ，打开如图 8-34 所示"投影视图"对话框。

图 8-31 "局部剖"对话框

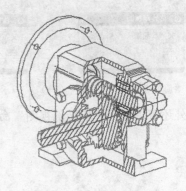

图 8-32 "局部剖"示意

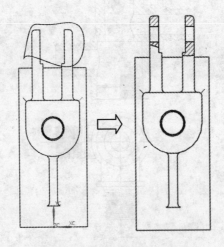

图 8-33 局部剖视图绘制流程

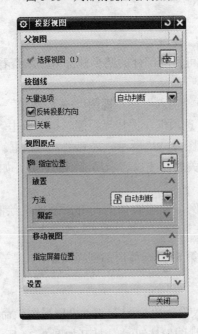

图 8-34 "投影视图"对话框

2）选择上步创建的基本视图为父视图。

3）将投影放置在图纸中适当的位置，如图 8-35 所示。单击"关闭"按钮"。

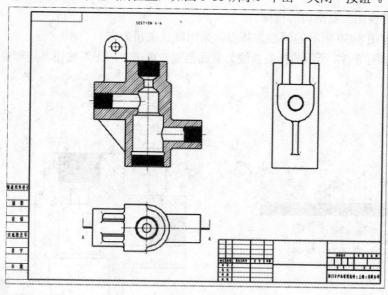

图 8-35　投影视图

（2）创建局部剖视图

1）选择左视图并右击，在弹出的快捷菜单中选择"活动草图视图"命令，单独显示左视图。

2）单击"主页"选项卡，选择"草图"→"草图曲线"→"更多曲线"，单击"艺术样条"按钮，打开如图 8-36 所示"艺术样条"对话框，选中"参数化"选项组中的"封闭"复选框，绘制一个封闭曲线，如图 8-37 所示，单击"完成草图"按钮，完成曲线的绘制。

图 8-36　"艺术样条"对话框

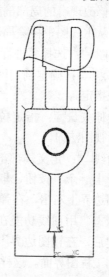

图 8-37　绘制曲线

3）选择"菜单"→"插入"→"视图"→"截面"→"局部剖"命令或单击"主页"

选项卡，选择"视图"组，单击"局部剖视图"按钮，打开如图 8-38 所示"局部剖"对话框。

4）选择左视图为要剖切的视图。

5）捕捉如图 8-39 所示的圆心为基点，采用默认矢量方向。

6）选择如图 8-37 所示的样条曲线为截面范围，单击"应用"按钮，局部视图如图 8-33 所示。

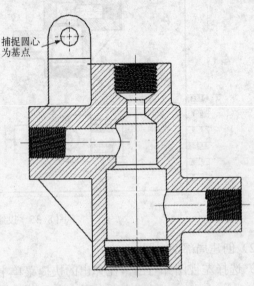

图 8-38　"局部剖"对话框　　　　　图 8-39　选择基点

3. 特殊选项说明

● 创建：激活局部剖视图创建步骤。

● 编辑：修改现有的局部剖视图。

● 删除：从主视图中移除局部剖。

● 选择视图：选择要进行局部剖切的视图。

● 指出基点：确定剖切区域沿拉伸方向开始拉伸的参考点，该点可通过"捕捉点"工具条指定。

● 指出拉伸矢量：指定拉伸方向，可用矢量构造器指定，必要时可使拉伸反向，或指定为视图法向。

● 选择曲线：定义局部剖切视图剖切边界的封闭曲线。当选择错误时，可单击"取消选择上一个"按钮，取消上一个选择。定义边界曲线的方法是：在进行局部剖切的视图边界上右击，在弹出的快捷菜单中选择"扩展成员视图"，进入视图成员模型工作状态。用曲线功能在要产生局部剖切的位置创建局部剖切边界线。完成边界线的创建后，在视图边界上右击，从弹出的快捷菜单中选择"扩展成员视图"命令，恢复到工程图界面。这样，就建立了与选择视图相关联的边界线。

● 修改边界曲线：修改剖切边界点，必要时可用于修改剖切区域。

● 切穿模型：勾选该复选框，则剖切时完全穿透模型。

8.3.8 断开视图

利用"断开视图"命令添加多个水平或竖直断开视图。

1. 执行方式

● 菜单：选择"菜单"→"插入"→"视图"→"断开视图"命令。

● 功能区：单击"主页"选项卡，选择"视图"组，单击"断开视图"按钮 🔲。

执行上述操作后，打开如图 8-40 所示"断开视图"对话框。在"类型"下拉列表中选择"常规"或"单侧"，选择要断开的视图，指定或调整断开方向，选择第一条断裂线和第二条断裂线的描点（可以拖动偏置手柄来移动断裂线，若选择单侧类型不用选第二条断裂线），在设置组中修改断裂线类型、幅值、延伸、颜色、宽度和其他设置。单击"应用"按钮，创建断开视图，如图 8-41 所示。

2. 特殊选项说明

（1）类型

1）常规：创建具有两条表示图纸上概念缝隙的断裂线的断开视图。

2）单侧：创建具有一条断裂线的断开视图。

图 8-40 "断开视图"对话框

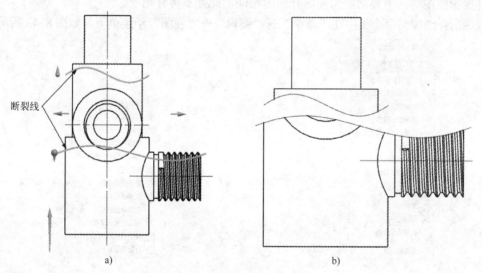

图 8-41 "断开视图"示意

a) 原图　b) 断开视图

（2）主模型视图

选择视图：在当前图纸页中选择要断开的视图。

（3）方向

断开的方向垂直于断裂线。

1）方位：指定与第一个断开视图相关的其他断开视图的方向。

2）指定矢量：添加第一个断开视图。

（4）断裂线 1/断裂线 2

1）关联：将断开位置锚点与图纸的特征点关联。

2）指定锚点：用于指定断开位置的锚点。

3）偏置：设置锚点与断裂线之间的距离。

（5）设置

1）间隙：设置两条断裂线之间的距离。

2）样式：指定断裂线的类型，包括简单、直线、锯齿线、长断裂线、管状线、实心管状线、实心杆状线、拼图线、木纹线、复制曲线和模板曲线。

3）幅值：设置用作断裂线的曲线的幅值。

4）延伸 1/延伸 2：设置穿过模型一侧的断裂线的延伸长度。

5）显示断裂线：显示视图中的断裂线。

6）颜色：指定断裂线颜色。

7）宽度：指定断裂线的密度。

8.4 视图编辑

选中需要编辑的视图并右击，打开快捷菜单（如图 8-42 所示），可以更改视图样式、添加各种投影视图等。主要功能与前面介绍的相同，此处不再介绍了。

视图的详细编辑命令集中在"菜单"→"编辑"→"视图"子菜单下，如图 8-43 所示。

图 8-42　快捷菜单

图 8-43　"视图"子菜单

8.4.1　对齐视图

一般而言，视图之间应该对齐，但 UG 在自动生成视图时是可以任意放置的，用户可根据需要进行对齐操作。在 UG 中，用户可以拖动视图，系统会自动判断用户意图（包括中心对齐、边对齐多种方式），并显示可能的对齐方式，基本上可以满足用户对于视图放置的要求。

1. 执行方式

● 菜单：选择"菜单"→"编辑"→"视图"→"对齐"命令。

● 功能区：单击"主页"选项卡，选择"视图"组，单击"编辑视图"中的"视图对齐"按钮 🖻。

执行上述操作后，打开如图 8-44 所示"视图对齐"对话框。选择一个对齐选项，在视图中选择一个静止视图或点，然后选择要对齐的视图。

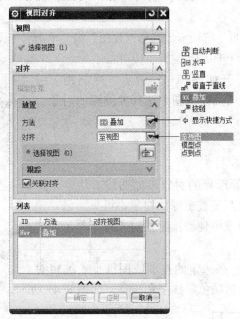

图 8-44 "视图对齐"对话框

2. 特殊选项说明

（1）放置

放置对齐视图的"方法"和"对齐"方式。

1）方法。

● 叠加 🖻：即重合对齐，系统会将视图的基准点进行重合对齐。

● 水平 🖽：系统会将视图的基准点进行水平对齐。

● 竖直 🖺：系统会将视图的基准点进行竖直对齐。

● 垂直于直线 🖳：系统会将视图的基准点垂直于某一直线对齐。

● 自动判断 🖻：该选项中，系统会根据选择的基准点，判断用户意图，并显示可能的对齐方式。

2）对齐。

● 模型点：使用模型上的点对齐视图。

● 至视图：使用视图中心点对齐视图。

● 点到点：移动视图上的一个点到另一个指定点来对齐视图。

（2）列表

在列表中列出了所有可以进行对齐操作的视图。

（3）取消选择视图

清除所有选择，并重新开始对齐过程。

8.4.2 视图相关编辑

1. 执行方式

● 菜单：选择"菜单"→"编辑"→"视图"→"视图相关编辑"命令。

● 功能区：单击"主页"选项卡，选择"视图"组，单击"编辑视图"中的"视图相关编辑"按钮。

执行上述操作后，打开如图 8-45 所示"视图相关编辑"对话框。选择编辑选项，在视图中选择要编辑的对象，单击"确定"按钮。

2. 特殊选项说明

（1）添加编辑

● 擦除对象：擦除选择的对象，如曲线、边等。擦除并不是删除，只是使被擦除的对象不可见而已，使用"擦除对象"命令可使被擦除的对象重新显示，如图 8-46 所示。

● 编辑完整对象：在选定的视图或图纸页中编辑对象的显示方式，包括颜色、线型和线宽。如图 8-47 所示。

图 8-45 "视图相关编辑"对话框

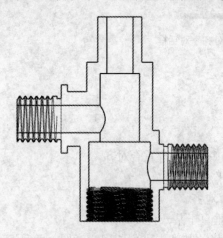

图 8-46 擦除剖面线

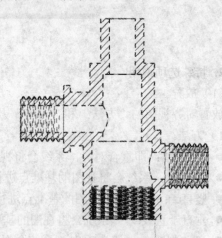

图 8-47 更改边线为虚线

● 编辑着色对象：控制视图中对象的局部着色和透明度。

● 编辑对象段：编辑部分对象的显示方式，用法与编辑整个对象相似。再选择编辑对象后，可选择一个或两个边界，则只编辑边界内的部分，如图 8-48 所示。

● 编辑剖视图背景：编辑剖视图背景线。在建立剖视图时，可以有选择地保留背景线，而使背景线编辑功能，不但可以删除已有的背景线，而且还可添加新的背景线。

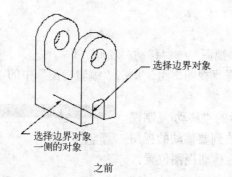
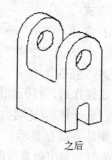

选择边界对象

选择边界对象
一侧的对象

之前

之后

图 8-48 "编辑对象段"示意

（2）删除编辑

● 删除选择的擦除 ：恢复被擦除的对象。单击该图标，将高显已被擦除的对象，选择要恢复显示的对象并确认。

● 删除选择的编辑 ：恢复部分编辑对象在原视图中的显示方式。

● 删除所有编辑 ：恢复所有编辑对象在原视图中的显示方式。

（3）转换相依性

● 模型转换到视图 ：转换模型中单独存在的对象到指定视图中，且该对象只出现在该视图中。

● 视图转换到模型 ：转换视图中单独存在的对象到模型视图中。

（4）线框编辑

1）线条颜色：更改选定对象的颜色。

2）线型：更改选定对象的线型。

3）线宽：更改几何对象的线宽。

（5）着色编辑

1）着色颜色：用于从颜色对话框中选择着色颜色。

2）局部着色。

● 无更改：有关此对象的所有现有编辑将保持不变。

● 原始的：将对象恢复到原先的设置。

● 否：选定的对象禁用此编辑设置。

● 是：将局部着色应用到选定的对象。

3）透明度。

● 无更改：保留当前视图的透明度。

● 原始的：将对象恢复到原先的设置。

● 否：选定的对象禁用此编辑设置。

● 是：允许使用滑块来定义选定对象的透明度。

8.4.3 移动/复制视图

"移动/复制视图"命令用于在当前图纸上移动或复制一个或多个选定的视图，或者把选择的视图移动或复制到另一张图纸中。

1. 执行方式

● 菜单：选择"菜单"→"编辑"→"视图"→"移动/复制"命令。
● 功能区：单击"主页"选项卡，选择"视图"组，单击"编辑视图"中的"移动/复制视图"按钮。

执行上述操作后，打开如图 8-49 所示的"移动/复制视图"对话框。选择移动/复制类型，将指针放到要移动的视图上，直到视图边界高亮显示，然后拖动鼠标移动视图位置，视图移动到位时，单击放置视图。

2. 特殊选项说明

● 至一点█：移动或复制选定的视图到指定点，该点可用光标或坐标指定。
● 水平█：在水平方向上移动或复制选定的视图。
● 竖直█：在竖直方向上移动或复制选定的视图。
● 垂直于直线█：在垂直于指定方向移动或复制视图。
● 至另一图纸█：移动或复制选定的视图到另一张图纸中。
● 复制视图：勾选该复选框，用于复制视图，否则移动视图。
● 视图名：在移动或复制单个视图时，为生成的视图指定名称。
● 距离：勾选该复选框，用于输入移动或复制后的视图与原视图之间的距离值。若选择多个视图，则以第一个选定的视图作为基准，其他视图将与第一个视图保持指定的距离。若不勾选该复选框，则可移动指针或输入坐标值指定视图位置。
● 矢量构造器列表：选择指定矢量的方法，视图将垂直于该矢量移动或复制。
● 取消选择视图：清除视图选择。

图 8-49 "移动/复制视图"对话框

8.5 综合实例——绘制手压阀装配工程图

本例创建手压阀装配工程图，如图 8-50 所示。首先创建主视图，然后创建剖视图。

参见光盘 　光盘\动画演示\第 8 章\手压阀装配工程图.avi

（1）新建文件

选择"菜单"→"文件"→"新建"命令，或单击"主页"选项卡，选择"标准"组，单击"新建"按钮█，打开"新建"对话框，选择"图纸"模板中的"A2-无视图"模板，在"名称"文本框中输入"shouyafa_dwg1"，单击要创建图纸的部件中的"打开"按钮，选择齿轮泵装配体，单击"确定"按钮，进入 UG 主界面。

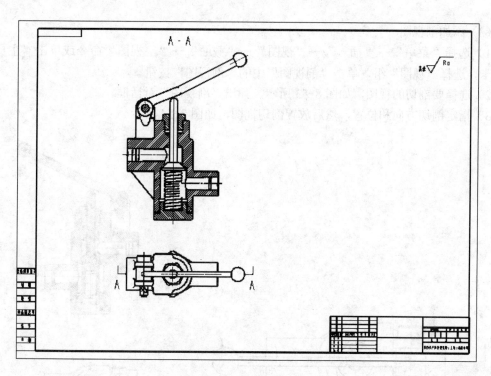

图 8-50　手压阀装配工程图

（2）添加基本视图

选择"菜单"→"插入"→"视图"→"基本视图"命令或单击"主页"选项卡，选择"视图"组，单击"基本视图"按钮🗔，打开如图 8-51 所示的"基本视图"对话框，选择"俯视图"，输入比例为 1:1。如图 8-52 所示。

图 8-51　"基本视图"对话框

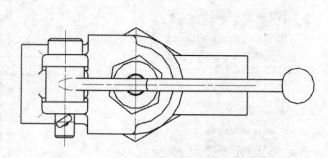

图 8-52　创建投影视图

（3）添加剖视图

1）选择"菜单"→"插入"→"视图"→"截面"→"剖视图"命令或单击"主页"选项卡，选择"视图"组，单击"剖视图"中的"剖视图"按钮 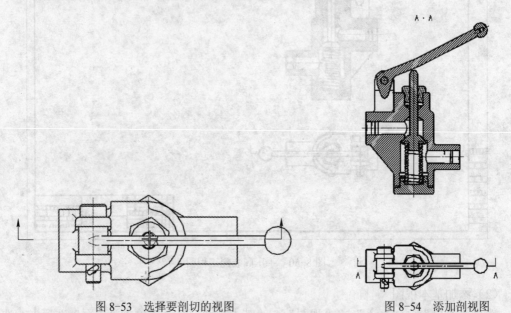 。

2）选择要剖切的视图，如图 8-53 所示，弹出"剖视图"对话框。

3）指定剖切方向和位置，然后放置剖切视图，如图 8-54 所示。

图 8-53　选择要剖切的视图

图 8-54　添加剖视图

（4）编辑剖视图

1）执行"菜单"→"编辑"→"视图"→"视图中剖切"命令，或单击"主页"选项卡，选择"视图"组，单击"编辑视图"中的"视图中剖切"按钮 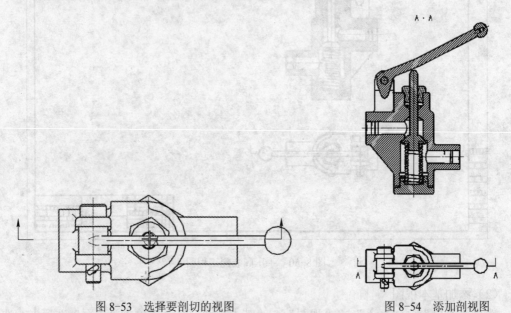 ，打开"视图中剖切"对话框。

2）单击"操作"面板中的"变成非剖切"单选钮，如图 8-55 所示。在视图中选择"手柄""阀杆"和"弹簧"为不剖切零件，如图 8-56 所示。单击"确定"按钮，选中的零件将不被剖切，如图 8-57 所示。

图 8-55　"视图中剖切"对话框

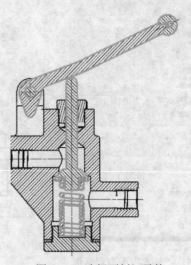

图 8-56　选择不剖切零件

3）参照上个实例，添加直线并修改阀体剖面线，如图 8-58 所示。

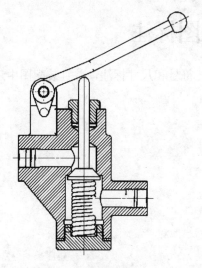

图 8-57　隐藏剖切零件

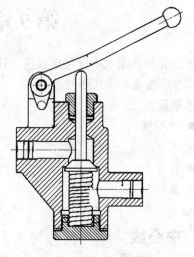

图 8-58　绘制直线并修改剖面线

8.6　思考与练习

绘制如图 8-59 所示的机盖工程图。

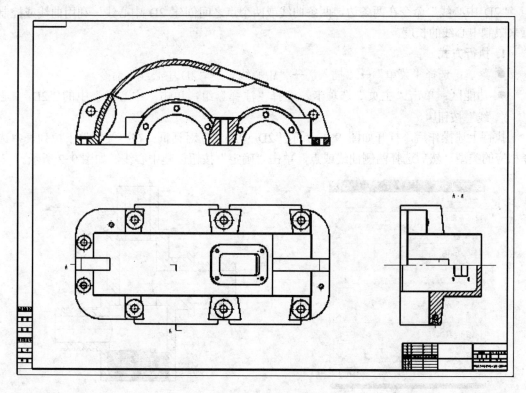

图 8-59　机盖工程图

第9章 工程图标注

一张完整的图纸不仅包括视图，还包括中心线、符号和尺寸标注，并且装配图中还需要添加零件明细表和零件序号。

本章重点

- 中心线
- 尺寸标注
- 符号
- 表格

9.1 中心线

在 UG NX 中，可以创建各种类型的中心线，包括中心标记、螺栓圆中心线、圆形中心线、对称中心线、2D 中心线、3D 中心线、自动中心线、偏置中心点符号。下面介绍 2D 中心线和 3D 中心线的用法。

9.1.1 2D 中心线

"2D 中心线"命令在两条边、两条曲线或两个点之间创建 2D 中心线，利用曲线或控制点来限制中心线的长度。

1. 执行方式

- 菜单：选择"菜单"→"插入"→"中心线"→"2D 中心线"命令。
- 功能区：单击"主页"选项卡，选择"注释"组，单击"中心线"中的"2D 中心线"按钮⊕。

执行上述操作后，打开如图 9-1 所示"2D 中心线"对话框。在"类型"下拉列表中选择相应的类型，然后选择两侧曲线或点，单击"确定"按钮创建中心线，如图 9-2 所示。

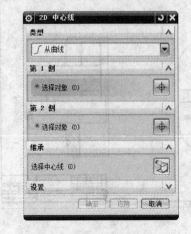

图 9-1 "2D 中心线"对话框

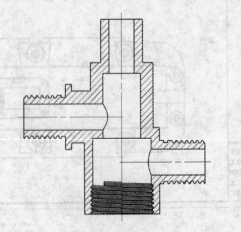

图 9-2 创建中心线

2. 操作示例

此例接第 8 章阀体工程图绘制实例。首先创建中心标记，然后创建 2D 中心线。绘制流程如图 9-3 所示。

光盘\动画演示\第 9 章\创建阀体中心线.avi

（1）标注中心标记

选择"菜单"→"插入"→"中心线"→"中心标记"命令，打开如图 9-4 所示"中心标记"对话框。选择如图 9-5 所示的圆，单击"确定"按钮，创建圆中心线。如图 9-6 所示。

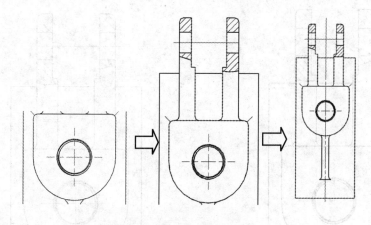

图 9-3　创建阀体中心线流程

图 9-4　"中心标记"对话框

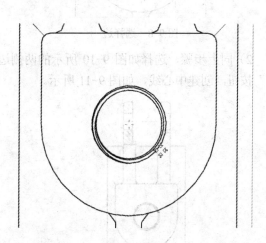

图 9-5　选择圆

（2）标注 2D 中心线

1）选择"菜单"→"插入"→"中心线"→"2D 中心线"命令，打开如图 9-7 所示"2D 中心线"对话框。选择如图 9-8 所示的两侧边，拖动中心线的长度到适当位置，单击"应用"按钮，创建中心线，如图 9-9 所示。

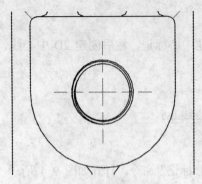

图 9-6　创建圆中心线

图 9-7　"2D 中心线"对话框

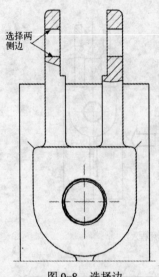

选择两
侧边

图 9-8　选择边

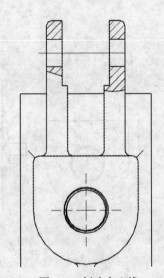

图 9-9　创建中心线

2）同上步骤，选择如图 9-10 所示的两侧边，拖动中心线的长度到适当位置，单击"确定"按钮，创建中心线，如图 9-11 所示。

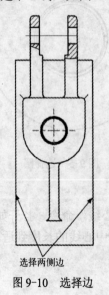

选择两侧边

图 9-10　选择边

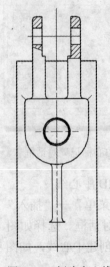

图 9-11　创建中心线

3. 特殊选项说明

（1）类型

● 从曲线：从选定的曲线创建中心线。

● 根据点：根据选定的点创建中心线。

（2）第 1 侧/第 2 侧

选择对象：选择第一/第二条曲线。

（3）点 1/点 2

选择第一/第二点。

9.1.2　3D 中心线

使用"3D 中心线"命令可以根据圆柱面或圆锥面的轮廓创建中心线符号。面可以是任意形式的非球面或扫掠面。

1. 执行方式

● 菜单：选择"菜单"→"插入"→"中心线"→"3D 中心线"命令。

● 功能区：单击"主页"选项卡，选择"注释"组，单击"中心线"中的"3D 中心线"按钮￩。

执行上述操作后，打开如图 9-12 所示"3D 中心线"对话框。在"偏置"选项组中选择一种"方法"，然后选择一个面，单击"确定"按钮，创建 3D 中心线，如图 9-13 所示。

图 9-12　"3D 中心线"对话框

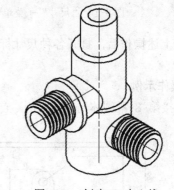

图 9-13　创建 3D 中心线

2. 特殊选项说明

（1）面

● 选择对象：选择有效的几何对象。

● 对齐中心线：勾选此复选框，第一条中心线的端点投影到其他面的轴上，并创建对齐的中心线。

（2）方法

● 无：不偏置中心线。

● 距离：在与绘制中心线处有指定距离的位置创建圆柱中心线。

● 对象：在图纸或模型上指定一个偏置位置，在某一偏置距离处创建圆柱中心线。

此外，还有中心标记、螺栓圆中心线、圆形中心线、对称中心线等相关标注，这里不再赘述。

9.2 尺寸标注

UG 标注的尺寸是与实体模型匹配的，与工程图的比例无关。在工程图中进行标注的尺寸是直接引用三维模型的真实尺寸，如果改动了零件中某个尺寸参数，工程图中的标注尺寸也会自动更新。

1. 执行方式

- 菜单：选择"菜单"→"插入"→"尺寸"命令，如图 9-14 所示。
- 功能区：单击"主页"选项卡，选择"尺寸"组中的任意命令，如图 9-15 所示。

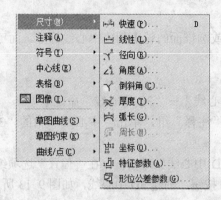

图 9-14 "尺寸"子菜单

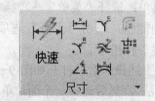

图 9-15 "尺寸"组

执行上述操作后，打开各种尺寸标注，其中一些尺寸标注包含在快速、线性、径向尺寸标注中。

2. 操作示例

此例接第 8 章阀体局部剖实例。首先使用快速尺寸进行标注，然后标注前缀，如图 9-16 所示。

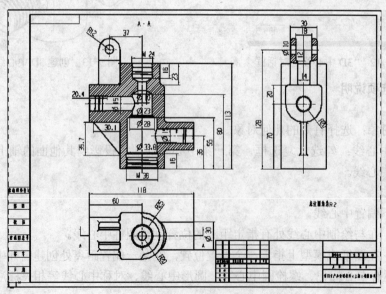

图 9-16 标注阀体尺寸

278

光盘\动画演示\第9章\标注阀体尺寸.avi

（1）标注尺寸

1）选择"菜单"→"插入"→"尺寸"→"快速尺寸"命令，打开如图 9-17 所示"快速尺寸"对话框，选择"测量"选项组"方法"下拉列表中相应选项进行标注，如图 9-18 所示。

图 9-17 "快速尺寸"对话框   图 9-18 "方法"下拉列表

2）"方法"下拉列表中选择"水平"，在视图中选择要标注的两条边线，标注水平尺寸，如图 9-19 所示。

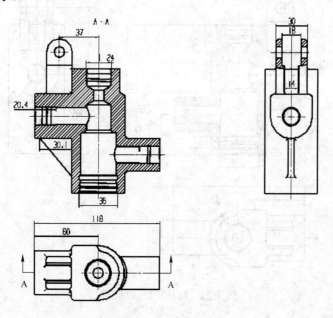

图 9-19 标注"水平尺寸"

3）在"方法"下拉列表中选择"竖直"，在视图中选择要标注的两条边线，标注竖直尺寸，如图9-20所示。

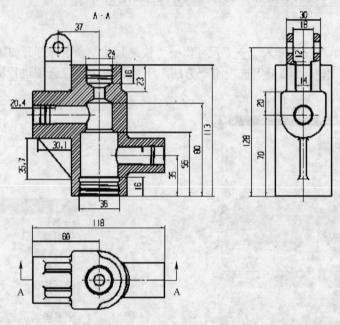

图9-20　标注"竖直尺寸"

4）在"方法"下拉列表中选择"径向"，在视图中选择要标注的圆弧，标注径向尺寸，如图9-21所示。

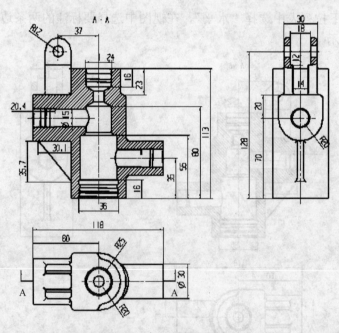

图9-21　标注"径向尺寸"

5）在"方法"下拉列表中选择"圆柱形"，在视图中选择要标注的两条边线，标注圆柱尺寸，如图 9-22 所示。

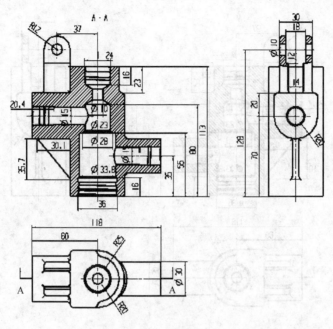

图 9-22 标注"圆柱尺寸"

（2）标注前缀

1）选择要标注前缀的尺寸并右击，打开如图 9-23 所示的快捷菜单，选择"编辑附加文本"命令。

2）打开"附加文本"对话框，输入 M，参数设置如图 9-24 所示，单击"关闭"按钮。

图 9-23 快捷菜单

图 9-24 "附加文本"对话框

3）同上步骤，添加其他螺纹符号，结果如图 9-25 所示。

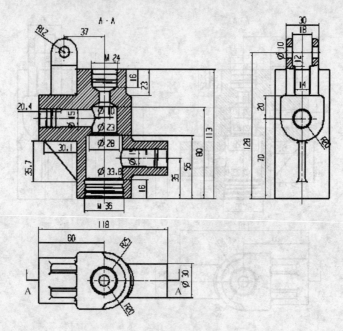

图 9-25　前缀标注

3. 特殊选项说明

（1）快速尺寸

可用单个命令和一组基本选择项从一组常规、好用的尺寸类型快速创建不同的尺寸。以下为"快速尺寸"对话框中的各种测量方法。

- 圆柱尺寸 ：标注工程图中所选圆柱对象之间的尺寸，如图 9-26 所示。
- 直径尺寸 ：标注工程图中所选圆或圆弧的直径尺寸，如图 9-27 所示。

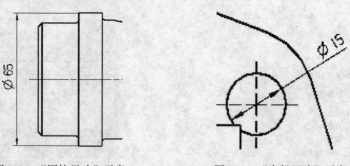

图 9-26　"圆柱尺寸"示意　　　　图 9-27　"直径尺寸"示意

- 自动判断 ：由系统自动推断出选用哪种尺寸标注类型来进行尺寸的标注。
- 水平尺寸 ：标注工程图中所选对象间的水平尺寸，如图 9-28 所示。
- 竖直尺寸 ：标注工程图中所选对象间的垂直尺寸，如图 9-29 所示。
- 点到点 ：标注工程图中所选对象间的平行尺寸，如图 9-30 所示。
- 垂直尺寸 ：标注工程图中所选点到直线（或中心线）的垂直尺寸（如图 9-31 所示）。

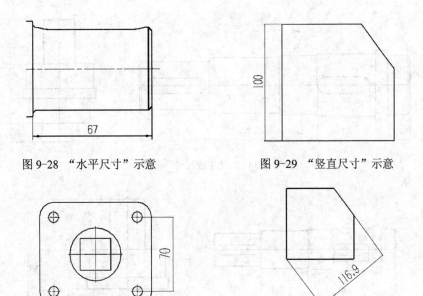

图 9-28 "水平尺寸"示意   图 9-29 "竖直尺寸"示意

图 9-30 "点到点尺寸"示意   图 9-31 "垂直尺寸"示意

（2）倒斜角尺寸

对 45°倒角的标注。目前不支持对于其他角度倒角的标注（如图 9-32 所示）。

（3）线性尺寸

可将 6 种不同线性尺寸中的一种创建为独立尺寸，或者创建为一组链尺寸或基线尺寸。可以创建下列尺寸类型。

● 孔尺寸：标注工程图中所选孔特征的尺寸（如图 9-33 所示）。

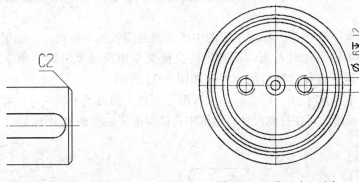

图 9-32 "倒斜角尺寸"示意   图 9-33 "孔尺寸"示意

● 链：在工程图上生成一个水平方向（XC 方向）或竖直方向（YC 方向）的尺寸链，即生成一系列首尾相连的水平/竖直尺寸，如图 9-34 所示（注：在测量方法中选择水平或竖直，即可在尺寸集中选择链）。

● 基线：用来在工程图上生成一个水平方向（XC 方向）或竖直方向（YC 方向）的尺寸系列，该尺寸系列分享同一条水平/竖直基线，如图 9-35 所示（注：在测量方法中选择水平或竖直，即可在尺寸集中选择基线）。

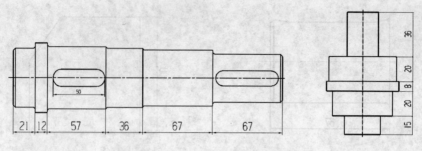

图 9-34 "尺寸链尺寸"示意

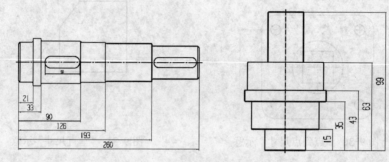

图 9-35 "基线尺寸"示意

（4）角度尺寸🔺

标注工程图中所选两直线之间的角度。

（5）径向尺寸🔾

创建 3 个不同的径向尺寸类型中的一种。

● 径向尺寸🔾：标注工程图中所选圆或圆弧的半径尺寸，但标注不过圆心（如图 9-36 所示）。

● 过圆心的半径尺寸🔾：标注工程图中所选圆或圆弧的半径尺寸。如果标注过圆心，则在拖动半径尺寸时右击，从弹出的快捷菜单中选择"编辑"命令，然后选择尺寸文本，最后选择过圆心的半径（如图 9-37 所示）。

● 带折线的半径尺寸🔾：用来标注工程图中所选大圆弧的半径尺寸，并用折线来缩短尺寸线的长度，可在径向尺寸对话框中直接勾选（如图 9-38 所示）。

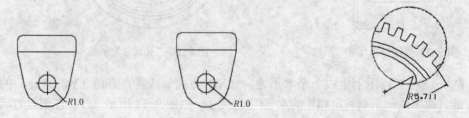

图 9-36 "径向尺寸"示意　　图 9-37 "过圆心的半径尺寸"示意　　图 9-38 "带折线的半径尺寸"示意

（6）弧长尺寸🔾

标注工程图中所选圆弧的弧长尺寸（如图 9-39 所示）。

（7）坐标尺寸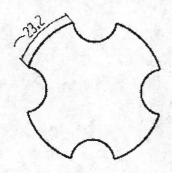

在标注工程图中定义一个原点的位置，作为一个距离的参考点位置，进而可以明确地给出所选对象的水平或垂直坐标距离（如图 9-40 所示）。

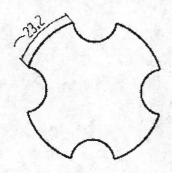

图 9-39 "弧长尺寸" 示意

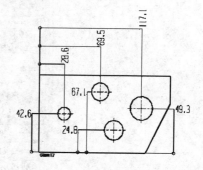

图 9-40 "坐标尺寸" 示意

在放置尺寸标注时，右击并选择"编辑"命令，打开如图 9-41 所示的编辑工具栏。

● 设置 ：打开如图 9-42 所示的"设置"对话框，用于设置详细的尺寸类型，包括尺寸的位置、精度、公差、线条、箭头、文字和单位等。

图 9-41 编辑工具栏

图 9-42 "设置" 对话框

● 精度 X. XX：设置尺寸标注的精度值，可以使用其下拉选项进行详细设置。
● 公差 ：设置各种需要的精度类型，可以使用其下拉选项进行详细设置。
● 编辑附加文本 A：单击该图标，打开"附加文本"对话框，如图 9-43 所示，可以进行各种符号和文本的编辑。

图 9-43 "附加文本"对话框

9.3 符号

使用"符号"命令可在图纸上创建并编辑符号标注符号,可将标注符号作为独立符号进行创建。

9.3.1 基准特征符号

使用"基准特征符号"命令创建形位公差基准特征符号,以便在图纸上指明基准特征。

1. 执行方式

● 菜单:选择"菜单"→"插入"→"注释"→"基准特征符号"命令。

● 功能区:单击"主页"选项卡,选择"注释"组,单击"基准特征符号"按钮🖳。

执行上述操作后,打开如图 9-44 所示"基准特征符号"对话框。设置指引线类型和指引线类型的样式,然后选择一条边终止对象,按住鼠标左键不放,并拖动和放置符号。如图 9-45 所示。

2. 特殊选项说明

(1)原点

1)原点工具🅰:查找图纸页上的表格注释。

2)指定位置🔳:为表格注释指定位置。

3)对齐。

图 9-44 "基准特征符号"对话框

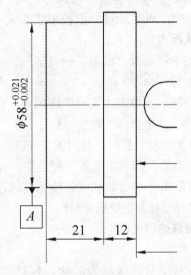

图 9-45 "基准特征符号"示意

- 自动对齐：控制注释的相关性。
- 层叠注释：将注释与现有注释堆叠。
- 水平或竖直对齐：将注释与其他注释对齐。
- 相对于视图的位置：将任何注释的位置关联到制图视图。
- 相对于几何体的位置：将带指引线的注释的位置关联到模型或曲线几何体。
- 捕捉点处的位置：可以将光标置于任何可捕捉的几何体上，然后单击放置注释。
- 锚点：设置注释对象中文本的控制点。

（2）指引线

1）选择终止对象：用于为指引线选择终止对象。

2）类型：列出指引线类型。

- 普通：创建带短画线的指引线。
- 全圆符号：创建带短画线和全圆符号的指引线。
- 标志：创建一条从直线的一个端点到形位公差框角的延伸线。
- 基准：创建可以与面、实体边或实体曲线、文本、形位公差框、短画线、尺寸延伸
  线以及下列中心线类型关联的基准特征指引线。
- 以圆点终止：在延伸线上创建基准特征指引线，该指引线在附着到选定面的点上终止。

（3）样式

指定基准显示实例的箭头的样式。

（4）基准标识符

字母：指定分配给基准特征符号的字母。

9.3.2 基准目标

使用"基准目标"命令可在部件上创建基准目标符号，以指明部件上特定于某个基准的点、线或面积。基准符号是一个圆，分为上下部分。下半部分包含基准字母和基准目标标号，可将标示符放在符号的上半部分中，以显示目标面积形状和大小。

1. 执行方式

- 菜单：选择"菜单"→"插入"→"注释"→"基准目标"命令。
- 功能区：单击"主页"选项卡，选择"注释"组，单击"基准目标"按钮🔍。

执行上述操作后，打开如图 9-46 所示"基准目标"对话框。在"类型"列表中选择一种类型，在"目标"中输入参数，然后单击一个曲面区域并按住鼠标左键将符号拖到所需位置，放开鼠标左键放置符号。

2. 特殊选项说明

（1）类型

指定基准目标区域的形状。包括点、直线、矩形、圆形、环形、球形、圆柱形和任意 8 种类型。

（2）原点和指引线

"原点"和"指引线"选项参数与"基准特征符号"对话框中的"原点"和"指引线"参数相同，这里不再详述。

（3）样式

指定基准显示实例的箭头的样式。

（4）目标

- 标签：设置基准标识符号。
- 索引：设置索引的编号。
- 终止于 X：使用基准目标点标记终止指引线。

图 9-46 "基准目标"对话框

9.3.3 几何公差符号

使用"几何公差符号"命令创建几何公差基准特征符号，以便在图纸上指明基准特征。

1. 执行方式

- 菜单：选择"菜单"→"插入"→"注释"→"特征控制框"命令。
- 功能区：单击"主页"选项卡，选择"注释"组，单击"特征控制框"按钮▭。

执行上述操作后，打开如图 9-47 所示"特征控制框"对话框。在对齐组中选择层叠注释和水平或竖直对齐，选择特性和框样式，然后在公差栏中输入公差和基准参考，拖动和放置符号，如图 9-48 所示。

图 9-47 "特征控制框"对话框

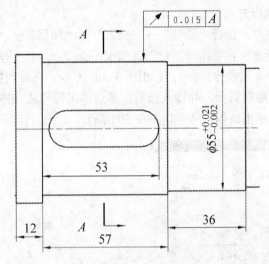

图 9-48 几何公差

2. 特殊选项说明

（1）框

1）特性：指定几何控制符号类型。

2）框样式：可指定样式为单框或复合框。

3）公差。

- 单位基础值：适用于直线度、平面度、线轮廓度和面轮廓度特性。可以为单位基础面积类型添加值。

-  单位基数面积类型：指定矩形、圆形、球形或正方形面积作为平面度或面轮廓度特性的单位基数值。

- 输入公差值。

- 修饰符：指定公差材料修饰符。

- 公差修饰符：设置投影、圆 U 和最大值修饰符的值。

4）第一基准参考/第二基准参考/第三基准参考。

- 指定主基准参考字母、第二基准参考字母或第三基准参考字母。

- 指定公差修饰符。

- 自由状态：指定自由状态符号。

- 复合基准参考：单击此按钮，打开"复合基准参考"对话框，该对话框允许向主基准参考、第二基准参考或第三基准参考单元格添加附加字母、材料状况和自由状态符号。

（2）文本

1）文本框：在特征控制框前面、后面、上面或下面添加文本。

2）符号—类别：从不同类别的符号类型中选择符号。

9.3.4 表面粗糙度

使用"表面粗糙度"命令创建符号标准的表面粗糙度符号。

1. 执行方式

- 菜单：选择"菜单"→"插入"→"注释"→"表面粗糙度符号"命令。
- 功能区：单击"主页"选项卡，选择"注释"组，单击"表面粗糙度"按钮√。

执行上述操作后，打开如图 9-49 所示"表面粗糙度"对话框。设置原点和指引线参数，设置除料符号，并输入参数，然后单击部件边并拖动放置符号或者按住鼠标左键拖动放置符号，单击放置符号，如图 9-50 所示。

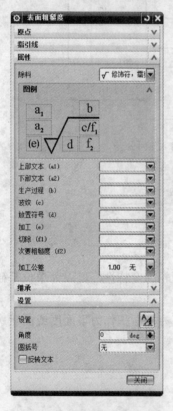

图 9-49 "表面粗糙度"对话框

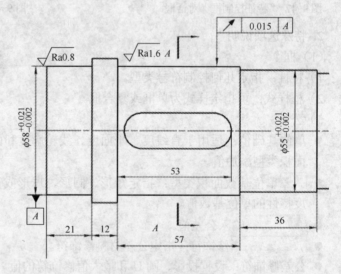

图 9-50 标注粗糙度

2. 特殊选项说明

（1）属性

- 除料：用于指定符号类型。
- 图例：显示表面粗糙度符号参数的图例。
- 上部文本：选择一个值以指定表面粗糙度的最大限制。
- 下部文本：选择一个值以指定表面粗糙度的最小限制。

- 生产过程：选择一个选项以指定生产方法、处理或涂层。
- 波纹：波纹是比粗糙度间距更大的表面不规则性。
- 放置符号：放置是由工具标记或表面条纹生成的主导表面图样的方向。
- 加工：指定材料的最小许可移除量。
- 切除：指定粗糙度切除。粗糙度切除是表面不规则性的采样长度，用于确定粗糙度的平均高度。
- 次要粗糙度：指定次要粗糙度值。
- 加工公差：指定加工公差的公差类型。

（2）设置
- 设置：单击此按钮，打开"设置"选项，用于指定显示实例的样式。
- 角度：更改符号的方位。
- 圆括号：在表面粗糙度符号旁边添加左括号、右括号或两侧。

9.3.5 剖面线

剖面线对象包括剖面线图样以及定义边界实体，利用"剖面线"命令可为指定区域填充图样。

1. 执行方式

- 菜单：选择"菜单"→"插入"→"注释"→"剖面线"命令。
- 功能区：单击"主页"选项卡，选择"注释"组，单击"剖面线"按钮。

执行上述操作后，打开如图 9-51 所示"剖面线"对话框。选择边界模式，选择填充区域或选择曲线边界，然后设置剖面线的相关参数。单击"确定"按钮，填充剖面线。

a)   b)

图 9-51 "剖面线"对话框

a) "边界曲线"模式 b) "区域中的点"模式

2. 特殊选项说明

（1）边界

1）选择模式。

● 边界曲线：选择一组封闭曲线。

● 区域中的点：选择区域中的点。

2）选择曲线：选择曲线、实体轮廓线、实体边及截面边来定义边界区域。

3）指定内部位置：指定要定位剖面线的区域。

4）忽略内边界：取消此复选框，则排除剖面线的孔和岛，如图 9-52 所示。

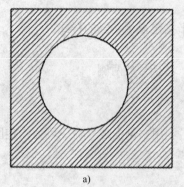 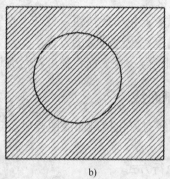

　　　　a)　　　　　　　　　　　　　　　　　　　　　　b)

图 9-52　忽略内边界

a) 取消"忽略内边界"复选框　b) 勾选"忽略内边界"复选框

（2）要排除的注释

1）选择注释：选择要从剖面线图样中排除的注释。

2）自动排除注释：勾选此复选框，将在剖面线边界中任意注释周围添加文本区。

（3）设置

1）断面线定义：断面线有两种定义方式，可根据需要选择。

2）图样：列出剖面线文件中包含的剖面线图样。

3）距离：设置剖面线之间的距离。

4）角度：设置剖面线的倾斜角度。

5）颜色：指定剖面线的颜色。

6）宽度：指定剖面线的密度。

7）边界曲线公差：控制 NX 逼近沿不规则曲线的剖面线的边界。值越小，就越逼近，构造剖面线图样所需的时间就越长。

9.3.6　注释

　　使用"注释"命令可创建和编辑注释及标签。通过对表达式、部件属性和对象属性的引用来导入文本，文本可包括由控制字符序列构成的符号或用户定义的符号。

1. 执行方式

● 菜单：选择"菜单"→"插入"→"注释"→"注释"命令。

● 功能区：单击"主页"选项卡，选择"注释"组，单击"注释"按钮 **A**。

执行上述操作后，打开如图 9-53 所示"注释"对话框。在"文本输入"选项组的文本框中输入文本"UG NX 9.0 中文版基础与实例教程"，然后在"格式化"选项组中设置文本参数，将文字拖动到适当位置，单击放置，结果如图 9-54 所示。

2. 操作示例

此例接上一节阀体尺寸标注实例。按工程设计需要标注技术要求。

 光盘\动画演示\第 9 章\标注技术要求.avi

1）选择"菜单"→"插入"→"注释"→"注释"命令或单击"主页"选项卡，选择"注释"组，单击"注释"按钮**Ａ**，打开如图 9-55 所示的"注释"对话框。

图 9-53 "注释"对话框　　　图 9-54 标注文字　　　图 9-55 "注释"对话框

2）在"文本输入"选项组的文本框中输入技术要求文本，拖动文本到合适位置处并单击，将文本固定在图样中，效果如图 9-56 所示。

3. 特殊选项说明

（1）文本输入

1）编辑文本。

● 清除🗑：清除所有输入的文字。

● 剪切✂：从窗口中剪切选中的文本。剪切文本后，将从编辑窗口中移除文本并将其复制到剪贴板中。

● 复制📋：将选中文本复制到剪贴板。将复制的文本重新粘贴回编辑窗口，或插入到支持剪贴板的任何其他应用程序中。

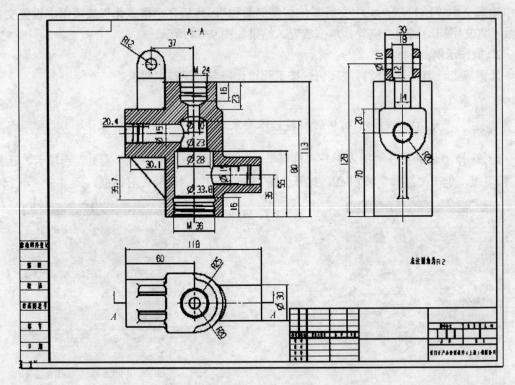

图 9-56 阀体工程图

- 粘贴 ⬜：将文本从剪贴板粘贴到编辑窗口中的光标位置。
- 删除文本属性 ⬜：删除字形为斜体或粗体的属性。
- 选择下一个符号 ⬜：注释编辑器输入的符号来移动光标。

2）格式化。

- 上标 ⬜：在文字上面添加内容
- 下标 ⬜：在文字下面添加内容。
- 选择字体 ⬜ chinesef ⬜：用于选择合适的字体。

3）符号：插入制图符号。

4）导入/导出。

- 插入文件中的文本：将操作系统文本文件中的文本插入当前光标位置。
- 注释另存为文本文件：将文本框中的当前文本另存为 ASCII 文本文件。

（2）继承

选择注释：添加与现有注释的文本、样式和对齐设置相同的新注释。还可以用于更改现有注释的内容、外观和定位。

（3）设置

- 设置：单击此按钮，打开设置选项，为当前注释或标签设置文字选项。
- 竖直文本：勾选此复选框，在编辑窗口中从左到右输入的文本将从上到下显示。
- 斜体角度：相应字段中的值将设置斜体文本的倾斜角度。

- 粗体宽度：设置粗体文本的宽度。
- 文本对齐：在编辑标签时，可指定指引线短画线与文本和文本下划线对齐。

此外，还有焊接符号、标示符号、目标点符号、相交符号等符号的标注，这里不再赘述。

9.4 表格

表格是工程图中的重要组成部分，如零件图中的参数表、装配图中的明细表等，下面对UG表格相关功能进行简要介绍。

注：若"表"组中没有所需命令，可单击"主页"最右边功能区选项，勾选所需命令。

9.4.1 表格注释

"表格注释"通常用于定义部件系列中相似部件的尺寸值，还可以将它们用于孔图表和材料列表中。

1. 执行方式

- 菜单：选择"菜单"→"插入"→"表格"→"表格注释"命令。
- 功能区：单击"主页"选项卡，选择"表"组，单击"表格注释"按钮 。

执行上述操作后，打开如图 9-57 所示"表格注释"对话框。在"表大小"选项组中设置所需的值，然后拖动表格到图纸所需的位置，单击放置表格注释。

2. 特殊选项说明

（1）原点

1）原点工具 [A]：使用原点工具查找图纸页上的表格注释。

2）指定位置 [X]：用于为表格注释指定位置。

（2）指引线

1）选择终止对象：为指引线选择终止对象。

2）带折线创建：在指引线中创建折线。

3）类型：列出指引线类型。

- 普通：创建带短画线的指引线。

图 9-57 "表格注释"对话框

- 全圆符号：创建带短画线和全圆符号的指引线。

（3）表大小

1）列数：设置竖直列数。

2）行数：设置水平行数。

3）列宽：为所有水平列设置统一宽度。

4）设置

单击此按钮，打开"设置"选项，可以设置文字、单元格、截面和表格注释首选项。

9.4.2 表格标签

使用 XML "表格标签" 模板可依次为一个或多个对象自动创建表格标签。

1. 执行方式

- 菜单：选择 "菜单" → "插入" → "表格" → "表格标签" 命令。
- 功能区：单击 "主页" 选项卡，选择 "表" 组，单击 "表格标签" 按钮 。

执行上述操作后，打开如图 9-58 所示 "表格标签" 对话框。在 "表格格式" 组中选择所需的选项，然后在视图中选择组件。单击 "确定" 按钮创建表格标签。

2. 特殊选项说明

（1）类选择

使用全局选择来为表格标签选择对象。

（2）打开格式文件

使用文件选择对话框来打开表格模板文件。

（3）保存格式文件

将模板文件保存到当前文件系统中。

（4）格式

可以展开格式节点的层次结构树列表。

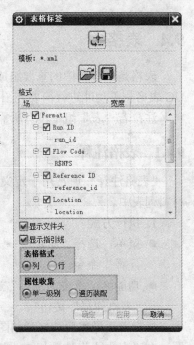

图 9-58 "表格标签" 对话框

（5）显示文件夹

勾选此复选框，在表格的标题行/列中显示属性的显示名称。

（6）显示指引线

勾选此复选框，在表格的标题行/列中显示指引线。

（7）表格格式

- 列：对齐各个列的属性显示名称。
- 行：沿着行对齐属性显示名称。

（8）属性收集

决定系统如何查询属性实例。

- 单一级别：从当前显示的实例查询属性。
- 遍历装配：先查询当前显示的事例，然后沿着事例树向下遍历直到找到所需的值。

9.4.3 零件明细表

零件明细表是直接从装配导航器中列出的组件派生而来的，所以可以通过明细表为装配创建物料清单。在创建装配过程中的任意时间创建一个或多个零件明细表。将零件明细表设置为随着装配变化自动更新或将零件明细表限制为进行按需更新。

执行方式

- 菜单：选择 "菜单" → "插入" → "表格" → "零件明细表" 命令。
- 功能区：单击 "主页" 选项卡，选择 "表" 组，单击 "零件明细表" 按钮 。

执行上述操作后，将表格拖动到所需位置，单击放置零件明细表，如图9-59所示。

7	BENGTI	1
6	TIANLIAOYAGAI	1
5	ZHUSE	1
4	FATI	1
3	XIAFABAN	1
2	SHANGFAGAI	1
1	FAGAI	1
PC NO	PART NAME	QTY

图9-59　零件明细表

9.4.4　自动符号标注

"自动符号标注"可为零件明细表中的各零部件自动标注符号。

执行方式

● 菜单：选择"菜单"→"插入"→"表格"→"自动符号标注"命令。

● 功能区：单击"主页"选项卡，选择"表"组，单击"自动符号标注"按钮 。

执行上述操作后，打开如图 9-60 所示"零件明细表自动符号标注"对话框。在视图中选择已创建好的明细表，单击"确定"按钮，打开如图 9-61 所示的"零件明细表自动符号标注"对话框，在列表中选择要标注符号的视图。单击"确定"按钮，创建零件序号，如图9-62所示。

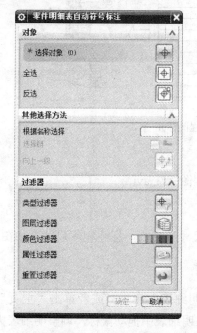

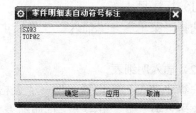

图9-60　"零件明细表自动符号标注"对话框（一）　　图9-61　"零件明细表自动符号标注"对话框（二）

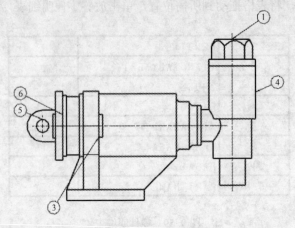

图 9-62　标注序号

9.5　综合实例——手压阀装配工程图标注

本例接 8.5 节综合实例，标注手压阀装配工程图。首先标注尺寸，再创建零件明细表，最后根据零件明细表创建零件序号，如图 9-63 所示。

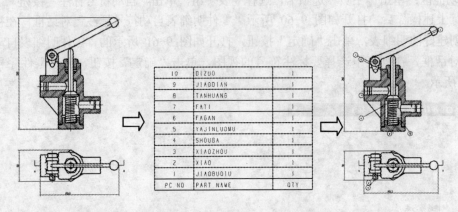

图 9-63　手压阀装配工程图标注

　光盘\动画演示\第 9 章\手压阀装配工程图标注.avi

（1）标注尺寸

选择"菜单"→"插入"→"尺寸"→"快速尺寸"命令，标注相应尺寸，如图 9-64 所示。

（2）插入明细表

选择"菜单"→"插入"→"表格"→"零件明细表"命令，或者单击"主页"选项卡，选择"表"组，单击"零件明细表"按钮 ，在明细表中拖动鼠标，调整明细表大小，如图 9-65 所示。

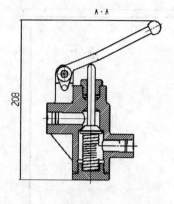

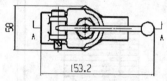

图 9-64 标注尺寸后的工程图

PC NO	PART NAME	QTY
10	DIZUO	1
9	JIAODIAN	1
8	TANHUANG	1
7	FATI	1
6	FAGAN	1
5	YAJINLUOMU	1
4	SHOUBA	1
3	XIAOZHOU	1
2	XIAO	1
1	JIAOBUQIU	1

图 9-65 明细表

（3）插入符号

1）选择"菜单"→"插入"→"表格"→"自动符号标注"命令或者单击"主页"选项卡，选择"表"组，单击"自动符号标注"按钮 ⑨，打开如图 9-66 所示"零件明细表自动符号标注"对话框。

2）单击"类型过滤器"按钮 ⊕，打开如图 9-67 所示"按类型选择"对话框，选择"表格注释/零件明细表"选项，单击"确定"按钮。

3）返回"零件明细表自动符号标注"对话框，单击"全选"按钮 ⊕，单击"确定"按钮。

4）打开如图 9-68 所示"零件明细表自动符号标注"对话框，选择两个视图，单击"确定"按钮，结果如图 9-69 所示。

图 9-66 "零件明细表自动符号标注"对话框

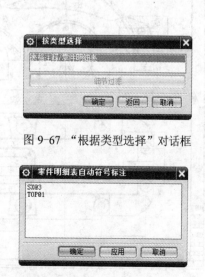

图 9-67 "根据类型选择"对话框

图 9-68 "零件明细表自动符号标注"对话框

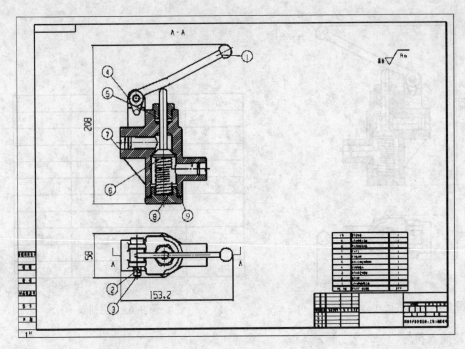

图 9-69　插入序号

9.6　思考与练习

标注如图 9-70 所示的机盖工程图。

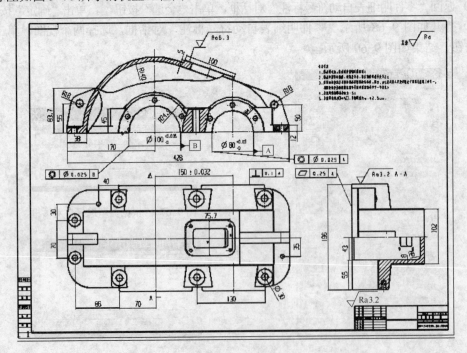

图 9-70　机盖工程图

精品教材推荐目录

序号	书号	书名	作者	定价	配套资源
1	978-7-111-43594-5	AutoCAD 2014 实用教程(第 4 版)	邹玉堂	39.90	电子教案 素材文件
2	978-7-111-45511-0	AutoCAD 2014 中文版工程制图实用教程(第 2 版)	周勇光	49.00	电子教案 配光盘
3	978-7-111-40440-8	AutoCAD 2013 工程制图(第 4 版)	江洪	39.00	电子教案 素材
4	978-7-111-28855-8	AutoCAD 2010 工程制图(第 3 版)	江洪	29.00	
5	978-7-111-41294-6	AutoCAD 2010 中文版应用教程	刘瑞新	39.90	电子教案
6	978-7-111-32822-3	AutoCAD 2010 基础与实例教程	田素诚	35.00	电子教案
7	978-7-111-30779-2	AutoCAD 2010 中文版范例教程	王重阳	36.00	电子教案
8	978-7-111-12940-0	AutoCAD 2008 实用教程(第 3 版)	邹玉堂 路慧彪	30.00	电子教案
9	978-7-111-22244-6	AutoCAD 2008 中文版应用教程	孙士保	28.00	电子教案
10	978-7-111-20079-9	AutoCAD 2007 中文版应用教程	周健	22.00	电子教案
11	978-7-111-16029-0	AutoCAD 2005 中文版应用教程	刘瑞新	25.00	电子教案
12	978-7-111-14802-9	AutoCAD 2004 中文版应用教程	刘瑞新	25.00	电子教案
13	978-7-111-46214-9	AutoCAD 2014 中文版机械绘图实例教程	张永茂	45.00	素材文件
14	978-7-111-32764-6	AutoCAD 2011 中文版机械制图教程	朱维克	36.00	电子教案
15	978-7-111-32823-0	AutoCAD 2011 中文版机械设计实例教程(第 2 版)	张永茂	36.00	素材文件
16	978-7-111-28305-8	AutoCAD 2010 中文版机械制图教程	朱维克	31.00	电子教案 素材
17	978-7-111-28836-7	AutoCAD 2010 中文版机械绘图实例教程(第 4 版)	张永茂	37.00	素材文件
18	978-7-111-34705-7	AutoCAD 2010 机械绘图实例教程	王国伟	38.00	电子教案
19	978-7-111-26235-0	AutoCAD 机械设计实用教程	宋爱荣	36.00	电子教案
20	978-7-111-39799-1	AutoCAD 2012 建筑制图	赵景伟	45.00	电子教案 配光盘
21	978-7-111-32799-8	AutoCAD 2011 中文版建筑制图教程	曹磊	32.00	电子教案 素材
22	978-7-111-34837-5	AutoCAD 2011 及天正建筑 8.2 应用教程	曹磊 刘瑞新	39.00	电子教案
23	978-7-111-28328-7	AutoCAD 2010 中文版建筑制图教程	曹磊	31.00	电子教案
24	978-7-111-39683-3	AutoCAD 2012 室内装潢设计	段辉	45.00	电子教案 配光盘
25	978-7-111-47243-8	SolidWorks 2014 三维设计及应用教程	曹茹	49.00	电子教案 素材文件
26	978-7-111-46127-2	Solidworks 2012 基础与实例教程	段辉	45.00	电子教案 光盘

序号	书号	书名	作者	定价	配套资源
27	978-7-111-37142-7	Solidworks 2011 基础教程(第 4 版)	江 洪	44.00	配光盘、素材、习题答案、教学视频
28	978-7-111-28269-3	SolidWorks 2009 三维设计及应用教程(第 2 版)	曹 茹	36.00	电子教案
29	978-7-111-32398-3	Pro/ENGINEER 5.0 基础教程	江 洪	39.00	配光盘
30	978-7-111-41989-1	Pro/Engineer 实用教程	徐文胜	39.00	电子教案
31	978-7-111-46643-7	UG NX 9.0 中文版基础与实例教程	李 兵	49.00	电子教案 配光盘
32	978-7-111-40030-1	UG NX 8.0 模具设计教程	高玉新	45.00	电子教案 配光盘
33	978-7-111-42059-0	UG NX 8.0 数控加工基础教程	褚 忠	45.00	电子教案 配光盘
34	978-7-111-31505-6	UG NX 7.0 基础教程(第 4 版)	江 洪	36.00	配光盘
35	978-7-111-27621-0	基于 UG NX 6.0 环境的数控车削加工实践教程	梅 梅	18.00	电子教案
36	978-7-111-17788-6	CATIA 基础教程	江 洪	28.00	电子教案
37	978-7-111-34379-0	MATLAB 基础与实践教程	刘 超	47.00	配光盘
38	978-7-111-41023-2	MATLAB 基础教程	杨德平	45.00	电子教案
39	978-7-111-44475-6	MATLAB 建模与仿真应用教程(第 2 版)	王中鲜	36.00	电子教案 素材文件
40	978-7-111-28931-9	MastercamX 设计和制造应用教程(第 2 版) — "十一五" 国家级规划教材	孙祖和	36.00	配光盘
41	978-7-111-43316-3	Mastercam 基础教程	童桂英	46.00	电子教案
42	978-7-111-37192-2	压铸模 CAD/CAE/CAM	于彦东	36.00	电子教案 演示动画
43	978-7-111-41818-4	ANSYS 基础与实例教程	张洪信	49.90	电子教案 配光盘
44	978-7-111-35672-1	CAD 技术基础	周海波	31.00	电子教案
45	978-7-111-26434-7	现代工程制图及计算机辅助绘图(第 2 版) — "十一五" 国家级规划教材	邹玉堂 叶世亮	28.00	电子教案 配光盘 配套教材
46	978-7-111-26998-4	现代工程制图及计算机辅助绘图习题集(第 2 版)	邹玉堂	25.00	
47	978-7-111-37146-5	基于三维设计的工程制图	霍光青	39.00	电子教案 配套教材
48	978-7-111-37154-0	基于三维设计的工程制图习题集	郑嫦娥	27.00	习题答案
49	978-7-111-30997-0	工程制图	刘仁杰 马丽敏	32.00	配套教材
50	978-7-111-31005-1	工程制图习题集	马丽敏	19.00	
51	978-7-111-14336-1	工程制图习题集(非机类)	陈是煌	19.00	
52	978-7-111-39869-1	机床数控技术	张耀满	29.00	电子教案
53	978-7-111-41674-6	机械设计基础	葛汉林	39.90	电子教案